杨树庄 著

BCMT
杨氏矿床成因论
基底—盖层—岩浆岩及控矿构造体系（中卷）
Basal-Cover-Magmatite and
Tectonic System of Mineral Control

谨以此书敬献给

将我送进地质学院的

我的父亲

杨熙明先生

和我的母亲

唐叔勤先生

暨南大学出版社
JINAN UNIVERSITY PRESS

中国·广州

图书在版编目（CIP）数据

BCMT 杨氏矿床成因论：基底—盖层—岩浆岩及控矿构造体系（中卷）/杨树庄
著．—广州：暨南大学出版社，2016.5
ISBN 978 - 7 - 5668 - 1713 - 6

Ⅰ．①B⋯ Ⅱ．①杨⋯ Ⅲ．①地质力学—研究 Ⅳ．①P55

中国版本图书馆 CIP 数据核字（2015）第 301761 号

BCMT 杨氏矿床成因论：基底—盖层—岩浆岩及控矿构造体系（中卷）
BCMT YANGSHI KUANGCHUANG CHENGYIN LUN：JIDI-GAICENG-YANJIANGYAN
JI KONGKUANG GOUZAO TIXI（ZHONGJUAN）
著　者：杨树庄

出版发行：暨南大学出版社（510630）
电　话：总编室（8620）85221601
　　　　营销部（8620）85225284　85228291　85228292（邮购）
传　真：（8620）85221583（办公室）　85223774（营销部）
网　址：http://www.jnupress.com　http://press.jnu.edu.cn
排　版：广州市科普电脑印务部
印　刷：佛山市浩文彩色印刷有限公司
开　本：787mm×1092mm　1/16
印　张：9
字　数：236 千
版　次：2016 年 5 月第 1 版
印　次：2016 年 5 月第 1 次
印　数：1—1000 册
定　价：25.00 元

自 序

本书是《BCMT 杨氏矿床成因论》中卷。第一、二章是两个新创建的构造体系，所论两个矿床被视为"陆相火山岩组合型矿床"（德兴银山）[1]、"沉积改（再）造类型矿床"[2]244（八家子）。它们属于特定构造体系，构造的形成过程即矿床的形成过程，一个大型热液矿床形成，竟然需要两三千万年这样的有趣问题。同时还有助于理解"挽近地质时期"这个李四光先生独创的概念。"挽近一词，和苏联学者所倡导的新构造运动，在时间含义上大致相等"[3]89 自然不错，因为新华夏就以地形地貌为基本论据。但上限很可能不限于第三纪，早在晚三叠世已经开始。第一、二章具体涉及这个问题，证据确凿，无可置疑，没有什么比有具体的实例更有说服力的了；第三章是评《地质力学概论》。前两章在《BCMT 杨氏矿床成因论》上卷[4]基础上继续"务实"，之后在务实的基础上"务虚"。

诸葛亮说，"非淡泊无以明志，非宁静无以致远"。这里有对立统一哲理。美国克拉克（Clarke F. W.）于 1884 年到 1925 年和他的同事们致力于探讨岩石圈、水圈和大气圈的平均化学成分，并于 1908 年出版了《地球化学资料》（*The Data Geochemistry*）一书，这是世界上第一本地球化学专著；1924 年与 H. S. Washington 一起提出了化学元素分布表[5]7，利用 5 159 个数据计算了地壳的平均化学成分。有这样的"宁静"，也就有相应的"致远"。尽管后来有新资料问世，但克拉克值并没有退出历史舞台，谁知道那些新资料获取过程是否有克拉克先生的那种精神。今人急功近利，谁肯花费 24 年时间积累素材，并再持续 17 年？我对那些未阐明样品采集地质背景的同位素、包裹体研究结论是很不以为然的。对于本书提前面世这一结果，也就是"宁静"得不够，使得"致远"受影响。对于我来说，宁可留下遗憾（当然对读者也是遗憾），也力图尽早使地质力学受到重视。

我读《地质力学概论》（以下简称《概论》），大概分为 6 个阶段，首先是获新书照例会有一阵子的热情。随后是 1966 年春起初任分队技术负责人时的求解—迷惑期，其他书都不带，就带了《概论》，遇到问题翻查却不得要领，因而迷惑不已。第三阶段是 1972 年局地质力学 42 天培训班及随后回队办班普及后，产生较高的学习热情，这一时期阅读频率相当高，对照培训班教材回翻原著，翻来覆去却不免失望，总感觉教材简明易懂好（只怀疑未概括全先生的学问），却又无论如何不敢说原著不好，自愧低俗欣赏不了高雅。但是我试着反问"为什么"，迷信权威思想开始松动，先撰写《论地槽加地台与地注同格》[6]指出将地盾视为稳定区属基本概念错误等，开始批判地继承槽台—地注学说，后质疑大地构造单元的命名，也开始平视《概论》。我在南岭铅锌矿规律研究所撰写的设计（被列为"附件"，按例当资料归档）中，提出必须在大地构造单元名称前缀时间域，时间因素比空间因素更值得强调。第四阶段其实始于试探质疑期，在质疑槽台—地注学说的同时，也质疑地质力学。最先是从单一型黄铁矿床的研究开始，发现地质力学所认为"长得最好"的粤北山字型构造前弧①，不是压性而是扭性结构面（再褶皱之翼），进而悟出李四光先生建立的构造体系，结构面力学性质都没有经过鉴定，对地质力学的"专项思想僵化"也大为松动，并且速获心得，也就是认识上出现质的飞跃。随着对湖南禾青铅锌矿床入字型构造控矿过程的理解[7]，入字型构造控矿系列揭示了构造对矿床矿体毋庸置疑的控制作用。第五阶段是认识张性入字型构造的控矿作用。同是入字型构造控矿，认识张性、张扭性结构面控制氧化环境矿产矿床，其实并不容易，必须考虑到其他有机联系的事物。否则解释不可能圆满、透彻。第六阶段则是创建两个构造体系，撰写本书的第一、二章。第四、五、六阶段其实是穿插难分的。在认识到"矿体就是构造体"，"一个矿床就有一个构造体系"之后，对我 20 世纪 80 年代初就重视并"储备"了素材的德兴银山及八家子两个矿床再进行深入研究，理清了构造体系的形成过程，即矿床的形成过程。在确认李四光先生将大义山式扭裂鉴定为张扭性结构面的错误之后，德兴银山矿床北西向"张扭性"矿脉被纠正为压扭性结构面。此改变使得"压性、压扭性构造控制还原环境矿产矿床"，"张性、张扭性构造控制氧化环境矿产矿床"不再存在例外，做到了爱因斯坦所言的"……唯一的决定一个概念的'生存权'，是它同物理事件（实验）是否有清晰的和单一而无歧义的联系"[8]11。这一个概念与客观事实就存在"清晰的和单一而无歧义的联系"。这与那种与这也有关、那也有关，罗列一大串，最后说不清究竟什么才是真正有关的所谓"规律"（其实属于孤立、片面、静止看问题所获论点）根本不同。地质力学的伟大之处正在这里，本书的价值也在这里。

在我看来，地质学的发展，可以按照实践的方式和规模分为 4 个阶段：第一个阶段是苏联大规模地质学实践前时期，主要是欧美学者小规模调查研究期，也是地质学的起源和奠基期；第二个阶段是苏联大规模地质学实践期；第三个阶段是中国在苏联研究基础上大规模地质学实践期（含海洋地质调查期）；第四个阶段是中国基本上完成地质调查、矿产勘查之后，即 20 世纪 80 年代末以后的时期，也是地质学界新的迷茫期［可以哈茵在《真理报》发表《地质学向何处去》（1989）为划分点］。其中 20 世纪七八十年代是中国地质学界学风大转变的关键时期。

鉴于地质力学得不到传播，我在本书"《地质力学概论》主要内容间夹对应点评"一节中，尽量多摘录原著。在 25 年的地质生涯中，我深知地质队员买书的积极性不高，20 世纪八九十年代之后，更是不屑参加所谓的"学术会议"。因为理论既没有给予日常工作以帮助，更不能指导找矿，只有《野外地质工作参考资料》之类较受欢迎，我的藏书中就有冶金工业出版社和陕西地质局科技情报室编辑出版的两本，后者被小辈看中后，学长谭汉光高工又赠送我一本。在只有少数几个人有订购记录的计划经济时期，队资料员"关老爷"照例会送给我一份新书出版目录。我的《地质力学概论》就是这样订购到的。

对于本书，可以视为两个矿床真正的"矿床地质特征"的陈述和构造控矿解析，或是它们构造体系的建立（当然含对原陈述、原理论的批判）；可以视为批判地继承李四光先生的地质力学（当然含对漠视、抛弃地质力学的批判）；还可以视为思想解放的良药（当然含对思想僵化的批判）。不同层次、经历的地质工作者，都可以有所得。窃以为从根本意义上说，解放思想最重要。我还清晰记得，1956 年最初听年轻的助教说，地质学是冷门，有很多待破解的谜团，希望同学们为地质学做出贡献的那番话。对于历练颇多、年富力强者，一旦解放思想，真的可能达到攀登高峰的境界，因为地质学真的有太多问题尚待解决。

---

① 据陈挺光高工参加第二届全国构造地质学术会议归来传达。

注 释

［1］《中国矿床》编委会. 中国矿床（上册）. 北京：地质出版社，1989.

［2］《中国矿床》编委会. 中国矿床（中册）. 北京：地质出版社，1994.

［3］李四光. 旋卷构造及其他有关中国西北部大地构造体系复合问题. 北京：科学出版社，1955.

［4］杨树庄. BCMT 杨氏矿床成因论：基底—盖层—岩浆岩及控矿物构造体系（上卷）. 广州：暨南大学出版社，2011.

［5］陈骏，王鹤年. 地球化学. 北京：科学出版社，2004.

［6］杨树庄. 论地槽加地台与地洼同格. 地质科技管理，1989（4）.

［7］杨树庄. 论禾青铅锌矿床中的"入字型"构造及其与成矿的关系. 湖南地质，1986（4）.

［8］范德清，魏宏森等. 现代科学技术史. 北京：清华大学出版社，1988. 11，26.

前　言

退休后"子欲养而亲不在"的念头一直萦系心头，此刻父母尚在该多好！每春都会想今年该为地球日做些什么？《不是笑话的笑话》[1]就是当年的劳作。如《矿产演义》指出地质辞典矿产词条技术、经济两个指标只讲技术上可利用，不讲经济上可盈利，"太计划经济"了；演义从石器、陶器等角度以矿产命名、划分时代，看人类社会发展，以为不妨将矿产定义为"人类的智慧"——"人有多大智慧，地壳就有多少矿产"，更有利于启迪人类认识自然、改造自然，可惜未被刊出。父母仙逝了，子女铭记家训多做有益的事也算一种孝吧。

《BCMT 杨氏矿床成因论》[2]上卷出版后次年地球日，我向某大学地质系赠书，"系"称由学生会受理，这正中下怀。"科学的重大革新很少通过说服反对者……反对者逐渐死去，新的一代一开始就熟悉新思想"[3]37，我早想面向"新的一代"了。学生会主席等三人先来取书，我告诉他们赠书对象是贫困生、优秀生、研究生，他们则要求我"讲课"。不料刚上讲坛，却突然有"赠书仪式"，我"被宣布"要"赠"给"系"一套书（另有《苍茫大地，谁主沉浮》[4]），他们还煞有介事地拍照，这成为"讲课"最隆重的一幕，我被"绑架"了。我后悔未在签赠前如实冠注"应学生会要求"，以兑现鲁迅先生的"捣鬼有术，也有效，然而有限"[5]477。

该系称"构造学的是板块构造说[6]302，不开地质力学[6]206课"，这使我非常惊诧，似乎构造地质学、"中国地质学"（大地构造学，一般指槽台学说。"中国地质学"乃错误概念）、板块构造说、地质力学、"地洼"学说[6]174，选其中一种即可。然而中国从 1912 年设立地质机构以来，一百多年过去了，该怎样"学构造"，竟然还停留在如此水平上。随后我竟然在网上找不到有开地质力学课的院校，这使我更加惊诧莫名。我曾拜读过母校"地质力学教研室"编撰的地质力学教材[7]，现在看来，教师、教材都已成历史，地质学奇葩地质力学被束之高阁了。

板块构造说全称应当为"全球板块构造说"，有益于建立约 2 亿年来地壳运动的全局观念，半个学期或者一个月 10 个课时即可授完（海洋地质及相关海洋专业除外），主要讲海洋地质调查的事实及相关现象，因为地质学着重研究的是陆壳。当然，狭义构造地质学的基本概念——断裂、褶皱之类的名词总是必须先弄懂的；槽台学说建立在沉积建造基础之上，至少应当让学生了解中国地质图、亚洲地质图和不同地区的不同地质发展史（主要是沉积建造，应懂得划分大地构造单元的原则和重要性）；之后应简略介绍地洼学说，指出大体自中生代以来，陆壳运动在性质上出现了变化，不再以建造（堆积），而是以改造（构造岩浆作用）为主；继续强调建造，认为有红色盆地特征的应称为"地洼区"[6]183，"地台活化"[6]174而地槽依旧是不成道理的。这两个学说都事出有因，都非常有助于学生认识地壳运动，按李四光先生的说法，属于"从地壳的组成看问题"[8]，是地质学专业的必修课。当然，教材必须先彻底进行改造。其中"以其昏昏，使人昭昭"这一类概念错误造成的玄奥，实在太离谱，应借助哲学对立统一规律，改造与建造辩证统一，这样改造起来才会得心应手。地质力学属于"从地壳的结构看问题"[8]3，而在实践中遇到的大量问题都是陆壳的结构问题。我就业后都在华南准地台工作，如果仅是应付工作和做纯粹的"地质匠"，不懂得中朝准地台等其他大地构造单元，不懂得槽台—地洼学说并无大碍。20 世纪 80 年代初，我与某省地质局老资格的总工说到大地构造，他竟然连本省某大地构造单元名称都要我来纠正。在地勘行业，不熟悉甚至未学大地构造学者甚众，丝毫不影响其完成工作任务和职务、职称晋升。但不能分辨断裂、褶皱等构造形迹，这碗饭就甭吃了。狭义的构造地质学建立的基础性概念，是不同的构造形迹必须经过力学性质鉴定并予以有机联系起来，才能找到规律特别是矿化规律。没有地质力学素养，就不能胜任地质调查和矿产勘查；只有打算终生远离实践，才可以拒绝地质力学。

全球板块构造说、地洼学说与地质力学属于相关联的构造地质学理论，它们都在论述 2 亿年以来的地壳运动，后两者是全球板块构造说的陆壳表现。地洼学说从"地壳的组成看问题"，从建造角度揭示了地壳运动的性质变化。地洼学说是全球板块构造说在陆壳的<u>组成反映</u>；地质力学是全球板块构造说在陆壳的<u>结构反映</u>。槽台学说中多旋回说[6]144 之"多"也包含揭示中生代以来地壳运动性质的成分，只是问题在于未阐明质的变化。不论是从构造地质学角度，还是从矿床地质学角度看，非常有必要将此四者联系起来，建立"挽近地质时期大地构造学"。或早或晚，这项工作是会有人做的。我先走第一步。因为这对于热液矿床的普查找矿和勘探评价（包括对地质调查）都极为重要：首先是有利于认识地壳运动规律。只有什么"断块构造说"[6]159"波浪状镶嵌说"[6]192，或者只有编中国地质图件的实践却并无理论、事实根据或理论根据是错误、生造出来的，气得李四光先生有口难言。当年，我虽然完全处于蒙昧状态，但对此总感惶惑。1981 年初，赖应錤先生已上调，地质队某领导示意某资历浅、能力欠缺者可申报高级职称，随即有 6 人包括我申报，并被全部上报省局（这大概就是技术职称评审"暂停"的根本原因）。在当年形势和地质学界论资排辈、玄奥价值观等驱使下，看到小辈引起轰动，年长、资深、留洋者如地质队 6 人借势跟进，情理相通。他们深知地质学界理论与实践脱离、崇尚玄奥价值观等积弊，并无后顾之忧。因此倡导"从地壳结构看问题"的李四光当年只能按政策提倡"百花齐放，百家争鸣"，以迎接"科学的春天"。应当说，《地质力学概论》[8]（以下简称《概论》）的出版也与地洼学说引起的轰动相关联。地洼学说当年在地质学院引起的轰动，不亚于刘翔初获奥运金牌，那轰动激发了李四光先生的学术冲动。管理层也可为大地构造学"中国有五大学派"而"自豪"。不懂地质学的，只要看 17～21 年后第二届全国构造地质学术会议上，各学派介绍实践体会，只此两"学说"仍然在"释义"[9]，也可供比较、鉴别判断是非真伪。因为 1958—1979 年是中国计划经济时期最大规模地质勘查实践时期。仅广东省地质局，1972 年机械岩芯钻探进尺就是 420 公里，现在就算十年也完成不了这样大的工作量，这等于说，两百年后它们还只能是"释义"。中国为地质力学和地洼学说成立了研究机构，却并不相应对待断块构造说、波浪状镶嵌说，当事人也并不鸣冤叫屈。从现象看本质，这属于评论最见功力和最具魅力之处。

偶然看到某电视节目介绍广西田东县棋盘滩：三叠纪水平岩层石英砂岩被垂直的两组裂面分割，宛若围棋盘。裂面走向分别为北东 30°及北西 300°，彼此直交，裂面直长且深，间隔均匀，冬季河水沿裂缝蜿蜒。石英砂岩层面裸露，显示丰水期被河水侵蚀，故名之为

"滩"。此景较陕西铜川县后祁家房村延长系砂岩中的棋盘格式构造[8]90，更胜一筹。但是，该节目既没有介绍这是典型的棋盘格式构造，更没有提及李四光先生。当地某教授说此棋盘滩不太像人工修建的，称建筑不大可能选址河滩，也非古代建筑遗址。"经教授更深入考察"，裂面不可能是流水侵蚀形成，应当是地质作用形成的，某教授说"为了找到答案，应该在更大范围考察"。先往不相干灰岩区的"石巷迷宫"考察，然后在棋盘滩附近公路边坡上又发现类似棋盘滩的一对直交裂隙，某教授说"这种垂直裂隙的岩石，与棋盘滩同处在一个区域内，因此形成的机理应该是相同的"。某教授发现，岩壁的东北方向被高高地抬起，"地质力的来源，是东北的方向。这一方向恰好和岩石上的裂隙呈45°的夹角。就是这一发现，让棋盘滩形成的秘密，终于浮出了水面"。如果某教授不知道李四光先生及其棋盘格式构造，那他这个地理系教授头衔可以免去；如果知道却当作自己的发现并"破解秘密"，则更难为人师表。此素材原可制作成一个非常有价值的科普节目——阳春白雪：介绍伟大的地质学家和他创建的地质力学，这种排列的裂隙就是一种"构造体系"[8]24，并且属于有标准形态特征的"构造型式"[8]36，这种裂隙一定是扭裂；批判孤立看待构造现象的传统构造地质学，深入浅出地介绍事物是有机联系的哲理；怎样通过这类裂隙分析李四光先生构造应力的来源等理论。当然，节目必须具观赏性才可能产生科普效果，而制作人必须将地质力学融会贯通且兼具文学性和艺术性。可是现在却插入不相干的牛郎织女下棋的神话，以及灰岩区的溶蚀作用（甚至扯上了太湖石）以拖延时间，最终该节目演绎成了下里巴人。我信告学长许静、钱娇凤高工，发了一通牢骚，我是将此当成学界对李四光先生的态度来看待的。业界抵制地质力学，李四光先生的知识产权被侵犯，"是可忍，孰不可忍"，这也促使我提前出版本书。

摒弃精华，吹捧糟粕，在地质学史上并不罕见。矿床成因的侧分泌说[10]17在岩基成矿说[10]17和后来演进的"地幔柱成岩成矿问题讨论"[11]等荒诞面前，无人问津；错误的水成论[12]6在正确的火成论[12]5面前，神气十足；魏格纳和他的大陆漂移说[6]303被以反科学的方式摒弃[2]1，这位天才的地质学家及其反映论学风迄今并未获得应有的尊重。花了大力气、下了大本钱，经过海洋地质调查终于证实了魏先生的大陆漂移说，介绍板块学说时才不得不先介绍魏格纳，但总少不了几句奚落或抹杀，以示当年投票否决不无道理[13]281。对于铁矿成矿规律，中国大规模矿产勘查刚开展，就被"鄂西工作的同志"发现[14]171，但只有一句话，而同一汇编则按地槽、地台分类，玄奥复杂的论述[14]12连篇累牍，被当成经典。并且30年后，仍然回到原点"岩基成矿说"上来[15]，面对他人打造"全球变暖说"这个地质学问题并成为世界潮流，不仅不批驳大气层CO_2浓度"年增长率"之类论据远离地球演化时间尺度的荒诞，还照样奉若神明。《大冰期成因论》认定气温变化由CO_2喷发引起，早有前人提出过该观点，但被扼杀了，不读李四光先生的书[16]66，根本就不知道曾有过这么伟大的前人。现在地质力学被摒弃，对于落后的地质学界来说当然不奇怪，目前需要做的是奋起改变局面，在新的起点上——摆出事实充分论证，取得心悦诚服的效果之后，让地质力学真正受到重视，从而得到广泛传播并深入研究，这就是笔者提前出版本书的目的。

现实重复地质史学的事例笔者亲身经历了，猴群要咬死直立行走的异类[2]引子，是自然的现象，维持现状、扼杀新生事物，或属人们的惯性思维。在审队设计，我与一老前辈闲聊，老前辈说，我们这种人压了很多你们这种人；十多天后再同出差，他就把之前说的话收了回去：不过，有时还是要我们这种人出出面。几年后我发现杨柳塘矿床发现史最重要的经验教训被删除，当即查寻即发现老前辈批：人家未见得同意，反过来还表彰了作否定评价的地质队（详见第一章矿区、矿床区别部分），此时他就不仅仅是"出出面"了。

值得欣慰的是，遇到重大矿产勘查项目，如在毫无线索的指定地段找地热水，地勘公司邀我介入时，讲的是"张性""压性"断裂等名词，信奉的是地质力学，我们之间有共同语言。

中国地质队的找矿迄今仍不过是号召，并没有促进找矿的制度和措施。我辈当年就是凭良心多找矿、找富矿，把青春献给祖国，那时极单纯、极真实，也极虔诚，"三光荣"（以献身地质事业为荣、以找矿立功为荣、以艰苦奋斗为荣）教育深入人心。我辈老了，地质队也老了；我辈退下来，地质队就改变了面貌。想起这一层，使自信理论可经实践检验确立的我心淡。喜明洪应明"宠辱不惊闲看庭院花开花落，去留无意漫观天外云卷云舒"，唐杜甫"细推物理潤行乐，何为浮名绊此身"。闲看庭院花，漫观天外云，乐在格物致知之中，这退休生活原已惬意，何况"大上有立德，其次立功，其次立言，虽久不废，此之谓不朽"[17]1268。我素来不在乎别人怎么看、怎么说，自己心安理得，就心满意足。立言于世，上无愧于父母生养教育，下有言告后辈有心志人，自信未枉学地质，此生无憾。

本来入字型构造控矿的后半部分（第二章）足够引人入胜。但是，我无法找到 32 年来个旧锡矿的新资料，而又不甘心放弃"个旧锡矿原生矿储量可在 1984 年基础上翻一番"的重要论点，这也是搁置下卷的重要原因。寻觅资料如此艰难，我能够做的，当然变成尽快出版本书，摆出更多其他类型的例证并充分说理，以证明地质力学的难能可贵。我并不担心已经"泄露天机"。谁能"破译"张性入字型构造控制氧化环境矿床，我当恭贺他学习地质力学达到了高水准。本书新增的两个例证：一个是辽宁建昌八家子银铅锌矿床的"伸舌构造体系"控矿，另一个是江西德兴银山铜铅锌矿床的"夕字型构造"控矿。它们仍然是压性结构面控制的还原环境矿床，都能够雄辩地证明矿体就是构造体，证明成矿构造的形成过程就是成岩成矿过程，证明一个热液矿床就是一个构造体系，证明地质力学可这样深刻地介入矿床地质学。这就是我要提前出版本书的全部原因。

《评〈地质力学概论〉》章 2012 年 5 月 17 日开始写，10 月 16 日暂停，原因是写作十分艰难，进展十分缓慢。困惑于该概论"主要内容"还是"基本内容"，即对内容介绍程度的拿捏；而且李四光先生的文章实在是难以揣摩、难以概括。次年 6 月 3 日重新开始写作，确定采用"主要内容"，摘录原文宁多勿少。拿定主意后，细嚼慢咽，品出《地质力学概论》细节中的滋味，包括对普通高中该不该分文、理科这样看似不相干的问题，增加了论据，也算添加了些心得吧。该章于 2015 年 4 月 28 日完成。

注　释

[1] 杨树庄. 46 亿年的珍贵. 羊城晚报，2003 - 05 - 07.

[2] 杨树庄. BCMT 杨氏矿床成因论：基底—盖层—岩浆岩及控矿构造体系（上卷）. 广州：暨南大学出版社，2011.

[3] 中国科学院自然科学史研究所近现代科学史研究室. 二十世纪科学技术简史. 北京：科学出版社，1985.

[4] 杨树庄. 苍茫大地，谁主沉浮. 广州：广东经济出版社，2003.

[5] 鲁迅全集（第四卷）. 北京：人民文学出版社，1957.

[6] 地质矿产部《地质辞典》办公室. 地质辞典（一）下册. 北京：地质出版社，1983.

[7] 长春地质学院地质力学教研室. 地质力学. 北京：地质出版社，1979.

[8] 李四光. 地质力学概论. 北京：地质力学研究所，1962.

［9］陈挺光. 广东地质科技快报. 第二届全国构造地质学术会议，1979. 4.

［10］地质矿产部《地质辞典》办公室. 地质辞典（四）. 北京：地质出版社，1986.

［11］杨树庄. 他山之石，可以攻玉——"第二届全国成矿理论与找矿方法学术讨论会"述评. 地质论评，2005（2）.

［12］地质矿产部《地质辞典》办公室. 地质辞典（一）上册. 北京：地质出版社，1983.

［13］吴凤鸣. 20 世纪地质科学发展历史回顾及其发展趋势. 地质学史论丛，2002（4）.

［14］全国地层会议学术报告汇编. 北京：科学出版社，1963.

［15］《中国矿床》编委会. 中国矿床（中册）. 北京：地质出版社，1994.

［16］李四光. 天文　地质　古生物资料摘要（初稿）. 北京：科学出版社，1972.

［17］舒新城等. 辞海合订本. 北京：中华书局，1948.

目　录

第一章 伸舌构造
——辽宁西部八家子多金属矿田控矿构造体系

引 言

偶然翻得"辽宁西部八家子多金属矿田控矿构造型式"[1]（简称队文），我觉得很好，便马上收藏了起来。在断断续续思考和写作过程中，我渴望再寻觅素材，揭示更多规律，以充实其矿床成因研究证据，可惜未果。《中国矿床（中册）》有"辽宁建昌八家子银铅锌矿床"[2]244-245（简称国文）作为矿床实例，用以总结成矿规律；《中国地质科学院矿床地质研究所所刊》有"八家子铅锌矿床稳定同位素研究"[3]（简称部文），用以证明"八家子矿床隶属于与岩浆作用有关的矽卡岩型铅锌矿床"。这两篇文章都没有达到目的。论据不足、不当，是它们的共同缺陷。队文倒是已经建立了一种构造体系，并提出了"控矿构造型式"和构造岩浆活动的时间概念，比较之下，感慨系之。为了改造地质学界学风这一更大目标，我决定将国文全文，部文矿床地质特征的全部及队文抄录，以供比较、鉴别。当然国文、部文还是增加了一些矿体、矿石、矿物及地名之类的素材，可算是对队文的补充。鉴于广东有龙门茶排铅锌矿矿体平卧于推覆构造带，发现更多同类构造型式的可能性是存在的，本书先当成"伸舌构造型式"论证。

队文是只有部分差错的难得的好文章，论据可靠并比较充分，论证合理有力，论点基本正确，稍加修改，便堪称完美，当授构造地质学最高奖。有问题尚授予最高奖是相对于同类论文的普遍平庸甚至错误而言。继凡口铅锌矿床成矿需要两三千万年的长时间之后，队文又提供了一个需要约三千万年长时间成矿的例证，并且证据坚实。

在队文基础上，我的工作主要是分析八家子矿区地质构造之间的有机联系，命名该构造型式，予以评论，也包括必要的解析。针对国文、部文不用矿区地质图，所用"矿床地质图"又有不同版本，特别是《中国地质科学院矿床地质研究所所刊》基本上不用矿区地质图——在其总计 15 期 [3（1981/1）、5、6、7、9、10、14、16、17、18、19、21、23、24、25（1992/1）] 中，只有柿竹园—野鸡尾矿床有业内的标准版本、名副其实的"矿区地质图"。即使是专辑，如"闽西南地区马坑式矽卡岩型铁矿床"（总 7，1983/1，20 万字，只有成矿区地质略图、比例尺小于 1:10 万的花岗岩体地质略图）、"大顶锡铁矿的地球化学问题"（总 9，1983/3，10.7 万字，只有包括大顶岩体、比例尺小于 1:10 万的所谓"矿田地质图"，其实是区域地质图）、"陕西黄龙铺钼（铅）矿床类型、成因及铼分布特点的研究"（总 16，1985/4，20.1 万字，有区域地质图及矿床分布略图、矿床地质略图），一律没有矿区地质图。我将在评论、分析队文过程中论证我的论点，并在比较鉴别国文、部文之后，以八家子矿床实例，解释矿区、矿床的划分与作用，这将比单讲道理会更有说服力。中国地质学界最专业的矿床地质学研究机构，竟然不懂得矿区地质图与矿床地质图的区别，像专辑这样的大块文章，即使一二十万字，仍要将矿区地质图舍弃；再查《地质辞典》，这才发觉

"'矿床地质图'即'矿区地质图'"[4]59的谬误，在基本概念的界定上，地质学理论界与工程技术界竟然存在根本分歧。在矿产勘查实践中，因为矿区、矿床的划分错误，曾经导致广东乐昌杨柳塘铅锌矿床投入上千米钻探、上百米坑探找矿失败的深刻教训[5]114，可惜被统稿者删除（将"只见树木，不见森林"的教训，修改为"有力地论证了西瓜地铁矿为铅锌矿氧化带铁帽的推论，阐明了上黄铁、下铅锌的矿化分带现象"[5]114。稍加分析即可知其正面评价的虚假。详后）。"矿区地质图即矿床地质图"属严重错误，极有必要再解释矿床地质学这个最基本概念。本章将专节论述矿区与矿床的区别。

兹将队文、国文及部文实录如下。

一、关于八家子矿床的三篇论文

"中国银矿床"[2]244将八家子矿床列为"沉积改（再）造类矿床"的矿例。

（一）国文：辽宁建昌八家子银铅锌矿床[2]244

本矿床（据薛永平等，1985 年资料编写）相当于成因类型的岩浆期后热液矿床，位于燕山褶皱带的山海关隆起与冀北、辽西凹陷的连接部位。

矿区出露地层主要为中上元古界的长城系和蓟县系。长城系高于庄组由中厚层白云岩、含燧石条带白云岩、含锰白云岩并夹有砂岩和粉砂岩等组成，碳酸盐岩已变质成为蛇纹石化大理岩。已知银、铅、锌、黄铁矿多赋存于该组蛇纹石化大理岩内。矿区外围采样分析结果表明：铜、铅、锌、银在高于庄组一至三岩段中的含量普遍高出地壳丰度值数十倍到数百倍，似应属于矿源层（表 3 –7）。

表 3 –7　辽宁建昌八家子银铅锌矿区地层表[2]247

界	地层			岩性特征	厚度（m）	沉积环境	赋矿情况
	系	组	代号				
新生界	第四系		Q	坡积残积及河流相砂砾黏土等松散沉积	10～50		
			不整合				
中生界	侏罗—白垩系		J–K	上部：安山质角砾熔岩、凝灰岩、粗安岩、石英粗面岩及其碎屑岩； 下部：致密块状安山岩、安山集块岩、集块岩玄武岩及凝灰质砾岩	100～1031	陆相火山岩及火山碎屑岩	
			不整合				
古生界	寒武系		Є	紫色页岩、粉砂岩、鲕状灰岩、燧石结核灰岩及泥质条带灰岩等	300	滨海及浅海潮坪相	
			不整合				

（续上表）

界	地层			岩性特征	厚度（m）	沉积环境	赋矿情况
	系	组	代号				
中元古界	长城系	高于庄组	三至四段 Chcg$^{3-4}$	上部：厚薄相间的砖块状灰质白云岩夹鲕状凝块石、核形石白云岩； 中部：凝块石微晶白云岩，夹鲕状灰质白云岩； 下部：叠层石白云岩、燧石条带含锰白云岩	651~1125	海湾潮坪间与潮间带，高能氧化环境	Pb、Zn、S、Ag
			二段 Chcg^2	粉砂质板岩、含炭质泥质板岩夹凝灰质板岩和含锰白云岩扁豆体	20~100	海湾潟湖炭硅钙相	S、Fe
			一段 Chcg^1	上部：燧石条带白云岩、白云质灰岩； 下部：含锰燧石条带白云岩、含锰炭质白云岩，夹凝灰板岩、石英粉砂岩及石英质砾岩扁豆体	90~172	滨岸碎屑岩相和海湾含锰潮间相	Cu、Pb、Zn、Fe、Ag
		大红峪组	—不整合— Chcd —不整合—	石英砂岩、长石石英砂岩、含砾砂岩夹凝灰质板岩	>500	滨岸碎屑岩相	
太古界	建平群		Ar	片麻状混合花岗岩夹角闪片麻岩、黑云母斜长片麻岩及磁铁石英岩扁豆体	>1000		Fe

矿区中上元古界构成一个轴向近南北的八家子向斜，向斜东翼由南北向分布着北山、古洞沟、炉沟、东山等8个矿段，组成了八家子多金属矿区，其中的北西向和近南北向断裂控制了主要矿体（图3-27）。矿区内的中酸性岩体和脉岩极为发育（燕山期产物），其中的黑云母石英闪长岩岩株似与银铅锌矿床有一定关系。

全区矿体79条，其中铜、钼、磁铁矿体1条，黄铁矿体20条，黄铁矿、铅锌矿体12条。除含铜、钼、磁铁矿体及部分黄铁矿矿体规模较大外（长约600m，深约500m），其余规模较小，一般走向长30~300m，延深20~280m，厚0.2~15m。矿体有两种产状：一是层状及透镜状，与围岩整合；一是不规则脉状，与围岩层理相交。

矿体中主要金属矿物有方铅矿、闪锌矿、黑硫银锡矿、自然银、金银矿、辉银矿、黄铜矿、黄铁矿、磁黄铁矿、磁铁矿、辉钼矿等。主要脉石矿物为方解石、石英、阳起石、蔷薇辉石、蛇纹石、石榴子石、硅镁石、重晶石、菱镁矿等。

含银矿体的围岩蚀变主要为铁镁碳酸盐化、绿泥石化、硅化、矽卡岩化等。在含银黄铁矿矿体中，银矿石品位为133g/t；含银、铅、锌、黄铁矿矿体，银矿石品位为291g/t（古洞沟）；含银铅锌矿体中，银矿石品位为203g/t。

成矿时代，对于高于庄组矿源层的同生沉积作用来说是早震旦世，而其后的变质阶段及

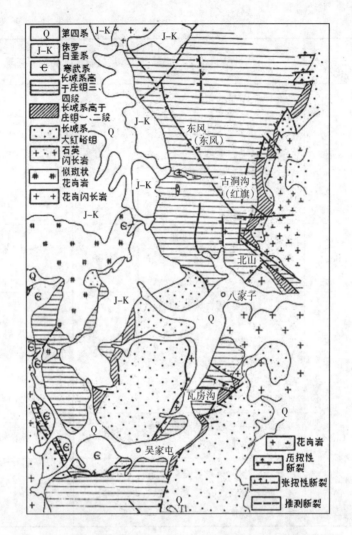

图3-27　辽宁建昌八家子银铅锌矿床地质图（按：图例经整饰）

构造岩浆作用热液再造成矿阶段，推测当属燕山期[2]246。（全文完）

（二）部文：八家子铅锌矿床稳定同位素研究[3]81

该文分4部分，分别为矿区地质概况、样品的采集与同位素分析方法、测试结果和分析、结论。兹录提要及一、四部分，包括地质图。

文章提要　37个硫同位素样品测定结果中除晚期热液脉外，硫化物δ[34]S集中于 −3.7‰ ~ +5.3‰ 之间，黄铁矿值有随离接触带向围岩或者由深部向浅部逐渐递减的规律。黄铁矿铅锌矿矿石全硫测定为 +1.6‰，硫化物的硫同位素组成显示了具有深部岩浆硫的特征。由于存在着较广泛的同位素不平衡，共存硫矿物对可能与矿液沉淀时物理化学条件的变化有关。从矿石铅同位素组成结合地层与岩体成矿元素丰度分析，表明成矿物质一部分来源于地层，一部分来源于下地壳和深部岩浆。碳主要来源于地层碳。氢氧同位素的研究表明早期成矿溶液是以岩浆水为主，混溶并非大气降水的混合热液，随着成矿作用的演化，大气降水从早到晚逐渐地占据了主导地位。地质条件与稳定同位素相结合的综合研究，证明了八家子矿床隶属于与岩浆作用有关的矽卡岩型铅锌矿床[3]81。

一、矿区地质概况

八家子矿区位于辽宁省建昌县西部。大地构造位置处于华北地台北部，燕辽沉降带南缘，天山—阴山构造带及大兴安岭构造带交接之拐弯处。矿区地层出露主要是中元古界长城系和中生界侏罗—白垩系，其次为古生界寒武系。由中元古界地层构成一个轴向近南北的八家子向斜，轴长10km，宽5.5km。长城系高于庄组一套巨厚层白云岩为控矿围岩，层序东老西新。断裂以北西向成矿断裂最为明显，位于八家子向斜东翼。与成矿密切有关的岩浆岩为黑云母石英闪长岩，形成时代为燕山期（170Ma）。岩体与白云岩接触带及附近发育有镁矽卡岩和钙矽卡岩，分别伴生有磁铁矿化和磁黄铁矿化、磁铁矿—黄铁矿化，远离接触带沿北西向断裂带附近发育有锰质钙矽卡岩。大部分铅锌矿产于上述矽卡岩中或其附近的有利构造部位。镁矽卡岩代表性矿物有镁橄榄石、粒硅镁石、透辉石、金云母、透闪石等。矿石矿物主要为方铅矿、闪锌矿、黄铁矿、磁铁矿、黄铜矿，此外还有磁黄铁矿、辉钼矿等。钙矽卡岩代表性矿物有钙铁榴石、次透辉石、绿帘石等。锰质钙矽卡岩代表性矿物为蔷薇辉石和锰铝榴石等。离接触带较远的东风、冰沟矿段出现有重晶石，其大部分与方铅矿、闪锌矿组成矿脉，少量在矿体围岩中呈交代脉出现。矿区自南东的北山矿段向北西延伸至冰沟矿段，矿化依次形成有规律的水平分带：（1）磁铁矿带；（2）黄铁矿带；（3）黄铁矿铅锌矿带；（4）铅锌矿带。矿体形态呈脉状、透镜状、枝杈状、囊状等。在矽卡岩之上叠加有较广泛的热液蚀变：蛇纹石化、镁绿泥石化、重晶石化、铁锰碳酸盐化、石膏萤石化等。矿化期可分为矽卡岩期、热液期和表生期。热液期可分为氧化物阶段、石英—硫化物阶段、碳酸盐硫酸盐阶段。矿石发育各种交代结构残留、交代脉状、交代假象、交代似海绵晶铁结构等。矿石构造呈块状、浸染状、条带状、角砾状构造。

四、结论[3]90

1. 硫化物之硫同位素组成显示深部岩浆硫来源特征，与国内外矽卡岩铅锌矿床相比同具有中酸性岩浆中硫同位素组成的特点。共存硫化物之间存在着广泛的同位素不平衡，这种不平衡主要与成矿过程中物理化学条件发生了一定程度的变化有关。

2. 矿石铅同位素组成表明属非正常铅，ϕ值年龄在本矿区不适合用以确定成矿时代。成矿物质一部分来源于地层，另一部分来自下地壳或深部安山质岩浆。

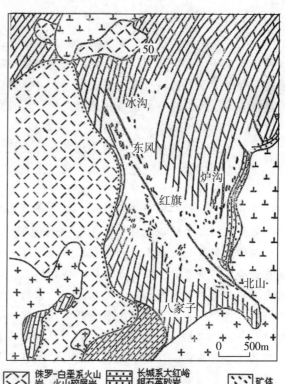

图6 八家子铅锌矿床地质略图[3]82

3. 方解石的碳、氧同位素值为白云岩（$\delta^{18}O = 25.9‰$，$\delta^{13}C = -0.6‰$）到与岩浆流体平衡的值（$\delta^{18}O = 8‰$，$\delta^{13}C = -6‰$）之间的混合值。溶液中的碳以地层碳为主。水岩比在早期方解石阶段为 $1.4 \sim 1.7$，在晚期方解石阶段为 1.07。成矿过程中热液的 $\delta^{18}O$、$\delta^{13}C$ 值均受到白云岩同位素交换的控制。

4. 成矿溶液早期以岩浆水为主混有部分大气降水，随成矿作用由早至晚演化渐变为以大气降水为主体。晚期方解石阶段，几乎不含岩浆水。

上述硫、铅、氢、氧、碳、锶稳定同位素的综合研究说明了岩浆、大气降水有地层围岩、构造在形成矽卡岩铅锌矿床演化过程中所起的作用。其表明，地层围岩、北西向断裂及其派生构造裂隙和燕山期黑云母石英闪长岩的侵入是控制矿床成矿作用的三位一体不可缺少的要素，它们互相制约，三者缺一不可。这正是国内外学者对矽卡岩矿床研究总结的重要特征之一。地质条件与稳定同位素相结合的综合研究，证明了八家子铅锌矿床隶属于有岩浆作用的矽卡岩铅锌矿床。（以下测试人、单位及引用资料说明、致谢等略）

（三）队文：辽宁西部八家子多金属矿田控矿构造型式

本文摘要：本文分析了八家子多金属矿田的地质构造特征，提出该区的构造型式为一个滑脱—逆冲推覆构造。它是北西向南东方向的侧向挤压作用下，由八家子附近的中上元古界地层块体，沿着与基底花岗岩的界面自北西向南东滑移造成的。主要表现特征是：在前缘形成了呈铲式收缩型滑脱断层、逆冲断层等挤压性的构造，在后缘则出现张裂带并陷落成盆地，两侧发育具有转换断层性质的走滑断层。逆冲断层及边界走滑断层是区内主要控矿构造。八家子滑脱—逆冲推覆构造的主要活动时期为三叠纪晚期，结束于早侏罗世。

八家子地区的多金属矿床严格受断裂控制，这些控矿断裂之间存在何种联系，它们属于何种组合类型，这是关系到今后找矿方向的重要问题，因而为人们所关注。笔者初步分析了最近获得的 1:5 万区域地质调查成果后认为，该区不同性质的控矿断裂组合为一个滑脱—逆冲推覆构造。现就这一构造型式的组成特点及与成矿的关系作初步分析。

1. 地质构造环境

八家子地处华北陆台上的两个北东东向次级构造单元——山海关台拱与辽西台陷的交接处。位于南侧的台拱是一个自中元古代以来长期隆起区，广泛裸露早先寒武纪花岗质岩石，只在局部地区有中元古代早期碎屑岩以及晚中生代的内陆盆地沉积；北侧的台陷有漫长的沉积作用史，它在中—晚元古代是一个拗拉槽（Aulacogen），堆积了近 8000m 的陆相—滨海相碎屑岩及海相镁质碳酸盐岩（表1）。进入古生代为一陆表海相，沉积了以台地相碳酸盐岩为主夹陆源碎屑岩的地层。中生代以来，本区统属环太平洋大陆边缘活动带，强烈的构造运动在台陷区铸就了北东—北北东的盆岭构造，在内陆盆地中有中生界钙碱性火山岩喷发。区域内主要构造格架为东西向与北东—北北东向构造相交织，以断裂为主。其中的东西向断裂系统的某些分子是承袭古老的基底断裂构造起来的，具有长期活动史；北东—北北东向断裂是晚三叠世以来新生的，属于滨（环）太平洋断裂系统（任纪舜等，1988），以发育有逆冲推覆构造为其特色。这两个断裂系统在台拱与台陷的邻接处交汇，沿此部位自三叠纪晚期至早侏罗世先后有石英闪长岩、花岗闪长岩、二长花岗岩及钾长花岗岩侵入，构成一条规模宏伟的北东东向至近于东西向的构造侵入岩带（图1）。八家子多金属矿田位于一个被早中生代中酸性深成岩包围的、由元古代与古生代地层组成的滑脱—逆冲推覆构造中。

表1　辽西南部中上元古界划分表

寒武系下统		老庄户组	厚层灰岩、角砾状灰岩
上元古界	青白口系	景儿峪组	下部砂岩、页岩，上部薄层灰岩
		下马岭组	砂岩、页岩
中元古界	蓟县系	铁岭组	白云岩夹页岩
		洪水庄组	黑色页岩
		雾迷山组	燧石条带白云岩
		杨庄组/大屯组	白云岩夹灰岩
	长城系	高于庄组	白云岩，下部夹含锰白云岩、砂页岩
		大红峪组	石英砂岩夹页岩、凝灰质砂岩
太古界			片麻状花岗岩

矿区内下马岭组、铁岭组、洪水庄组3个含泥质相层位，是重要的边界条件。

插附：燕山分区地层及其接触关系（渤海北西岸至北京及其北西属之）地层表[6]

寒武系下统		老庄户组 不整合↓	
上元古界	青白口系	景儿峪组	致密状泥质灰岩
		骆驼岭组 假整合↓	砾岩、石英砂岩、砂质及粉砂质页岩
		下马岭组 假整合↓	页岩为主，底部含铁砾岩
中元古界	蓟县系	铁岭组	白云岩夹页岩及含锰白云岩
		洪水庄组	粉砂质页岩为主
		雾迷山组	含燧石条带白云岩
		杨庄组 假整合↓	泥质白云岩及沥青质结晶白云岩，秦皇岛以北缺失
	长城系	高于庄组 假整合↓	厚—巨厚及薄层板状含砂、含锰质燧石白云岩
		大红峪组 假整合↓	石英岩、高硅质燧石白云岩和火山岩，岩性复杂
		团山子组	砂质、泥质白云岩为主，底部白云岩中含菱铁矿
		串岭沟组	粉砂质页岩为主夹碳质白云岩，秦皇岛以北缺失
		常州沟组 不整合↓	块状砾岩、粗砂岩、细砂岩、粉砂岩，秦皇岛以北缺失
太古界		迁西群	

附注：1. 八家子矿区地处秦皇岛以北；2. 按笔者划分，上述两表长城系、蓟县系、青白口系为震旦系上统盖层。由于元古界缺失，震旦系上统遂有铁、锰、硼等亲氧元素沉积，形成宣龙式铁矿、"中元古界"蓟县式硼锰矿床[2]488（天津东水厂硼锰矿床）及瓦房子铁锰矿床[2]492等。

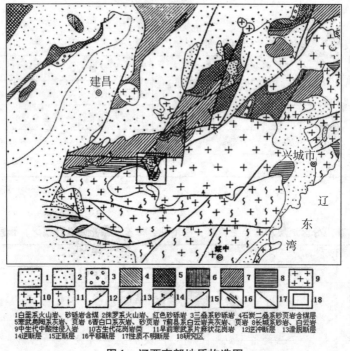

1白垩系火山岩、砂砾岩含煤 2侏罗系火山岩、红色砂砾岩 3三叠系砂砾岩 4石炭二叠系砂岩含煤层 5寒武奥陶系灰岩、页岩 6青白口系灰岩、砂页岩 7蓟县系白云岩夹灰岩、页岩 8长城系砂岩、白云岩 9中生代中酸性侵入岩 10古生代花岗岩类 11早前寒武系片麻状花岗岩 12逆冲断层 13滑脱断层 14逆断层 15正断层 16平移断层 17性质不明断层 18研究区

图 1   辽西南部地质构造图

2. 矿田构造

前已述及，八家子多金属矿田的构造型式为一滑脱—逆冲推覆构造，它由收缩型（挤压型）滑脱构造与逆冲推覆构造组成。主要形迹有凸向东南的弧形滑脱断层、逆冲断层和飞来峰、边界平移断层以及后缘的拉张带。滑脱—逆冲推覆构造涉及面积约60km^2，其峰带前部因同构造期岩体的侵入而残缺不全（图2）。现将其主要形迹描述如下。

2.1   滑脱断层

本书所称的滑脱断层是指发生在不同物性界面之间，强性层与弱性层之间的顺层滑动（许志琴，1986），是盖层在基底之上及新岩层在老岩层之上的滑动面。区内已知此类断裂有三道沟—于家屯—古洞山断层，长达25km，出露形态类似古代的弓。"弓背"凸向东南的于家屯，"弓梢"分别位于三道沟—贺吉沟及古洞山，在"弓背"弯向"弓梢"处分别为平移断层错切。此滑脱断层主要发生在长城系下部碎屑岩与白云岩之间，只在贺吉沟附近位于长城系底部岩系与基底花岗岩之间。断面向北及北西倾，断裂带最宽达40m，发育有挤压透镜体及片理化带（图版Ⅰ，图1），断层擦痕及阶步指示上盘向南东逆冲，属于挤压型的滑脱断层。经钻探证实，断面呈上陡下缓的铲式。由滑脱作用引起的褶皱发育于邻近滑脱面上盘岩片中，规模不等，上部发育倾斜等厚褶皱与直立尖棱褶皱（图版Ⅰ，图2），向下逐渐过渡为同斜不等厚褶皱，局部韧性岩石出现流动褶皱（图版Ⅰ，图3）。

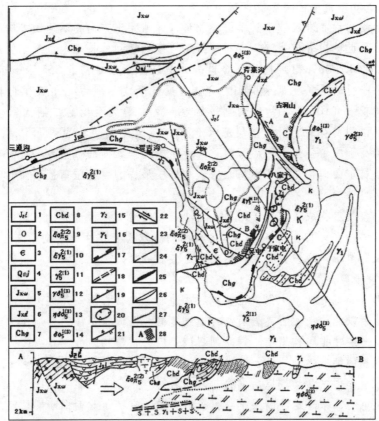

1 中侏罗统蓝旗组火山岩 2 奥陶系泥晶灰岩 3 寒武系鲕状灰岩 4 青白口系景儿峪组燧石角砾岩 5 雾迷山组白云岩 6 大屯组白云岩 7 长城系高于庄组白云岩，含锰粉砂岩、灰岩 8 长城系大红峪组石英砂岩 9 中侏罗世石英正长斑岩 10 早侏罗世钾长花岗岩 11 早侏罗黑云母花岗岩 12 晚三叠世花岗闪长岩 13 晚三叠世石英二长闪长岩 14 晚三叠世石英闪长岩 15 早元古代花岗岩 16 太古界花岗岩 17 滑脱断层 18 主滑脱界面（用于剖面图）19 逆冲断层 20 飞来峰 21 逆断层 22 平移断层 23 正断层 24 性质不明断层 25 背斜轴 26 向斜轴 27 不整合线 28 多金属矿（示意）及矿带编号

图 2 八家子矿田地质构造图

应当指出，这条滑脱断层的前身应是较早出现的东西向断裂系统的分子，现在的形态是由北北西向平移断层为边界的八家子岩片自北西向南东运动过程中改造的结果（详后）。它在八家子滑脱—逆冲推覆构造中仅是一次级滑脱面，主滑脱面的位置应在其东南侧，已被岩体占据。根据布格重力异常的反演计算，本区中部基底花岗岩与盖层的界面约于地表下 2km 处，推断这即为主滑脱面的埋深（图 2 下部）。

2.2 逆冲断层与推覆体

这里所称逆冲断层是指有明显位移的低角度逆断层（朱志澄，1988）。本区已知逆冲断层有吴屯—八家子断层。这是区内最主要的一条控矿断裂，在平面上略呈向南东凸出的弧形，总体走向为北东 35°，长约 12km，有早侏罗世钾长花岗脉侵入。断面倾向北西，长城系大红峪组逆冲在高于庄组之上形成推覆体，并在前方形成三个由大红峪组石英砂岩构成的飞来峰（图 2），推覆体运移距离 4km 左右。最北的一个飞来峰压盖在前述滑脱断层之上，说明逆冲断层的形成要略晚于后者。逆冲断层总体上也呈上陡下缓的铲式，并以台阶式向下延伸（图 4）。由于吴屯—八家子断裂的逆冲推覆作用，下盘岩系褶皱加剧，出现较大的同斜不等厚褶皱（图 2）。

2.3 平移断层

已知平移断层有二条，分别位于矿田的东、西两侧。位于西侧的一条称贺吉沟断裂，走向北西20°，长5km，南端被早侏罗世花岗岩充填，断面近直立，发育有透镜状构造角砾岩及断层泥岩，西侧元古界岩层被强烈牵引成弧形，弧顶突出方向指示运动方向为右行。根据侵入断层的早侏罗世花岗岩被搓碎，表明该断裂有多期活动的特征。位于东侧的平移断层为芹菜沟断层，长约4.5km，南端被晚三叠世岩体截切。断层走向北35°西，向北东陡倾斜，南部分叉成三条平行断裂，主断裂宽10~20m，见有倾伏分别为北北西和北北东的二组擦痕，前者侧伏角较缓（10°~20°），切割了后者，反映断裂至少有二期活动，早期为右行逆—平移断层，西侧发育的雁行状张裂隙（含矿）应属此期活动的派生构造；晚期作左行平移，导致两侧高于庄组强烈牵引而弯转。同时伴有近南北向的拖褶皱。推断早期活动与贺吉沟断裂一起同属东西向构造——由南北向水平挤压形成的一组压剪性裂面，晚期构造与推覆构造同时。

上述二条平移断层构成了八家子滑脱—逆冲推覆构造的东西边界，它们主要一次活动的平移方向（一作右行，一作左行）指示二者之间的岩块曾整体由北西向南东方向推挤滑移。它们一致地消失在滑脱—逆冲推覆构造的前锋与接近后缘处，说明具有转换断层的性质。

2.4　张裂及张剪性裂面

在矿田北部，分布着一个中侏罗世盆地。盆地北缘在贺吉沟—芹菜沟一线作北东东向狭长带状伸出，此带以北的中元古界岩层及构造线走向与区域构造线一致地作为近东西向，以南则被卷入滑脱—逆冲推覆构造中。据此判断该处应为推覆构造的主张裂带，是盆地的沉积中心。盆地中沉积的钙碱性火山岩（主要为安山岩）及碎屑岩层褶皱很轻微，说明盆地是在滑脱—逆冲推覆作用主活动期以后发育起来的。

此外，在吴屯—八家子逆冲断层上盘推覆岩席中，有一组北西向断裂。断层线两侧有平面位移，应属于垂直逆冲推覆断层的张裂演变而来的张剪性裂面。

综如上述，发育于八家子矿田的各种性质的断裂恰好组成一个具有前缘挤压、后缘拉伸、侧缘剪切走滑性质的滑脱—逆冲推覆构造。其运动学特征是：在北西向南东的侧向挤压作用下，由于在芹菜沟及贺吉沟附近已出现先成的北北西向压剪性断裂，这二条断裂之间的元古界—古生界组成的地质块体便易于与周围岩石相脱离，而沿着与基底花岗岩之间的界面整体向南东方向滑移，结果在前方形成了逆冲断层等挤压性构造，在后缘则出现张裂带并陷落成盆地。与此同时，先成的北北西向断层便转化成具有转换断层性质的平移断层，其中的芹菜沟断裂还改变了运动方向，由右行变成左行。原先存于三道沟—古洞山一线的东西向断裂也被改造而卷入这一构造系统成为挤压性滑脱断层。这一滑脱—逆冲推覆构造的扩展形式属于后展式。根据断层岩的片理化、伴生有不等厚褶曲以及叠层石压扁拉长（图版 I，图4），表明它们形成于中下构造层次间，属于韧—脆性过渡类型。按照推定的根带（位于中侏罗世盆地中部）及主滑脱界面位置，运用平衡剖面法则将原始地层长度大致复原后概算，得缩短量为3.95km，缩短率 $e=43.41\%$。根据滑脱—逆冲推覆构造与早中生代岩体的关系以及被早侏罗统覆盖的事实，其主要活动时期为三叠纪晚期，结束于早侏罗世末。

3.　构造与成矿

八家子地区是一个以铅锌为主的多金属矿床，工业矿床除铅锌外还有硫铁矿、银矿及锰矿，成因分类属于气水热液交代—充填矿床，与晚三叠世和早侏罗世中酸性岩体（196Ma，183 Ma，177 Ma）有成因联系，矿石的铅同位素与硫同位素组成与岩体一致。

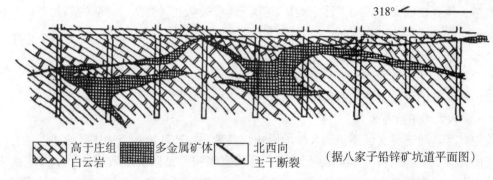

318°

高于庄组 白云岩　多金属矿体　北西向 主干断裂　（据八家子铅锌矿坑道平面图）

图3　示分支断裂发育处矿体富集（坑道平面图）（按：图例经整饰）

　　区域地质及矿床勘探表明，本区滑脱—逆冲推覆构造几乎控制了区内所有多金属矿。已知三个矿带分别受边界平移断层、逆冲断层及滑脱断层控制，其中 A 矿带受东界的平移断层即芹菜沟断层控制。矿体呈脉状及透镜状赋存于主干断裂及其旁侧的分支断裂中，在分支断裂发育地段，分支断裂与主干断裂交汇处富集（图3）。自南东向北西，随着与石英闪长岩体距离的加大，矿石矿物组合由高温组合向中低温组合递变，近岩体接触带处为铜—钼磁铁矿组合，继之为磁黄铁矿—黄铁矿组合，最后于断裂的西北端出现自然银—方铅矿、闪锌矿组合，反映了矿液在沿着平直畅通的裂隙由南东向北西流动中逐渐降温的过程。B 矿带是八家子矿田的主要矿带，沿逆冲断层面分布。控矿断裂在地表倾角达70°，向下逐渐变缓，在地表下300~400m处近乎水平，然后以台阶式下延。矿化主要富集在主断面及其上盘被挤压破碎的石英岩中，并在断坪及断坡过渡处发育成巨厚的透镜状及似层状矿体（图4）。

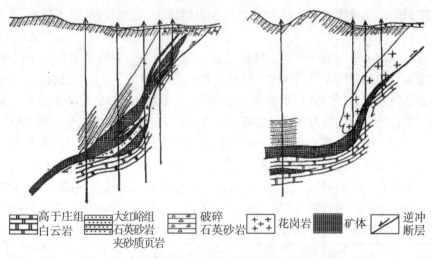

高于庄组 白云岩　大红峪组 石英砂岩 夹砂质页岩　破碎 石英砂岩　花岗岩　矿体　逆冲 断层

图4　矿体在逆冲断层面变缓处加厚富集（按：图例经整饰）

　　C 矿带沿着东南缘滑脱断层分布，其中在于家屯—炉沟的一段已勘探出工业矿体，其余地区目前只见有微弱矿化。

　　结语

　　八家子多金属矿田的控矿构造模式为滑脱—逆冲推覆构造。这一构造模式的建立为该区多金属矿的分布规律研究及预测开辟了新的思路。今后除在已知含矿断裂上注意寻找新的隐伏矿床外，对这一构造型式的其他构造成分开展普查找矿应是主要方向。

致谢：作者在成文时参阅了辽宁地矿局第三地质大队和区调队三分队的未刊资料，在此表示谢意。

（该文图版略）

二、对队文的评论及对伸舌构造的论证

（一）队文的不当与差错

首先，受地质学界文风不正的大环境影响，其地质构造环境一节描述与论述混述，以地质过程的见证人口吻，将"地质构造环境"写成发展史，是队文之败笔。所幸此笔法未延续殃及主题。采用的是白描的描述手法，素材扎实可靠的基础是老老实实交代清楚素材，不要耍花样，也没有可耍的花样。

其次，队文的矿田地质构造图应当修改。第一是需划分构造级别，将北部断裂（按：由笔者命名，指矿区北部横贯东西之断裂，参见图 1-1）作为区域性断裂，三道沟—于家屯—古洞山断裂作为矿区一级断裂，与其他断裂区别开来。既然是地质构造图，又引用了"构造型式"专有名词，就应当按地质力学方法划分构造级别（修改后图中都标示为粗线。进行修改属提高地质研究程度，即增加了填图单位，但为减轻图面负担，不再增加图例。如果是矿区地质图，不作此修改不算错）。第二是将飞来峰由 3 个增加到 5 个。于家屯南东的两大块大红峪组仍然属飞来峰（图 1-1 已按图例修改为飞来峰，并只将飞来峰最南界标示为逆冲推覆断裂线，省去将其所有边界都标示为粗断裂线，减轻图面负担），指明吴屯—八家子断裂推覆体的不完整前锋应到达了于家屯以南。第三是剖面图东端主要应当标示太古代片麻状花岗岩及其上的古生代花岗岩。在 2km 深、5km 宽地带主要都标示为中生代岩浆岩，与区域地质图相悖，笔者认为中生代岩浆岩不大可能厚大（已修改，但不便标示出下伏古生代花岗岩）。

再次是称三道沟—于家屯—古洞山断层"在八家子滑脱—逆冲推覆构造中仅是一次级滑脱面，主滑脱面的位置应在其东南侧，已被岩体占据"，矿区一级构造被认为属次一级构造，主要构造靠推断认定（笔者对原图剖面已修改，参见图 1-1）；又将滑脱断层、逆冲断层与推覆体、平移断层、张裂及张剪性裂面分别开来，三道沟—于家屯—古洞山断层称滑脱断层，吴屯—八家子断层称逆冲断层，割裂它们之间的有机联系。尤其是称东西两侧的芹菜沟断裂和贺吉沟断裂为"先成的"，其成因竟然是"由南北向水平挤压形成的一组压剪性裂面，晚期构造与推覆构造同时"，属于南北向挤压应力形成的"压剪性裂面"，这些都是不正确的。"具有转换断层的性质"尤其属于"闹笑话"（此或为地质队初学"时髦"，省级期刊乏力把关所致，根源在玄奥价值观）。在论点上，认为矿化都与晚三叠世石英闪长岩有关，也不正确。应当说，早期 C 矿段矿化与石英闪长岩有关（正确说是与造成重融出石英闪长岩的晚三叠世构造有关），成矿时代为晚三叠世；晚期 A、B 矿化则与钾长花岗岩有关（正确说是与造成重融出钾长花岗岩的早侏罗世构造有关），成矿时代为早侏罗世。从空间分布的相关性看，A 矿段南端有钾长花岗岩和石英闪长岩，姑且都可以看成是矿化温度分带的原因；B 矿段则只有钾长花岗岩，不存在花岗闪长岩。A、B 矿段共有的岩浆岩只有钾长花岗岩。

修改后的八家子矿区地质图如图 1-1 所示。

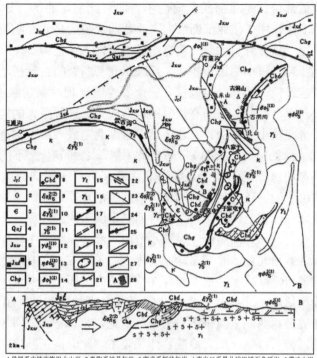

1侏罗系中统蓝旗组火山岩　2奥陶系结晶灰岩　3寒武系鲕状灰岩　4青白口系景儿峪组缝石角砾岩　5雾迷山组白云岩　6大屯组白云岩　7长城系高于庄组白云岩　8长城系大红峪组石英砂岩　9中侏罗世英斑岩　10早侏罗世钾长花岗岩　11早侏罗世黑云母花岗岩　12晚三叠世花岗闪长岩　13晚三叠世花岗石英二长闪长岩　14晚三叠世石英闪长岩　15早元古代花岗岩　16太古界花岗岩　17滑脱断层　18主滑脱界面　19逆冲断层　20飞来峰　21逆断层　22平移断层　23正断层　24性质不明断层　25背斜轴　26向斜轴　27不整合线　28多金属矿(示意)及矿带编号

图1-1　辽宁建昌八家子多金属矿区地质图

还有一些问题，如3个小飞来峰在于家屯—古洞山断层断裂北西，并有向斜紧贴吴屯—八家子断裂，2块大飞来峰在于家屯—古洞山断层南东，这就涉及吴屯—八家子断裂推覆构造不仅造成上盘上抬，也牵引下盘（吴屯与于家屯之间部分）上抬，造成于家屯—古洞山断裂两侧飞来峰的保存情况出现显著差异，这是事物有机联系的又一个例证，而与此有关的素材（吴屯—八家子断裂及其紧贴的向斜之间的关系）未描述；再如C矿段矿化在于家屯段和古洞山段是否存在差别也未描述（这涉及三道沟—于家屯—古洞山断裂的不同地段是否有过不同的后期活动），称芹菜沟断层南端被晚三叠世岩体"截切"；认为盆地北缘在贺吉沟—芹菜沟一线，作北东东向狭长带状伸出地段是盆地的沉积中心；称其"运动学特征"的前提是"出现先成的北北西向压剪性断裂"；认为成矿与石英闪长岩有关未申述理由，等等。

但是，较之国文总结"成矿规律"、部文论证"矿床成因"的空泛，这些问题都可以视为小问题。其"滑脱—逆冲推覆构造"及其成因，"构造的主要活动时期"论点成立，"控矿构造型式"言之成理。如笔者所言，可进一步探索。

（二）构造分析

读地质图属于地质工作者的基本功。八家子矿田地质构造图相当精准，充分体现了造化的奇妙，它反映了地质构造体包括矿体之间的有机联系，读来令人兴趣盎然。但是"谁解其中味"，知其奇妙，方知其精准，能看懂这些有机联系者却是凤毛麟角。

一是北部断裂—逆冲推覆构造—沉陷盆地之间的关系及其涉及的一系列有趣现象。

总体上说，与三道沟—于家屯—古洞山断裂的舌状伸出部位——推覆体前锋部位（队文称之为弓背）对应的部位，是北部断裂向南小弯曲。此小弯曲的奥妙不全在弓弦—弓背之间，北部断裂起关键性作用。①北部断裂向南小弯曲反映的是北部断裂的入字型构造，即以北部断裂为主干断裂、倾伏背斜为分支构造组成的压性入字型构造。以高于庄组为核心的此倾伏背斜，与北部断裂以极小的锐角相交，反映出北部断裂的右行扭动性质。出现极小锐角的原因除主干断裂容忍性退让外，与倾伏背斜南翼连续出现两条逆断层有机联系在一起，它说明促使北部断裂向南小弯曲，必须有极大的构造应力，这种极大的构造应力竟然以造成倾伏背斜南翼连续产生两条小逆断层，方才了结，也因此造成入字型构造主干断裂与分支断裂之间为极小的锐角（参见构造分析图1-2）。此为局部之细节。②不能说逆冲推覆构造是由这个北部断裂的小弯曲造成的，而应是整个北部断裂右行压扭构造应力作用的结果。相反，北部断裂小弯曲说明的，还包括逆冲推覆构造前缘出现了过度的逆冲，此过度逆冲造成了中侏罗世火山岩盆地为代表的凹陷。这个小弯曲必定属于浅部现象，它的倾角必定显著缓于未弯曲的部分。换言之，北部断裂产生显著小弯曲，部分原因是中侏罗世火山岩盆地的沉陷。它们互为因果。③盆地北西侧北东东向"正断层"（图1-2中标示为Z），空间上与火山岩盆地相对应关系密切，反映了盆地北缘存在拉张应力，即中侏罗世火山岩盆地沉陷的拉动是产生其再进一步包括产生北部断裂小弯曲的原因（当然不能够严格分开，它们互为因果。北部断裂小弯曲应是北西侧全面挤压、南东侧盆地局部沉陷牵拉联合作用产生的）。④产生此拉张应力的原因，不排除火山岩冷凝、体积收缩。此时该正断层则仅为浅表现象。

关于推覆距离，应计算所谓"弓背"至"弓弦"的距离，三道沟—于家屯—古洞山推覆构造当为7.5km；吴屯—八家子推覆构造继续推覆的距离，约为1km（从于家屯弓顶至最南东飞来峰南东缘），合计应为8.5km。北部断裂以北这种有相当大埋深的地块，一旦整体受挤压从旁（南东）侧浅部膨出，应变极为强烈，可长距离推移。其形成原理，有如海啸。深海的哪怕只有几十厘米幅度的断陷（或抬升），都可以在滨浅海造成数米乃至十数米高的巨浪，冲击滨海平原纵深数千米乃至数万米地带，即北部断裂北盘整个厚大地块向南东挤压（扭），造成其南浅部应变，相应引起北部断裂出现小弯曲和逆冲推覆构造。八家子矿床构造提供了一个极好的例证，既展示有大断距逆冲断裂产生的一种方式，也展示了在相应条件下岩石力学性质的塑性表象。

二是三道沟—于家屯—古洞山逆冲推覆构造本身的有机联系。这是最有魅力之处。

队文的"滑脱断层"和"逆冲断层与推覆体"是有机联系在一起的整体，都属推覆构造的成分。它们的有机联系表现为同属来自北西顺时针向压扭构造应力场。它们的产生过程，首先是三道沟—于家屯—古洞山逆冲推覆断裂形成（断裂上盘，可称老推覆体）。在这个过程中，一方面推覆体东侧属持续应变（不妨称为"撕裂"），在浅部形成了早期矿化，即C段矿化。西侧则可能是雾迷山组条带状白云岩层间滑动较容易、较快释放构造应力，位移幅度大，因而并不出现矿化。另一方面则是已经出现由三道沟—于家屯—古洞山断裂圈定的老推覆体之后，在顺时针向压扭构造应力场中，后续应力正面挤压推覆体东侧时，推覆体西侧则处在相对的舒张状态。这两个因素都使得推覆体西侧不具备集中构造应力的条件。这是逆冲推覆构造的第一幕；正因为这种层间滑动较快的释放构造应力，不具备发育的条带状层理地层的、芹菜沟断裂部位，持续应变产生相当于合扭的芹菜沟断裂（撕裂）及矿化，造成了A矿带。同期造成吴屯—八家子逆冲推覆构造的产生。芹菜沟断裂中段的近东西向短小断裂，为其同序次的合扭。这次推覆造成了3小2大5个飞来峰（怎样读懂于家屯南东侧的两大块大红峪组飞来峰很关键），在老推覆体中再伸出新推覆体，同期造成了八家子矿区出露地表矿化中最为强烈矿化地段，即 A、B 矿带。在西侧则仍然因为前述原因，构造应力较快释放而不能持续作用。这是八家子逆冲推覆构造的第二幕，也是成矿最主要和最重要的一幕。第二幕成矿作用方面最主要的特征是在新推覆体东侧（A）和底板（B）造成了八家子矿床最主要的矿化地段。芹菜沟和贺吉沟断裂与吴屯—八家子逆冲推覆构造是同期产生的，属于新推覆体的侧翼与底板。芹菜沟断裂的南北两端的北东侧，都有晚三叠世的石英闪长岩，不是巧合，虽然并不说明它形成于晚三叠世，但可能说明，出现晚三叠世石英闪长岩的地带，已经承受了强大的构造应力，成为后来芹菜沟断裂产生的前奏。相反，芹菜沟断裂南端的早侏罗世钾长花岗岩才是该期构造地壳重融的产物，矿段由南向北出现的矿化蚀变分带，充分说明芹菜沟断裂与南端的钾长花岗岩是有机联系在一起的。贺吉沟断裂与芹菜沟断裂之所以前者可出现开扭、后者却出现合扭，主要是由于区域性构造应力压向南东，伸舌构造向南南东向伸出（其原因主要由推覆构造的原地岩体隘口的相对位置决定。当然，也可能是如此构造应力造成了如此边界条件。它们互为因果），东侧主要遭受挤压应力，西侧则相对存在舒缓环境。最后第三幕是贺吉沟断裂系产生，八家子逆冲推覆构造的弓背向南西偏移。贺吉沟断裂系包括其本身及南段的 3 条北西向"正断层"——属同序次张扭性断裂，即开扭产生（与芹菜沟断裂的东西向合扭相对应），此乃由地质力学揭示的奇妙规律，按传统观念，合扭切割了芹菜沟断裂，开扭与贺吉沟断裂不相干。八家子—吴屯逆冲推覆构造之所以弯向南西西，并没有作为弓背表现出拐回北西向的趋势，原因正是贺吉沟断裂更快速和更大幅度位移，迅速释放了构造应力。八家子—吴屯断裂不拐回北西向，又使贺吉沟断裂获得开张的环境，产生了这个逆冲推覆构造前缘唯一的一组 3 条张性的小断裂，它们是同一件事的两面。

　　三是构造岩浆活动之间的有机联系。由于岩石的同位素年龄资料，使得构造的形成时代得到佐证。八家子逆冲推覆构造造成地壳重融的岩浆，在第一幕构造北部断裂即主要是三道沟—于家屯—古洞山断裂形成时，上侵浸漫为晚三叠世石英闪长岩、石英二长闪长岩、花岗闪长岩，石英闪长岩产出于该断裂底板和芹菜沟断裂北端的北部断裂带上。它们在浅部属于元古界在太古界片麻状花岗岩、古生代花岗岩之上逆冲断裂造成的岩浆重融侵位。这是北部断裂及三道沟—于家屯—古洞山推覆构造造成的最大规模地壳重融岩浆首期重融侵位。第二幕构造为早侏罗世八家子—吴屯断裂造成重融岩浆的第二次重融侵位，岩性属于黑云母花岗岩、钾长花岗岩。它们分布于八家子—吴屯断裂上盘或重融侵位至三道沟—于家屯—古洞山断裂下盘。沿芹菜沟断裂发育矿带的矿化蚀变分带显示与其南端的钾长花岗岩相关，并非与其北东侧的石英闪长岩相关。第三幕为中侏罗世贺吉沟断裂系的产生及地壳重融岩浆的第三次重融侵位，形成岩石为石英正长斑岩。同期造成安山岩质火山岩喷发。八家子矿区构造运动第一、第二幕使得推覆体前缘一再舌状伸出，再加之第三幕推覆体西侧过分前伸，后缘则相对和逐渐出现凹陷，造成中侏罗统火山岩盆地，在北部断裂则形成入字型构造，以及一个向南的局部小弯曲和在北部断裂南侧产生了北东东向的"正断层"。北部断裂向南小弯曲、北部断裂南侧正断层、中侏罗统火山岩盆地及其中的中侏罗世石英正长斑岩、贺吉沟断裂系及断裂带上的中侏罗世石英正长斑岩，都是有机联系在一起的构造岩浆活动现象。这是自然界的又一个对立统一关系的例证。根据此现象，可归纳出"构造应力前拓律"，即当构造应力迫使浅部岩层逆掩时，由于逆掩角度极小，甚至负角（本矿区逆掩的前沿即为负角。图 7 之剖面及 3 小 2 大 5 个飞来峰反映得相当清楚），必然造成构造应力前拓（似乎是构造应力全部推挤推覆体的前部），使逆掩推覆体后部出现引张态的规律。八家子矿区逆掩推覆体后部出现火山岩盆地、盆地中部出现中侏罗世 T 形石英斑岩，以及盆地北侧出现正断层和晚三叠世石英闪长岩，都可以视为"构造应力前拓律"典型表现的例证。如果再进一步划分，则正断层属早期推覆体、T 形石英斑岩属晚期推覆体的构造应力前拓律的表现。

贺吉沟断裂系当属相对较快（较易）产生的。由于前述两方面的原因，在强烈挤压的推覆构造前缘出现了一块相对舒缓、开张的地段。这一组 3 条开扭并非贺吉沟断裂的派生构造，而属于与之同序次的构造形迹。如果看成派生构造，则应属于压性构造，绝非正断层，尤其不会出现断裂与沉积岩层理直交（截接）的现象。

八家子矿区构造活动的这三幕，纯属人为的划分，实际情况可能是渐进式和突发式活动都不规律地张弛交替，同样是均变和灾变交替。构造应变的张弛交替，在成矿作用上则反映为成矿溶液的"脉动"。当然，矿液的脉动更细微、更频繁。

上述构造解析图示如下。

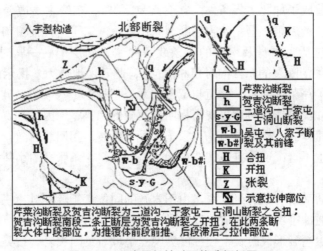

图 1-2　八家子铅锌矿区构造解析图

图 1-2 中，三道沟—于家屯—古洞山断裂为逆冲推覆构造前锋，为八家子矿区第一幕推覆构造，即伸舌构造；吴屯—八家子断裂和吴屯—八家子断裂#（即图中 w-b#）及东西两侧的贺吉沟断裂和芹菜沟断裂为逆冲推覆构造的第二幕推覆构造。作为伸舌构造，则为舌上之舌。这早晚两次"伸舌"，本书统称为伸舌构造。贺吉沟断裂为晚期伸舌构造推覆体西侧之合扭，芹菜沟断裂则为其东侧之合扭。贺吉沟断裂南段三条正断层为贺吉沟断裂同序次之开扭。芹菜沟断裂中段近东西向小断裂为其同序次之合扭。

三道沟—于家屯—古洞山断裂之前锋（弓背）与推覆体后部北东东向正断层彼此对应，对立统一。在它们之间略偏北部位是贺吉沟与芹菜沟断裂大体中间部位，同时是推覆体前段前推、后段滞后之拉伸部位，它并非在火山岩盆地的中心，而是在伸舌构造前锋与火山岩盆地后缘的中间部位。应当说，中侏罗世火山岩盆地在晚三叠世已出现地势上的凹陷，至中侏罗世构造应力最强烈期，引发岩浆喷发。根据岩浆作用环境决定论，火山岩之所以为钙碱性火山岩，应当与大量碳酸盐岩及泥质岩地层有关，火山应是同时喷发二氧化碳的猛烈喷发而非平静溢出。

就在新推覆体的中间部位，出现了大体为 T 形的中侏罗世石英正长斑岩，同样的石英正长斑岩在贺吉沟断裂带上却呈现长轴明显的纺锤形。重融岩浆一般沿构造挤压环境重融侵位，在盆地中可沿开张构造环境重融侵位。它们非常奇妙地指明贺吉沟断裂系最后形成于中侏罗世，较之晚三叠世的三道沟—于家屯—古洞山断裂及早侏罗世的吴屯—八家子断裂都要晚。

推覆体推覆的距离，应当是从其所称弓弦至弓背突起最高处的距离。不是整个地壳位移，仅仅是有限深度范围的推覆体，在 1～2km 的地壳浅部舌状伸出。这个现象再一次证明，挽近地质时期地壳运动构造应力是以水平方向为主的，其间也派生出垂直方向的运动，如中侏罗统火山岩盆地的沉陷、几条张性断裂的下落盘。贺吉沟断裂南段最南的两条张裂构成类似的地堑盆地，下落幅度最大，保留下矿区最年轻的地层——寒武系、奥陶系。

八家子矿区地质图及队文的构造分析，第一次有力地论证了成矿构造形成所需的时间，给出了一个长达几千万年的概念。如果将三叠纪35百万年、侏罗纪58百万年都按早、中、晚世均分，从晚三叠世到中侏罗世，时间长达三千多万年。当然，八家子矿床的产生过程也就长达三千多万年。按照岩浆岩的同位素年龄资料，至少是 19 百万年（队文称196 – 177Ma，部文称黑云母石英闪长岩形成时代为170Ma）。这些岩石的时代证据没有收集全，其同位素年龄数据或者不是太准确，但是不会有大的错误，成矿构造的形成时间从此也有了一个基本的概念。当然，一定有一些构造是瞬间形成的，例如单发型地震形成的断裂。这些断裂一般属于很低级的构造，但也一定是经历了一个缓慢过程形成的，例如震群型地震形成断裂的某些部分。地壳运动在均变期不大可能瞬间造成两侧地层有差别的长达数千米的断裂。

而如果对矿床的成矿地质条件没有认识，也不知道 C 矿段属于早期晚三叠世矿化，A – B 矿段属于晚期早侏罗世不同产出部位的矿化，对样品的产状没有深入研究，如"采样位置"只称"北山矿段磁铁矿石"，位置只精确到矿段，矿石只精确到矿石类型，结构构造等其他特征都没有[3]84，这种地质研究程度基础上的同位素研究，不可能确定它反映的是什么信息。这还不包括同位素地质学本来就建立在若干假定的基础之上，比如说，什么叫做"深部岩浆硫的特征"，热液矿床的成因一个都没有弄清楚，哪里采样获得的硫同位素组成算是"深部岩浆硫的特征"这样更深层次的问题。

八家子矿床地质特征还显示矿化与地层之间的密切关系。这在丰量元素表现得相当清楚。如地层中的锰与矿床中锰工业矿石；在华北地台北部燕辽锰矿成矿区，可形成中元古界高于庄组蓟县式沉积型小型锰矿床[6]488；锰矿与下伏地层之间的有机联系也相当清楚。

八家子矿区构造为推覆构造发生长距离位移提供了一种解释。队文称"根据布格重力异常的反演计算，本区中部基底花岗岩与盖层的界面约于地表下 2km 处，推断这即为主滑脱面的埋深（图 2 下部）"。姑且不论反演计算 2km 深度的可靠性，完全可以认定，"主滑脱面"埋深不大。相反，北部断裂与所谓弓弦一线被构造应力影响的沉积岩层的埋深则相当大。这也如压力与压强的关系，北部断裂厚大的地块挤压压力即使并不强大，对于北部断裂南侧相当薄的壳层，则可造成相当大的压强，当然可以造成地壳浅部壳层相当大的位移。

八家子矿区范围相当大，可以称为矿田。现查明仅称其为中型矿床似有值得怀疑之处。笔者认为，八家子矿田可以视为深部找矿的远景区。有深部找矿的技术，又有深部找矿的资金，将勘探深度 300～500m，增加到 2000m，就将如何如何的说法是不科学的。像八家子矿田这样处于两个次级大地构造单元接壤部位，即存在强大构造应力场产生的高级别构造的部位，完全可能在一定深度造成结晶温度、压力较高的矿物的工业聚集。

三、矿区、矿床及其地质图的用途差别

矿产勘查有两个目的：一个是矿床的地质研究，目的是进一步找矿，区域地质图、矿区

地质图是地质研究和普查找矿的最重要图件；另一个目的是满足矿山开发利用的要求（由设计部门来体现）。矿床地质研究与矿床开发完全是两码事：一个要从各个角度思考矿床为什么要出现在这个地方，怎样才能再找到这种地方，要求查明矿床成因；另一个则要将该矿床的矿产开采出来，注重矿体及与之相关的细节，详查尤其是在勘探阶段就有一大堆与进一步找矿不相干的诸如水文地质工程地质勘查、勘探网度与储量级别比例及分布、选矿实验之类的工作要做，尽管这些工作也增加了地质研究程度。地质勘探报告各种图件，虽然不能明确何者用于地质研究何者用于开发利用，但后者特别是矿山，在开发利用过程中，如果不考虑矿山改造或进一步找矿，矿区地质图尤其是区域地质图等小比例尺图件一般都束之高阁，日常工作根本不需要。只有在矿山需要改造、进一步找矿或对外交流时，企业高层才会翻出矿区地质图、矿床地质图来。矿山地测机构日常工作也无须使用这两种图件。矿山开发初期，他们看重的是有工程控制矿体的大比例尺图件，一旦有了矿山生产勘探资料，地质勘探总结报告的所有资料都只是起到胸有全局的作用（这还只限于高层或高素质相关人员。需知矿山戏称采矿"老爷"、测量"儿子"、地质"孙子"），他们日常重视的是矿体中那些控制程度达到 B 级或准备提升到 A 级的储量块段（1991 年前原用的储量级别，A 级属可采储量，相当于现行的 111、121、122 储量级。关心整个矿体的，可能只是地测机构高素质的负责人，目的只能是根据探采对比情况，判断待提升储量级别的块段的矿体形态和品位将产生怎样的变化）。这里不采用"《固体矿产资源/储量分类》（GB/T17766—1999）国家标准"[7]。当今世界只有中国矿产勘查采用这种标准。地质队怎么可能去勘查"不经济的"和"不可行的"矿产？反映实际的调查报告，怎么可以采用时刻变化的经济和技术指标？由于经济性、可行性与控制程度相关联，一个勘探工程的两侧，其经济性、可行性怎么可能也即刻剧烈变化（如民采部分 112b，外推部分即刻变为 333、334）呢？地质勘查报告是对"矿产事实"的调查报告，"经济性""可行性"所赋予的含义，属于随时间、控制程度"变化的概念"，不变的事实和变化的概念搅合成一体构成的"储量"，究竟是为谁服务？即使当时确定的这种"储量"果然精确，待到使用时，却必定时过境迁，当时的精确已经价值不大了。用一句话来批判这个"标准"，就是"面向管理而不是面向基层，一厢情愿试图服务于宏观规划发展部门而非矿产勘查业"。这是理性的分析评论，决策者大概只不过在初学"时髦"，因为真有此认识高度，就不会采用了。它也是玄奥价值观的产物，用通俗比喻相当于"备足汽车磅至精度为万分之一克天平的万能计量设备却只称黄金，并且结果只有当时有效，过后概不负责"。

所谓矿床范围，倒是一个共通的概念，"矿体之床"是也。将矿体都圈进来，周边又尽可能规整即为矿床范围。国文的矿床地质图范围合格，但是竟然没有"矿"图例。没有"矿"图例就没有资格称为"矿床地质图"，只是普通的地质图而已。即使是盲矿体，矿床地质图也应该标示出矿体的投影位置。部文的所谓"矿床地质图"，只能称为"矿段地质图"，因为它只有 B 矿段，连 A、C 矿段都没有。不论是国文、部文，它们的矿床地质图都不能反映出矿体产出于八家子逆冲推覆构造推覆体的东侧和底板，即都不能指明矿体产出的地质构造部位。对于成矿条件，尽管现在时兴不同的视角，着眼于地层的、岩石的、变质作用的都有，不管能否指导实践或经得起实践检验，一概崇尚"创立不同内容不同观点的研究方向和方法"[8]。越奇怪的东西越可能受到推崇，主要看是否是"名人"提出。但是，矿体产出地质构造部位这个事实，总是要弄清楚的。如果连肿瘤长在腿上还是长在颅内都不清楚，哪个医生敢诊治切除呢？弄不清楚矿区范围，就弄不清楚矿体的产出部位，八家子矿区提出所谓的"南北向"的"八家子向斜"来，把一切都搞砸了。这就是矿床地质研究必须要有矿区地质图的根本原因。

《BCMT 杨氏矿床成因论》（上卷）矿床实例如广东英德西牛黄铁矿区，范围包括一个完整的石牯山向斜，梨树下矿床产出于向斜南翼中段，田寮矿床产出于向斜翘起端近轴部。控矿因素与褶皱构造相关；如果矿区等同于矿床，视域只有矿体分布范围，结果将变成它们都产出于单斜构造，一个倾向北，一个倾向南东，它们的同一性被掩盖了，与褶皱的相关关系自然也被掩盖了。再如贵州独山半坡锑矿床地质图，就没有很好体现 Fz 的构造级别[9]230，只能推测属于区域性构造，论证的力度就差得太多了。

笔者特别要强调的是，历史证明因矿区、矿床划分错误可导致找矿失败。以杨柳塘铅锌矿床为例，1956 年底在区调队踏勘一个月，作出"铁帽下可能为规模较大的多金属矿床，值得进一步工作"踏勘评价后，1957—1958 年，某队分别投入 2.5km² （西瓜地段）和 0.5km²（杨柳塘段）的 1：2 千的地质测量，岩心钻探 7 孔进尺 1003m，平巷及斜井 132m，提交《广东乐昌杨柳塘铅锌矿区普查检查报告》，作出"西瓜地主要铅锌矿已遭风化剥蚀"，形成铁帽，"杨柳塘（铅锌）矿体规模小且几乎被开采殆尽"，所余仅"铅矿石储量 107.8 万吨"的否定结论，"有力地论证了西瓜地铁矿为铅锌矿氧化带铁帽的推论，阐明了上黄铁、下铅锌的矿化分带现象"[5]114。正确来说是接手矿产勘查却否定了区调队的评价，且导致其后 8 年无人敢问津。1966—1976 年另队投入钻探 111 个、进尺 20371m，填制约 11km² 1：5 千的矿区地质图，提交《广东乐昌杨柳塘铅锌矿区地质勘探总结报告》，查明矿体顺层似层状叠瓦状沿走向北西西向侧伏，而不是沿倾向下延，矿带即西瓜地与杨柳塘之间的地带。始发现铅锌 18 万吨，硫铁矿 278 万吨储量的中型矿床。该队施工南北向 3 钻探剖面后发现矿体，改为北北东向垂直于杨柳塘向斜南翼。见矿钻孔 40 个进尺 6741m，有限外推钻孔 22 个 4265m，合计钻孔 62 个、进尺 1.1 万米，另有水文孔 12 个 2800m。37 个落空钻孔，含外围 12 个，5 次进入沿铁帽倾斜方向施工 15 个，前后两次历时 8 年、以 6000～7000m 落空进尺用于探索。该矿床发现史的主要经验教训，之一是杨柳塘向斜中的褐铁矿与铅锌矿小脉是有机联系的，却将其孤立看待并分别处理，"只见树木，不见森林"是前者找矿失败的根源，连构造线方向都弄错了（将向斜南翼起伏视为褶皱，称构造线南北向）。这就体现出正确划分矿区的重要性。1：5 千与 1：2 千比例尺地质填图工作方法问题，其实是眼界、思想方法存在问题，这个形式里有内容。之二是脱离地质构造条件布设 3 条南北向钻探剖面（始发现矿体）。之三是要正视矿体的侧伏规律，不应当在矿带倾斜方向上一再布孔，矿体侧伏为还原环境矿产矿体下延的常见现象，它反映的是挽近地质时期地壳运动以水平方向运动为主。当然，因为"基地紧张"，守着一个中大型矿床磨蹭，既可防止评价不彻底漏矿，又可完成钻探任务，乃是 20 世纪 70 年代矿产勘查的普遍现象。

确实有些矿床与矿区在范围上并无差别，如攀枝花钒钛磁铁矿床，不可能有人将其近在咫尺的西部断裂撇开，单独圈出矿体范围来另称为矿床地质图。一旦矿体范围和西部断裂都包括在内，就是攀枝花矿区了。银山矿床其实也与矿区范围相同，是玄奥价值观和追逐"时髦"隐去其主干断裂 F1，才失去了被称为"矿区地质图"的资格。

某次我拜访赖应锒先生，甫落座，赖先生就说："有一种说法，在区域地质图上研究矿床，在矿区地质图上研究矿体，在矿床地质图上研究矿石，你以为如何？"我几乎是跳了起来，告诉他前两条我正是这样做的，第三条可在今后实践中体验，只可惜当时没有询问这种说法的出处。在区域地质图上研究矿床，指的是研究矿床的大环境，如八家子矿床的大环境就是处于中朝准地台上两个次级大地构造单元之间，规范要求勘探报告必须有区域地质图，道理就在这里。这种部位出现矿床，它的成矿远景不可等闲视之，就像本书上卷称我直接指挥地质队去广从大断裂带上的宝山金矿点详查取得成功一样[9]254。

自矿床地质学鼻祖乔治·鲍尔医生于 1546 年发表《矿石的性质》以来，470 多年过去了，在地质调查、矿产勘查程度处于世界前列的中国，竟然还需要讨论矿区和矿床的区别这种最简单和基本的问题，无奈之余是悲哀，这主要是玄奥价值观带来的结果。《中国地质科学院矿床地质研究所所刊》拒绝采用矿区地质图之外，《地质辞典》[10]21 [4]59对"矿区""矿床"的概念竟同样是错得一塌糊涂，之后出版的《简明地质词典》[11]则干脆将"矿区"词条"简"去。毋庸讳言，这些错误同源同根，有共同的"祖宗"。

对于普罗大众而言，"矿区"无须严谨的定义。赋予"矿区"明确含义的有两个部门（行业）：一个是地质部门（矿床地质学界、矿产勘查行业），另一个是工业部门（采掘行业，含采掘设计）。地质部门的矿区千千万万，工业部门的矿区只有其百分之几。单从这个意义上说，《地质辞典》中"矿区"词条只注释工业部门的含义（"曾经开采、正在开采或准备开采的矿床及其邻近地区，在一个矿区中还常划分为更小的区段，如南矿区、北矿区等，矿区的范围没有明确的统一概念"[10]21）就已经不正确和不全面了，没有说明矿区可以有两种完全不相同的概念，从这一点则能说明编撰者不具备足够高的眼界。更何况地质部门的"矿区"所蕴含的学术意义，属于一种科学概念，显得更为重要，应当着重详细解释；尤其错误的是"矿区地质图"注释为"即矿床地质图"[4]59。"矿床地质图"注释为"又称作矿区地质图或矿床地形地质图，是详细表示矿床或矿区的地形、地层、岩浆岩构造、矿体、矿化带等基本地质特征将相互关系的图件。其用途是说明矿床赋存地质条件，作为布置勘探工作、评价矿床、进行矿山建设设计及生产的基本资料依据"[4]59。还有什么"矿床（区）勘探工程分布图""矿床（区）取样平面图"[4]59之类词条，矿区和矿床竟然变成了一回事。工业部门的矿区，也并非没有明确概念，笔者定义为"为了合理和有效利用矿床的矿产资源和土地资源，设计部署的采矿范围及相关地面建筑设施包括其内道路等所需的范围"。划定矿区范围、获得土地管理部门的许可、申办确定采矿许可证范围、拥有采矿权，是矿山企业一项重要的工作，怎么能没有明确的概念呢？工业部门的矿区，完全不包含地质观念，更不是学术概念，人为成分相当大，将"南矿区、北矿区"之类俗称入"典"，可见注释出自采掘部门。工业部门的"矿区"其范围的确定，除采矿范围一般比较固定之外（也可以不固定，因为它并非必须将地质部门圈定的、原"储量管理委员会"批准的矿产储量都开采出来。当年地质部与煤炭部就煤炭资源的利用率各执一词，其中一个原因就包括当年为了改变"北煤南运"，将中国南方薄而缓的煤层圈为矿体，工业部门则将这些储量"转出"——工业部门有这种权力，因而计算出来的回采率不相同），与采矿相关联的地面建筑设施的布设，也可以因人而异。设计思想不同，或设计思想相同而设计方案不同，都可以有不同的矿区范围。如有所谓天派（露采）、地派（坑采）之分。地质部门的"矿区"，用一句话来概括，"系指与矿床的形成直接相关联的最小完整地质构造单元"。这是一个科学概念，不以人的意志为转移。个旧锡矿田的矿床划分也是没有章法的。20 世纪 50 年代地质队对矿床的划分，难免混乱，沿袭下来，迄今未予改正。像个旧这样控矿构造复杂的锡矿田应如何划分矿床，是有深刻道理的，一旦划分正确，进一步找矿思路将豁然开朗。

连矿区与矿床基本概念都分不清楚，国文、部文乃至最专业和最高层次的矿床地质研究机构的学术刊物都舍弃矿区地质图，又怎么能开展有价值的矿床地质学研究呢？八家子矿床提供了一个极好的实例,将向南东的推覆构造看成"南北向八家子向斜",与将北西西向杨柳塘向斜南翼上的起伏看成"南北向褶皱"如出一辙,应当可以说明这种基本概念必须理清的重要性了。

四、问题讨论

北部断裂属何构造体系是值得讨论的问题。从其出现于东亚大陆、北东东向方位、主要显示水平运动、顺时针向扭动四个主项看,应属于新华夏系构造体系泰山式断裂。但力学性质属压扭性而不是张扭性,与笔者作为批判继承的重要修正——应当属张扭性不相符,这就成为问题值得讨论。笔者有大量的证据,包括已经披露的和《BCMT 杨氏矿床成因论》第二章下篇尚未披露的矿床实例。尚未披露的原因不是对泰山式断裂属张扭性有疑惑,而是笔者认定个旧锡矿田锡矿储量可在 1984 年的基础上翻一番,并试图明确指出其储量增长的具体部位,却无法获得之后锡矿储量增长的情况。

北部断裂或者不属于泰山式断裂,由于对区域地质构造研究不够,暂时不能确定其归属。这是一种可能,另一种可能是属于处于特殊边界条件下的泰山式断裂。所谓特殊边界条件,是在初次构造为扭裂时,其南东盘浅部已经出现软弱带,为伸舌构造舌状体的形成埋下了伏笔。在相同边界条件下扭裂是扭应力作用的结果,一般不宜设想存在大的压应力,但是,当扭裂的一侧出现浅部软弱带,情况就大不相同了,处于高温高压构造应力场中,塑性状态下的地层岩石不可能不向对侧软弱带"膨出",这就显现出扭应力场中的压应力。而扭构造应力场中一旦有了此种方式的应力释放途径,扭构造应力将在软弱带集中释放,区域扭构造应力场将在此局部变为由北西向南东的压构造应力场。至于软弱带出现的原因,可以考虑古老花岗岩体被切割时的高温高压造成了局部地壳重熔。由晚三叠世岩浆组成软弱带,是最相宜的解释。

既然地质力学"现在仅仅可以说略具粗糙的轮廓",我们不妨注意并刻意收集更多此类素材,最终获得圆满的解释。只要我们以科学的态度对待,此类问题是可以得到充分论证的。

注　释

[1] 陈荣度,苏传玉. 辽宁西部八家子多金属矿田控矿构造型式. 辽宁地质,1991 (4).

[2]《中国矿床》编委会. 中国矿床(中册). 北京:地质出版社,1994.

[3] 毕承思等. 八家子铅锌矿床稳定同位素研究. 中国地质科学院矿床地质研究所所刊,1989 (1).

[4] 地质矿产部《地质辞典》办公室. 地质辞典(五). 北京:地质出版社,1983.

[5]《中国矿床发现史·广东卷》编委会. 中国矿床发现史(广东卷). 北京:地质出版社,1996.

[6] 邢裕盛等. 中国地层 3:中国的上前寒武系. 北京:地质出版社,1989. 74～78.

[7]《固体矿产资源/储量分类》国家标准. 中国国土资源报,1999 – 11 – 30(第二版).

[8] 第二届全国构造地质学术会议黄汲清的开幕词. 广东地质科技快报,1979 (4).

[9] 杨树庄. BCMT 杨氏矿床成因论:基底—盖层—岩浆岩及控矿构造体系(上卷). 广州:暨南大学出版社,2011.

[10] 地质矿产部《地质辞典》办公室. 地质辞典(四). 北京:地质出版社,1986.

[11] 周天青等. 简明地质词典. 哈尔滨:黑龙江科学技术出版社,1988.

附 乐昌杨柳塘铅锌矿床发现史原稿

杨柳塘铅锌矿床位于乐昌城北东55°方向直距5km处，为一金属储量为18万吨的中型铅锌矿床，共生中型黄铁矿，伴生中型锗矿及小型银、镓、镉矿。矿体埋藏浅，矿石品位富、可选性良好。1963年9月由乐昌县铅锌矿试产，至1982年进入稳产期，迄今形成300吨/日采选能力，570万元固定资产，有员工近千人；至1991年底止，累计采出铅1.4万吨，锌3.8万吨，黄铁矿石（标矿）17.8万吨，累计产值9242.78万元，利润1089.62万元，社会经济效益显著。

矿区地表褐铁矿数十年前曾经开采，矿产勘查传始于1950年周仁沾踏勘，之后广东省工业厅矿普查队调查后认为可能是宁乡式铁矿。1955年7月钟建庭等，1956年8月粤湘队第二踏勘组曾踏勘。1956年7月，乐昌县人民委员会工业科组织调查后提出《乐昌县西瓜地铁矿、老虎头石灰石矿地表观察报告》，由附近煤矿推定含矿层位属石炭二叠系，矿床构造为轴向近东西的向斜构造，指出该矿带北西端的含方铅矿灰岩及老窿塌陷区，面积12万平方米，很有详勘之必要，认为铁矿为沉积矿床，估算铁矿储量43万吨。1956年底，436队第4分队开展区域地质测量时在该矿点踏勘1个月，认为该铁矿为一残积铁矿床，储量3.6万吨，铁帽下可能存在规模较大的多金属矿床，值得进一步工作。

1957年，粤湘地质第一检查组（后更名北江队第一分队）在该区开展普查，分西瓜地及杨柳塘两个地段分别投入1∶2千地形地质测量共3km²，岩心钻探7孔进尺1003m，平巷及斜井132m，1∶1万路线地质草测4.5km²，将矿区地层划分8个岩性地层单位，全部定为泥盆系上统，将矿区构造定为3个轴向北北东的倾伏褶皱，于1958年4月由再更名为韶关地质大队提交《广东乐昌杨柳塘铅锌矿区普查检查报告》，查明铁帽顺层产出，有下铅锌、上黄铁矿的矿化分带现象，但作出"西瓜地主要铅锌矿已遭风化剥蚀"，形成铁帽，"杨柳塘（铅锌）矿体规模小且几乎被开采殆尽"，所余仅"铅矿石储量107.8万吨"的否定结论。

1966年6月，广东省冶金地质932队（2分队）开展乐昌盆地150km²的普查找矿，普查评价了该矿床，于1976年提交《广东乐昌杨柳塘铅锌矿区地质勘探总结报告》，报告编写人茹宝其等，队技术负责人庄培元。报告计算金属储量铅：C级29267吨，D级13355吨，C+D级42622吨（平均品位2.55%）；锌：C级86440吨，D级55546吨，C+D级141986吨（平均品位7.57%）黄铁矿：D级（平均品位S28.63%）278万吨。伴生金属储量，D级锗：61.43吨，镓：45.29吨，镉：183.16吨，银：45.92吨。查明矿体顺层似层状产出于石炭系下统石磴子段、孟公坳组碳酸盐岩层中，走向北西西290°，向北缓倾斜（倾角5°~10°），矿体20个、叠瓦状向北西西向下插，组成长1300m、最宽500m的矿带，即西瓜地铁帽与杨柳塘铅锌矿化之间的地带。将铁帽段一并计算，则长2700m、最宽600m。矿体埋深30~150m（标高120~20m），主要矿体7个，一般长200~400m，宽100~200m，平均厚约1m。矿石为黄铁铅锌矿石、黄铁矿石两种原生矿石，块状、条带状、浸染状构造，粒状结构。主要工业矿物为方铅矿、闪锌矿、黄铁矿。铅锌矿石选矿回收率分别达92.19%和88.66%。水文地质工程地质条件复杂。

杨柳塘铅锌矿床发现史比较曲折，它的被发现提供了一个矿体沿走向而不是沿倾向下插，也不是侧伏延伸的典型例证，是932队的重大贡献。韶关地质大队之所以失败，首先是没有将已认定为铁帽的西瓜地段与杨柳塘铅锌矿化联系起来看待，没有重视它们都出现在同一个向斜构造南翼的地质构造背景，各别投入当年看来堪称相当大的工作量，"只见树木，不见森林"，结果地层、构造都错了；其次是跳不出矿体沿倾向下插延伸的框框，将注意力全部集中在铁帽倾斜延深部位和铅锌矿化、老窿地段本身，可谓"钻进去、拔不出来"。这两者相互联系，后者是前者的具体体现。

932队的发现过程也相当艰难。一是前后历时10年（含水文地质补勘前工作中断2年，该队的提法是"前后历时5年多"，可能指野外工作时间），即1966年9月至1970年底及1973年2月至1976年11月。二是找矿落空钻孔进尺多达6000~7000m。该队投入岩心钻探111个钻探进尺20371m（含地质水文地质共用进尺约2800m），其中见矿钻孔40个进尺6741m，有限外推圈定矿体边界的钻孔22个4265m，合计钻孔62个、进尺1.1万米。以6000~7000m岩心钻探进尺用于找矿探索，当年的艰难与困惑不言而喻。三是从钻孔布置看，矿床外围12个，铁帽倾斜方向15个，未在剖面线上钻孔10个，合计37个钻孔。这些钻孔虽不能全部视为无效工程，但是一些外围钻孔的布设，当年的用意现在是很难揣度的。在前人已经否定的铁帽倾向延深部位（该队未利用前人资料），看来始终寄予希望，在发现原生矿带之后，5次进入钻探找矿

（这也属地质队的传统做法，肯定了矿床工业价值之后，借此尽量扩大远景）。四是从部署工程的顺序看，钻探工程首先在杨柳塘地表矿化、老窿区段展开，用了十几个钻孔，才在该区段南东约400m处触及矿带北西西端矿体，此时才将已形成3条南北向勘探线，改变为正确的北北东向，即垂直向斜轴向，并延向西瓜地段布设。前人曾经总结热液矿床有"子闩""母闩"的矿化特征，杨柳塘地表铅锌矿化就是子闩，932队在由子闩求母闩的过程是大费了周折的，从其施工顺序可以清楚看到。但是，最重要的是，这个找矿远景被前人否定了的矿点，被932队查明为中型矿床，并且被开发利用，取得了显著的社会经济效益。

如果比较两支队伍提交报告资料的差别，最重要的差别在矿区地质图。前者是两幅面积分别为2.5km^2（西瓜地段）和0.5km^2（杨柳塘段）的1:2千的地质图（只能称矿段地质图），将互有联系的两个矿化段割裂开来；后者则是一幅11km^2（实际面积约8km^2）1:5千的矿区地质图。这个看来简单的工作方法差别其实有深刻的思想方法内涵，决定了找矿工作的成败。8km^{2}矿区地质被证实全面反映了矿床地质构造和矿化背景条件，是一个完整的成矿地质构造单元，并且经踏勘早就得到正确认识。前者不至于认识不到，而是不去认识，不将铅锌矿化与铁帽联系起来看待，而将两者割裂开来，各别对待，结果找矿失败，连地层时代、构造线方向都搞错了。

第二章　夕字型构造
——江西德兴银山铜铅锌金银矿床控矿构造体系

引　言

江西德兴银山铜铅锌金银矿床被称为"陆相火山岩组合型铜矿床"[1]87。矿区侏罗系"火山活动可划为三个旋回"："第一旋回为流纹英安岩和中酸性火山碎屑岩的喷溢、喷发，晚期为流纹英安质的潜火山岩侵入及广泛的浸染状细晶黄铁矿化""第二旋回为英安岩及相应英安质玻屑岩的喷发、喷溢，晚期有石英斑岩等潜火山的侵入并伴随岩浆隐蔽爆破作用""第三旋回为晚期安山岩、英安岩及相应火山碎屑岩的喷发，最后为安山质—英安质潜火山岩的侵入"。"每一旋回从火山喷发—喷溢—潜火山岩的侵入，同时伴随局部的隐爆破岩筒和矿化作用。"[1]87这是代表国家水准的《中国矿床》对该矿床的论述。"陆相火山岩组合型铜矿床"是怎样的"商品—成因类型"[1]38，是陆相火山还是其火山岩石组合起作用和怎样起作用？真有通俗歌曲《雾里看花》的意境。"每一旋回从火山喷发—喷溢—潜火山岩的侵入，同时伴随局部的隐爆破岩筒和矿化作用"[1]87，更同时具备特殊性和普遍性，既玄奥又雷同，现今活火山中哪有如此例证？这种理论怎样能付诸实践、指导找矿呢。

在银山矿床深部找矿有重大进展的同时，地质研究出现较之八家子矿床更为严重的问题——制造假论据：按构造层可认定的银山向斜，被"时髦"成"银山背斜"[2]100、[3]111；矿区南东边缘的主干断裂——区域性银山断裂 F1 被逐步降级乃至消失，没有了矿区南东边界[4]12、[5]245；矿区中部的矿区级断裂 F5 则被升级为主干断裂——"银山背斜断裂带""韧—脆性剪切带""轴部断裂或主干断裂 F7"[2]100"主干断裂带"[3]111。在德兴银山，标示 F1 叫矿区，不标示就叫矿床，在范围上其实没有大区别。

从矿床地质特征，尤其是从地质力学角度看，银山铜铅锌金银矿床成矿地质条件与辽宁八家子矿床相类似，都处东亚大陆新华夏系构造应力场，都有中生代火山岩，都属多金属矿床，值得对比研究。本书将论证同样属新华夏构造体系的"夕字型构造体系"控制。

德兴银山铜铅锌金银矿床位于江南地轴东段南东缘，赣东北深大断裂北西侧，乐（平）—德（兴）中生界火山岩盆地东北角[6]1，铜厂铜矿区南西约 20 公里的德兴城畔，区域构造线北东向。

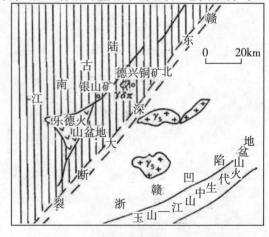

图 2-1　矿区区域构造位置图[1]

一、矿区地质特征

（一）地层

矿区地层有元古界双桥山群，中生界侏罗系上统鹅湖岭组、白垩系下统石溪组[2]99及第四系。矿区火山岩曾参照 1958 年区测资料被划分为侏罗系中统打鼓岭组（J_2d）和鹅湖岭组（J_2w）[6]1。

（1）双桥山群为一套浅变质的含火山质、泥砂质复理石建造，厚约 2500m，岩性为灰、灰绿色千枚岩、砂质千枚岩和凝灰质千枚岩，区域上铷锶同位素年龄为 14.01 亿年[2]44，在矿区广泛分布。其上不整合覆盖有侏罗系上统鹅湖岭组，及白垩系下统石溪组。

（2）鹅湖岭组可分为三层：底部为千枚岩砾岩夹碳质石英片岩和石英细砂岩透镜体，砾石以千枚岩为主，次为石英砾块和古火山岩砾块，次棱角状，分选性较好，胶结物为泥质和铁质物[2]3，与下伏双桥山群不整合接触，有众多碳质物和矽化木，为内陆河相沉积，厚度 40m；中部不稳定[6]2，为流纹质集块岩、角闪流纹岩[2]100，底部为千枚岩砾岩（见图 2-2），厚 0[6]2~100m[2]100；上部英安质集块岩、火山角砾岩、角砾凝灰岩、英安流纹质层凝灰岩和英安熔岩，厚 120m[2]100。

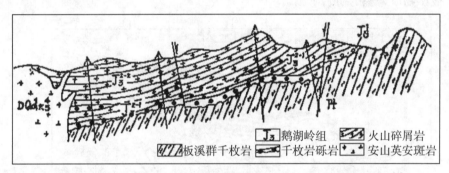

图 2-2 鹅湖岭组底部、中部砾岩分布图（银山区 7 号勘探线剖面图[6]3）

鹅湖岭组为重要的赋矿围岩[2]100，呈三列小块不整合覆于双桥山群之上，均有鲜明的北东向长轴，即西列西山破火山口；中列九龙上天南—仙人架板西—道士印脚以南西至邻近德兴城分布；东列银山—银山南西（未编号 5 个小块）一带。中列为主要分布区，鹅湖岭组呈串珠状分布，面积由北东向南西渐次增大。在小银山，鹅湖岭组下部与上部直接接触，缺失中部[2]99。

（3）白垩系下统石溪组为一套紫红色砾岩、砂岩、页岩夹凝灰岩。不整合于鹅湖岭组之上，紧邻德兴城，出现在九龙上天—道士印脚（图 2-3 未标出此地名）鹅湖岭组分布区南西。

矿区主要地层岩石成矿元素含量情况如表 2-1、表 2-2。

表 2-1 银山矿区双桥山群主要岩石成矿元素含量（$\mu g/g$）[2]100

岩性	样数	Cu	Pb	Zn	As	Sb	Au	Ag
绢云母千枚岩	18	453	365	667	313.4	3.18	0.222	3.14
砂质千枚岩	6	502	160	326	179.2	3.11	0.152	1.14
凝灰质千枚岩	2	1300	481	172	155.4	12.97	0.073	2.49

（续上表）

岩性	样数	Cu	Pb	Zn	As	Sb	Au	Ag
平均值		751.67	335.33	388.33	216.00	6.42	0.149	2.26
区域丰度	514	48.25	46.21	135.19	24.92	2.17	0.028	0.13
浓集系数		15.58	7.26	2.90	8.70	2.96	5.960	18.08

表 2-2　银山矿区鹅湖岭组火山碎屑岩成矿元素含量（μg/g）及富集系数[2]100

岩性	Cu	Pb	Zn	Ag
集块岩	120/5.92	920/11.53	1050/10.22	5.30/5.88
凝灰岩	48/2.37	134/1.67	1260/12.20	0.4/0.47
火山角砾岩	42/2.07	465/5.83	284/2.76	1.85/2.05
区域丰度	20.27	79.81	102.77	0.90

备注：含量/富集系数

矿区地层、岩石成矿元素丰度高，富集系数铅锌2~12倍，铜2~6倍。前人因此认为属"部分成矿物质来源的初始矿源层"[2]100。

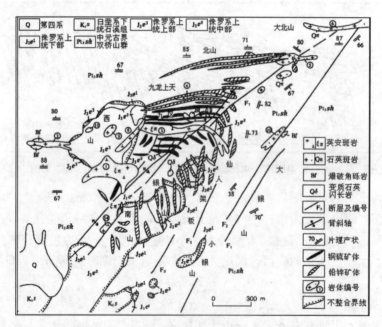

图 2-3　江西德兴银山铜铅锌金银矿区地质图[2]99

图 2-3 的优点是简洁清晰，夸大矿体处理有价值，矿化水平分带了然，可用作矿床地质图；缺点是舍弃了重要地物点德兴城。严重问题有二：一是生造斜贯矿区的"银山背斜"，称"区内由双桥山群浅变质岩组成银山背斜，褶皱明显地跨于区域东西向基底褶皱之上"[2]100。层理或难鉴别，但片理断不能用以建立褶皱。复理石建造的元古界地层也不可能有简单形态的背斜构造，而只能是复式褶皱。二是牵强认定"沿银山背斜轴部纵贯全区"的 F7 为主干断裂[2]101。特附第三张图供比较、鉴别，此图少整饰，但质朴、真实，所标示的双桥山群的褶皱形态和银山断裂的主干断裂定位才是正确的和可信的（见图 2-4）[6]2。

略去 F1 以南东部分，含义深刻，唯按方位定"构造体系"不正确。图 2－4 才是真正合格的"矿区地质构造图"。

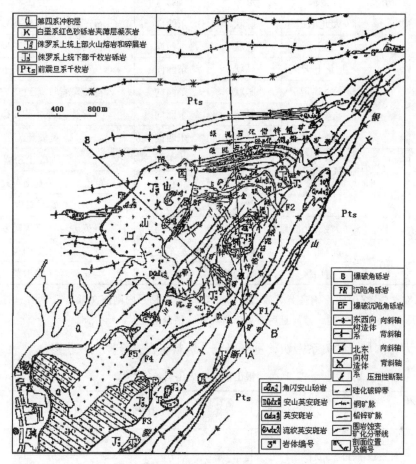

图 2－4　江西德兴银山铜铅锌金银矿区地质构造图[6]2

（原图名为江西德兴银山矿区地质略图）

（二）岩浆岩

矿区有变质石英闪长岩株，具有与区域构造线方向一致的片理[6]4。

数量多、不具片理的岩株均属中偏酸性钙碱性岩石，计 12 个，一般长 400～800m，宽 50～100m，多东西向、北东向且轴向鲜明，包括石英斑岩、英安斑岩、角闪安山玢岩及（或）安山英安斑岩、流纹英安斑岩。

岩体可以分为北、中、南三列。北列有 6#、5#、4#、13#、3#、2#岩体，中列有 11#、8#、9#和 10#岩体[2]99，南列有 1#、14#岩体。北列 6 个岩体东西向轴向东西，沿北东 65°雁行排列。中列 4 个岩体，破火山口内有 11#、8#、9#，地表长轴北东向。银山断裂带有 10#，长轴北东向。南列属南山区及其与西山破火山口连接地段，1#岩体长轴略显东西向，局部向南北伸出，出露形态不规则，总体上长轴方向不及北、中两列显著。岩性上表现出矿区北东部偏酸性，南西部偏中性的规律（表 2－3）。

表2-3　德兴银山铜铅锌金银矿床岩体简况表

岩体编号	分布	区段	形态	长轴方向	岩性
6#	北列	大北山区	脉状	东西向	石英斑岩（流纹英安斑岩）
5#		北山区	脉状	东西向	石英斑岩（流纹英安斑岩）
4#		九龙上天区	脉状	东西向	石英斑岩（流纹英安斑岩）
13#		九区	脉状	东西向	石英斑岩（流纹英安斑岩）
3#			脉状	东西向	石英斑岩（英安斑岩）
2#		西山西	脉状	东西向	英安斑岩
11#	中列	西山破火山口区	脉状	北东向	角闪安山玢岩
9#			不规则状	北东向	英安斑岩（安山英安斑岩）
8#			脉状	北东向	英安斑岩
10#		大银山北	脉状	北东向	石英斑岩（流纹英安斑岩）
1#	南部	南山北	不规则状	略呈东西向	英安斑岩（安山英安斑岩）
14#		南山区	不规则状		英安斑岩（安山英安斑岩）

　　注：前人对这些岩石的命名有差异，岩石名称按文献[2]99，括号内则按文献[6]2。两者只有2#、8#、11#岩体命名相同，其他全部不同，差异是后者认为岩石系统稍偏基性。

　　前人认为岩体与成矿关系密切，重点研究、资料丰富，今罗列仅供参考（表2-4）。

表2-4　银山矿区次火山岩特征[2]103

旋回	岩性（岩体编号）	岩石特征	副矿物	岩石主要化学成分	有关指数		比值	稀土元素特征 μg/g		微量元素含量 μg/g	
III	角闪安山玢岩（11号岩体）	灰色、斑状结构，块状、流纹状构造，斑晶以中长石、角闪石为主，次为石英、黑云母。斑晶大小悬殊，粒径0.5~5mm；基质为隐晶质长石	锆石、磁铁矿为主，次为黄铁矿、磷灰石	SiO₂ 56.81 K₂O+Na₂O 6.80 FeO+Fe₂O₃ 5.42 TiO₂ 0.51	DI 59.24 σ 3.34 τ 19.23 SI 15.22 MF 71.15 FL 53.42 Na₂O+K₂O/Al₂O₃		0.45	ΣREE 189.20 ΣCe/ΣY 4.45 δEu 0.99 δCe 0.83 La/Yb 30.45		Cu 53 Pb 31 Zn 89 Au 0.04 Ag 0.86	
II	英安斑岩（3、2、4、11）	灰、紫红色、斑状结构、块状、流纹状角砾状构造。斑晶以斜长石、石英为主，次为角闪石、黑云母；基质为隐晶质长石	锆石、磷灰石为主，次为黄铁矿、方铅矿、闪锌矿	SiO₂ 59.69 K₂O+Na₂O 6.16 FeO+Fe₂O₃ 4.59 TiO₂ 0.51	DI 61.29 σ 2.27 τ 24.32 SI 13.26 MF 72.42 FL 55.20 Na₂O+K₂O/Al₂O₃		0.42	ΣREE 177.99 ΣCe/ΣY 6.97 δEu 1.01 δCe 0.82 La/Yb 34.17		Cu 85 Pb 310 Zn 511 Au 0.004 Ag 1.02	
I	石英斑岩（13、4、5）	灰、灰白色，流纹结构，块状、梳纹状、杂斑状构造。斑晶以斜长石、石英为主，次为角交石、黑云母；基质为长石、石英	磷灰石、锆石、黄铁矿为主，次为闪锌矿、方铅矿、磁铁矿、菱铁矿、重晶石	SiO₂ 64.98 K₂O+Na₂O 3.98 FeO+Fe₂O₃ 7.73 TiO₂ 0.33	DI 60.59 σ 0.72 τ 42.42 SI 6.32 MF 90.73 FL 88.84 Na₂O+K₂O/Al₂O₃		0.28	ΣREE 166.56 ΣCe/ΣY 7.62 δEu 1.48 δCe 0.82 La/Yb 41.06		Cu 52 Pb 74 Zn 98 Au 0.085 Ag 1.00	

西山破火山口椭圆形，长轴北东向，长 1100m，宽 700m[6]15，面积约 0.8km²[2]101。总体为向南东倾斜的上大下小、四周向中心倾斜的、被断裂所围限的喇叭状筒状，倾角在 80°以上。筒壁遭受强烈破坏[2]101。火山口内充填一套深达 800m 仍未见底角砾状为主的火山碎屑岩和熔岩。对其属晚侏罗世"原始管道上部或地表相的沉陷产物"，还是火山"原始管道的爆发亚相产物"令前人存疑[6]25；破火山口内有 11#、8#、9#、南缘有 1#岩体。边缘环状裂隙具"先张后扭多期活动性质，而断裂内侧的环状断块具先降后升的特点"[2]101；破火山口西侧晚侏罗世碎屑岩与火山口外的千枚岩断层接触，"西侧岩性组合简单；而东侧岩性复杂，为一套多成因复合的角砾状岩石，爆破特征明显，火山口壁尚残存早期酸性熔岩及 Cu、Pb、Zn 矿体[6]14。晚期有成矿后的中性火山岩喷溢，之后火山活动停息"[2]101。

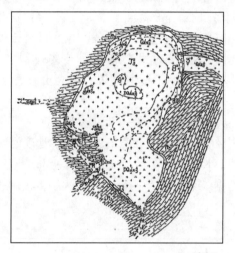

图 2 - 5 西山火山颈 - 60 米平面图[6]18

前人将火山岩划分为 3 个旋回，但有 3 种不同划分，实录如下：

《中国矿床》将矿床列为"陆相火山岩组合型铜矿床"，将火山岩划分为 3 个旋回，一如引言所简述（原文称所据为中南矿院地质系，1977；江西冶金地质一队，1978）[1]87。

地勘单位详细划分者二，实录如下：

其一[6]为：

第一旋回为流纹英安岩—流纹英安斑岩的喷发、喷溢、侵入活动，目前查明属这个旋回的产物为：①碎屑岩类：分布于炸药库和九龙上天区的集块岩、角砾岩、熔结集块岩、熔结角砾岩、熔结凝灰岩。②地表熔岩类：西山破火山口中的流纹英安岩。③火山管道熔岩和火山岩，3#北、4#、5#、6#、7#、10#流纹英安斑岩体。

第二旋回为早期英安岩—英安斑岩的喷发、喷溢、侵入活动。目前查明属这个旋回的产物为：①碎屑岩类：分布于银山南区、西山的集块岩、集块角砾岩、熔结角砾岩等。②隐爆角砾岩：主要分布于九区 3#两侧。③次火山岩类：2#、3#英安斑岩。

第三旋回为晚期英安岩—英安斑岩；安山英安岩—安山英安斑岩；安山岩—安山玢岩的喷发、喷溢、侵入活动，目前查明属这个旋回的产物[6]13为：①碎屑岩类：分布于南山区的紫红色集块岩、熔结凝灰岩（?）、西山顶部晶屑、岩屑凝灰岩，沉凝灰岩。②地表熔岩类：分布于选厂附近的安山英安岩（?）（即 1#岩体边缘部分）。③管道相和次火山岩类：8#安山斑岩、9#安山英安斑岩、11#角闪安山玢岩体。[6]14

其二[2]102为：

第Ⅰ喷发—侵入旋回：为酸性喷发—侵入活动。首先喷发堆积了流纹集块角砾岩、流纹岩等，喷溢活动末期有 13#、4#、5#、6#、7#、10#6 个石英斑岩侵入，边部伴有隐爆角砾岩，形成流纹质集块角砾岩→角闪流纹岩→石英斑岩→隐爆角砾岩→浸染型黄铁矿（方铅矿）→矿化等演化系列。次火山岩呈脉状、岩墙状侵入于千枚岩中，岩石具硅化、绢云母化和黄铁矿化。该旋回以裂隙喷溢等为特征，规模中等。角闪流纹岩（全岩，K－Ar 法）年龄为 149Ma，石英斑岩年龄为 145Ma。

第Ⅱ喷发—侵入旋回：为中酸性喷发—侵入活动，形成了西山火山口边部的震碎角砾岩→英安质集块角砾岩→英安质熔岩→英安斑岩→隐爆角砾岩等一套岩石组合。次火山岩有 3#、2#、8#、9#、14#和 1#等岩体。隐爆角砾岩主要产于九区 3#英安斑岩体两侧和顶部，其中包括中酸性喷发—喷溢—侵入—隐爆—成矿 5 个过程。蚀变以绢云母化为主，其次硅化、水白云母化，随次火山岩的侵入有强烈的成矿活动。英安斑岩年龄值有 140Ma（叶庆桐，1987）、142Ma（沈渭洲，1991）和 143Ma 等。该旋回火山岩浆活动强度大、时间长，与成矿关系最为密切，具中心式喷发的特点。

第Ⅲ喷发—侵入旋回：为中性喷溢—侵入活动，形成了呈岩管状产于西山火山口的安山玢岩。但岩体规模小，其中溢出相和侵入相岩石是呈连续过渡的安山玢岩，具弱黄铁矿化和碳酸盐化。该类岩体（全岩，K－Ar 法）年龄值为 100.4Ma 时代可能偏新[2]102。

这两种论点均未列述论据。

（三）构造

1. 褶皱构造

矿区褶皱构造按轴向有近东西向、北东向两组。

（1）近东西向组褶皱分布于矿区北西部双桥山群中，轴向清晰，平行分布，一对背、向斜跨度度约 300m，褶皱延伸长，横贯矿区，长超过 3.3km，为全形褶皱，具区域性，或称尚未受矿区构造严重影响。向南按疏密程度可分为西山火山口北缘加密组、西山火山口西缘紧密组。前者一对背、向斜跨度可减半至 150m。后者 7 个背向斜跨度共约 800m，且褶皱延伸短。

（2）北东向组分布于矿区东南部双桥山群中，走向 35°，在银山断裂西侧宽超过 900m，其中邻近银山断裂连续完整的紧密褶皱束带宽 450m（中部鹅湖岭组以东部分），排列紧密，4 个背、向斜束宽不超过 550m。自北东向南西，褶皱紧密度稍降低。单个褶皱长大多不超过 1km，可总体沿北东向雁行排列，以大银山区一列 4 个、小银山区一列 4 个最为明显。在褶皱束西侧中列鹅湖岭组下及其西侧，尚有长短不一的北东向褶皱。褶皱彼此平行，唯北山 5#岩体南东侧褶皱束出现再褶皱现象，北东向褶皱束可转向北西，褶皱轴向南突出成弧（参见图 2－4）。在银山矿段侏罗系覆盖区以西，有一背斜出现在银山区侏罗系与西山破火山口之间，北起 3#岩体，南被南山区侏罗系覆盖，长 1650m（按：图 2－4 标示该背斜北段的是两侧的向斜，未标示背斜轴）。

上述两组褶皱交接带呈北东 45°斜贯矿区中部，大体自 5#岩体东缘至西山火山口南缘。

按构造层划分，矿区为轴向北东约 35°的银山大向斜，即下构造层双桥山群地槽型复理石建造之上，覆盖有中生界上构造层，构成以侏罗—白垩系为轴，双桥山群为翼，两翼宽度不对称向斜构造。向斜轴线不居中，与东翼及银山断裂带平行。侏罗—白垩系本身也轻微褶皱，略内凹呈向斜态。

2. 断裂构造

矿区断裂构造北东向。包括区域性银山断裂及其北西盘之旁侧平行断裂。

银山断裂 F1 走向 35°，长超过 4.5km，斜贯全区，表现为矿区南东的构造边界。从图 2-3 标示的"银山背斜"及其"东翼"片理倾向南东，及图 2-4 "北东向构造体系压扭性断裂"图例一般表示法看，银山断裂应倾向南东，小银山以南则反向倾向北西，倾角陡。

矿区一级断裂北东向平行分布，发育于双桥山群中，自银山断裂起向西，依次有 F2、F3、F4、F5（图 2-3 编号为 F7）。它们走向变化于 23°～50°之间，一般长超过千米，倾向不定，均产出于银山断裂西 900m 宽范围内。F2 走向 23°，倾向南东，长 2700m，南端稍靠近 F1，并图示为被鹅湖岭组掩盖（？）。但该小块鹅湖岭组在掩盖断裂部位有显著弯曲；F3 走向 40°，倾向北西，北段作为石溪组与双桥山群的边界，向南西延伸出图外，长大于 800m；F4 走向 50°，倾向南东，北段为鹅湖岭组与双桥山群的边界，长 1400m，图示为向南西被石溪组掩盖（？）；F5 走向 34°，倾向北西，南端倾向南东，长 1900m，作为 1#、14#岩体的南东侧断裂边界，南西端切割鹅湖岭组，北端止于 3#岩体南侧的双桥山群中（图 2-3）。此断裂在（图 2-3）标示为 F7，被称为"韧—脆性剪切带（前人称轴部断裂或主干断裂 F7）"[2]，"主断面不发育，而由糜棱岩—强烈片理化带组成"[2]101。

西山破火山口内北东向构造，除 8#、9#（11#）岩体出露现北东向长轴外，以东侧甚，呈现北东向破碎分带。向下五十米中段自 8#英安斑岩至破火山口外千枚岩，可划分为 5 带，依次为碎屑熔岩—熔结凝灰岩—角砾凝灰岩—千枚岩砾岩—断裂破碎带（见图 2-6）。

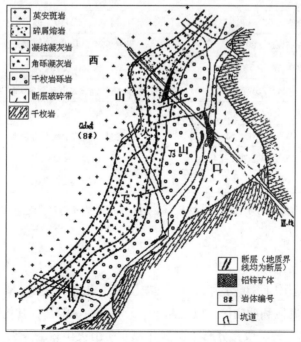

图 2-6 西山三线五十米中段坑道地质图[6]14

另有环形断裂[6]15或环状断裂[2]101，绕西山破火山颈及其南东接触带的断裂带呈环状或半环状分布，倾向随火山颈变化，由南南东—南东向倾角 80°左右[3]113。裂隙带都很发育，环火山口分布，倾角陡，略向火山口内倾斜，破碎带发育。

矿区二三级断裂裂隙主要是成矿裂隙脉体。

成矿裂隙脉体主要有 3 带。①北东东—近东西向带：分布于北山区、九龙上天区—九区 3#岩体两侧，走向 70°~90°，倾角陡。分布密集，成束分段产出。偏北部者北东东向，多铅锌矿脉；偏南部者近东西向，为铜金硫矿脉。按与地质体关系，在 3#岩体两侧为铜金硫矿脉，其余多为铅锌（银）矿脉。此带宽达 1000m，是最主要的矿带。3#岩体两侧脉体较长，可达 1000m。这些脉体随 3#岩体东端走向转为南东向相应改变。②北东向带：分布于西山破火山口南东缘西山区，属铜硫金矿脉，产出于双桥山群中。浅部脉体一般较短，深部矿化增强，矿化特征与九区类似。③北北西向带：分布于北东东向带之南东、鹅湖岭组分布银山—南山区，矿脉稀疏，北起 3#岩体东端，向南西延伸至银山、南山，矿带北东向长达 1400m，宽约 300m。脉体一般长 100~400m，平行或近平行排列。成矿裂隙特征参见表 2-5。

表 2-5　银山矿区各区段主要控矿断裂裂隙特征[2]102

区段	产状（走向/倾向∠倾角）	控矿特征	备注
北山	NEE70°~80°/NW 或 SE ∠>75°	大脉，宽 0.1~0.9m，长 150~1500m	压扭性、压性
九龙上天	NEE70°~80°/NW 或 SE∠75°~87°	细脉浸染状，长 600m	压扭性
	NW、NNW/≈直立	脉状，长数十米至数百米	压扭、张扭性
九区	NEE80°/S∠80°	细脉+浸染状，长 785m，含矿密度 20~25 条/m	压性
	EW/S∠85°	细脉+浸染状，长 662~865m，含矿密度 10~25 条/m	压扭、压性
西山	EW/S∠>70°	大脉+细脉浸染状，长 360m	压扭性
	NWW/SW∠65°~70°	网脉，长 150~200m	张性
	NWW/SW∠>80°	脉状发育，小脉带，长数十米	张扭性
银山	NE30°~40°/SW∠65°~75°	脉状，长数十米	压扭性
	NNW 334°~345°/SW ∠65°	脉状，长数十米至 500m	张扭性
	SN/E 或 W∠60°~80°	脉状，长数十米	张（扭）性
	NNE10°~18°/NWW 或 NE∠58°~88°	脉状，长数十米至百余米	压扭性
南山	NWW270°~320°/SW∠70°~84°	脉状，长百余米	张扭性
	NNE20°~30°/NW 或 SE∠28°~50°	脉状，长百余米	压扭性

注：为前人厘定的结构面力学性质，供比较、鉴别。本书认为不存在张性、张扭性结构面矿脉。

（四）矿床地质特征[2]105

1. 矿段

在矿区约 6km² 范围内，可分为北山、九龙上天、九区、西山、银山和南山 6 个矿段。铜金硫矿主要分布于九区和西山区，以及九龙上天和银山区深部，其他以铅锌为主[2]105。

（1）北山和九龙上天矿段：分布于矿区北部，西山火山口北东侧。矿体主要产出于千枚岩中，走向均北东东，与千枚岩片理和北东东向断裂裂隙走向近乎一致，随片理转折[6]18。两矿段地表均是铅锌矿脉，均以大脉状与脉状铅锌矿为主，东端 F7 以东均有延伸短的北西向矿体。北山矿段矿体主要沿 5#岩体西侧北东东向展布，东西长 1700m，宽 200m，厚度 2～20m。矿脉 20 余条，较大的有 10－1、10－2、10－2 支、10－4 四条矿体。主矿体薄，中厚层大致平行，有分支复合，基本无夹石[7]。地面出露标高 +217m，控制最深见矿标高 －750m，矿脉由铅锌硫化物脉体及旁侧的小脉和浸染状矿化组成。铅锌硫化物脉体与围岩界线清晰，厚 5～60cm，最厚 1m。旁侧的浸染状矿化分布不均，与围岩界线不清，靠化验结果圈定矿体[7]。矿脉沿走向、倾向都比较稳定，品位变化不大，Pb + Zn 一般 4%～6%。Zn > Pb 品位，自东向西 Zn/Pb 比值有逐渐降低的趋势。西部（8～14 线）向北陡倾斜、东部（7～2 线）向南陡倾斜。东端赋存于岩体中的矿体（脉），走向转向为北西，倾向北东，倾角 65°～80°，长 20～100m，<u>以延长小于延深为特征</u>[7]。厚 1～3m，锌高铅低，厚度和品位变化大。如 5#岩体中的矿体 10－3 走向北西，倾向不定，倾角大于 70°，该类矿体储量占 2%；九龙上天矿段矿带长超过 800m，东段矿脉多，矿脉较短，矿带宽超过 200m，浅部与北山区段同为铅锌矿脉，深部 500～800m 为铜硫金矿体。4#岩体出现在矿带中部，矿带陡倾斜，基本上直立下延，东段偏北矿脉略有北倾趋势，主要受近东西向片理构造制约，随片理转折，在 F7 断裂以东为北北西走向。参见图 2－7。

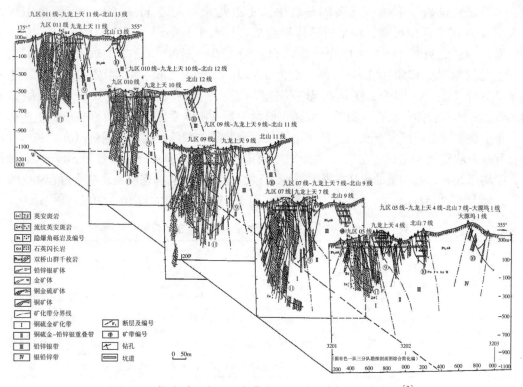

图 2－7　银山矿区九区—九龙上天—北山矿段剖面透视图[3]

表 2-6 北山矿段主要矿体特征一览表[7]24

矿体编号	分布线号	长 (m)	延深 (m)	倾向/倾角	厚（m）	Pb（%）	Zn（%）	Ag（g/t）
10-1	2~5	810	910	165°/84°	0.7~9.5	1.506	2.683	104.92
	7~8				0.7~3.3	1.444	2.050	77.73
10-2	5~10	550	920	160°/83°	0.7~7.1	1.266	1.987	92.22
10-2支1	9~14以西	640	670	340°/82°	0.3~5.7	1.176	3.283	86.07
10-4	2~7	830	780	167°/80°	1.2~6.6	1.428	2.032	128.29
	9~12				0.8~5.4	1.917	3.970	157.90

在矿区最北部，尚有大北山区。大源坞1线见矿3层（见图2-7）。

（2）九区铜硫金矿段：分布于矿区中心地带和3#岩体接触带及其两侧千枚岩、石英斑岩、"隐爆角砾岩"和蚀变石英闪长岩中。北距九龙上天区30~190m，南距银山区约20m[7]23。矿带东西向展布，由平行脉体群组成，长大于900m，宽大于350m，有20个矿体，即3#岩体北侧N1-N4等11个，南侧S1-S3等9个矿体[7]22。单个矿体最大延长大于860m，已控制深度1250~1350m。厚一般为5~25m，最厚92m[2]105。岩体中部无矿。主矿体S1、N1、N2、N3四个，矿体为形态完整的板状、厚板状厚大矿体，占九区储量的84.6%。矿体与岩体产状有一致性，有同步形影关系。矿体常出现分支复合现象，主矿体两侧有多个小矿体，内则多有夹石。矿体由脉状、网脉状、细脉浸染状、网脉浸染状和小脉浸染状及浸染状硫化物组成，边界由化验结果圈定[3]122。主矿体如S1分布于3#岩体南接触带，平均厚59m，由大量的铜矿细脉和网脉组成，并有硫化物稠密浸染，其小脉厚一般2~8mm，最大可达15mm[3]122；如N1之小脉厚一般1~10mm，厚大者10~50mm[3]124。

表 2-7 九区浸染状细脉浸染状金铜硫矿体主要特征[3]122

矿体编号	倾向/倾角	长（m）	控制深（标高m）	厚度（m）	含脉密度（条/米）	含矿率（%）	铜（%）	硫（%）	金（10⁻⁶）
S1	S/81	785	+124~-555	25~80	20~25	15~20	0.553	8.78	0.727
N1	S/86	845	+168~-412	10~35	18~23	12~18	0.531	8.75	0.568
N2	S/85	662	+174~-515	20~60	15~20	10~16	0.488	9.11	0.499
N3	S/85	860	+180~-556	25~50	25~50	12~18	0.529	10.8	0.576

（3）西山区铜硫金矿段：分布于西山破火山口北东接触带附近，北东端紧邻九区矿带。矿带走向北北东，长500m，宽400m。矿体呈脉带状产出于西山破火山口东缘内外侧千枚岩、火山碎屑岩、熔岩及隐爆角砾岩中，单个矿体一般长80~200m，最长438m，厚1.32~4.0m，最厚数十米。最大延伸大于700m，部分为盲矿带[2]105。参见图2-8。

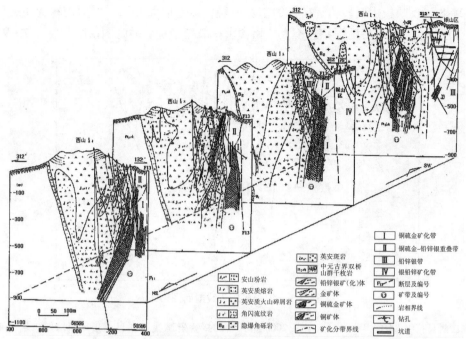

图2-8　西山火山口及东接触带矿体剖面透视图[2]120

（4）银山矿段：南北向长1.8km，东西宽0.6km。

银山东区：位于银山矿区的东部，银山6-26线之间，有100多条矿体。主矿体走向NNW-SN，长600m，宽500m，矿体赋存标高+200~-360m，浅部已被古人开采。

银山南区：位于银山4-1线以南，有80多条矿体。走向NNW-SN，W倾，倾角65°~85°，长50~500m，延深50~350m，延深大于延长，上厚下薄，随倾角的变缓而自然尖灭。矿体赋存标高+137~-195m。以Ag品位高、Pb/Zn比值大于3为其特征。

（5）南山区：位于银山矿区的南东端，银山1线以南。部分矿体赋存于千枚质砾岩及其上覆火山岩系的层间剥离带中，似层状平缓产出，长50~100m，宽10~40m，厚1~23m。部分矿体赋存在千枚岩的裂隙中，走向NWW，倾向SWW，倾角40°~70°，延长30~50m，延深小于100m，厚1~2m，大部分出露地表，矿体与围岩界线清楚，开采行将结束[7]18。

银山区勘探、开发较早，后续资料描述简略。1984年的资料称北西组矿脉："银山矿区共有矿脉176条，其中126条分布在银山区段，内有工业价值的64条，规模最大的有Ⅱ矿带2-1、Ⅳ矿带4-1、Ⅴ矿带5-2号脉"[8]259，主要矿体特征如表2-8。

表2-8　银山区段主要矿体规模、产状、品位表[8]259

脉号	规模（m）					产状（°）			品位（%）	
	长度	厚度			最大延深	走向	倾向	倾角	Pb	Zn
		最大	最小	平均						
Ⅱ-1	500	16.39	0.43	5	350	340~350	SW	70~85	2.62	0.53
Ⅲ-1	130	4.31	1.31	2.91	70	345	SW	69	1.07	0.46
Ⅳ-1	450	7.31	7	2.5	230	348~335	SW	70	2.34	1.8
Ⅴ-2	300	15.87	0.91	3.0	250	334~348	SW	70~85	1.96	2.15

表 2 - 8 可反映银山区段铅锌矿体的基本面貌，即走向北北西、倾向南东为主，厚三五米，长三五百米，延长与延深相差不大，铅含量一般高于锌。另附图说明（见图 2 - 9）。

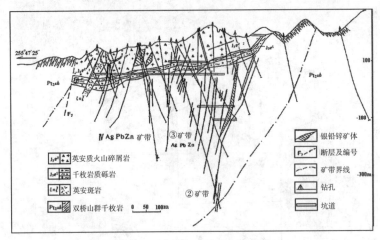

图 2 - 9   银山矿床 7 线剖面图[3]125

注：江西日报（2009 - 05 - 20A1）：从 2006 年开始的接替资源找矿项目，累计新增储量铅锌 11.9 万吨，品位 4.475%；银 333.4 吨，品位 125.3 克吨；铜 28.7 万吨，品位 0.653%；伴生金 24.9 吨，品位 0.57 克吨。

2. 矿体形态类型与产状

矿体在地层和岩体中均有分布。矿体主要围岩为双桥山群浅变质千枚岩，其次是各类火山碎屑岩、火山熔岩、流纹英安斑岩、英安斑岩[3]119。在千枚岩及鹅湖岭组分布区以陡脉状为主，在岩体或其接触带陡脉由细脉浸染状和角砾状矿石组成。在鹅湖岭组不整合面上另有少量平缓层间型矿体。按矿体形态产状，可分为脉型、细脉浸染型、似层状型和"隐爆角砾岩型" 4 类矿体。不同类型矿体共生于同一矿床中，形成独具特色的"四位一体"铜金银多金属矿床[2]107（参见图 2 - 10）。

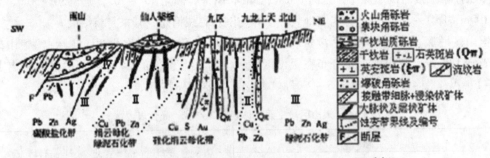

图 2 - 10   银山矿区矿体类型、蚀变、矿化分带剖面图[2]107

（1）脉型矿体。

脉型矿体为矿区主要工业矿体，呈陡倾斜脉状产出。浅部铅锌银矿体，向深部逐渐过渡为铜金硫矿体。该类矿体主要赋存于千枚岩中，"其次赋存于 I 旋回石英斑岩和火山碎屑岩内"[2]106。北西—北北西向含矿裂隙形态有特征素描图，被称为"成矿前显示张扭性特征，成矿后显示压扭性特征"[6]3（见图 2 - 11）。

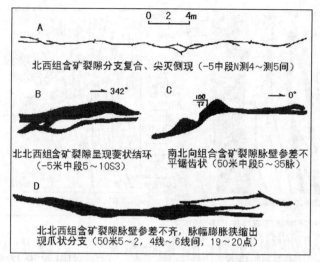

图 2 - 11　银山区北西—北北西向含矿裂隙特征素描图

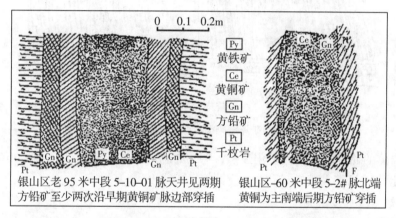

Py	黄铁矿
Ce	黄铜矿
Gn	方铅矿
Pt	千枚岩

银山区老 95 米中段 5-10-01 脉天井见两期
方铅矿至少两次沿早期黄铜矿脉边部穿插

银山区-60 米中段 5-2# 脉北端
黄铜为主南端后期方铅矿穿插

图 2 - 12　矿体复生构造素描图[6]20（银山矿段北西西向矿脉）

（2）细脉浸染型矿体。[2]106

矿体由细脉状、网脉状、细脉浸染状、网脉浸染状和浸染状硫化物组成，赋存于 3# 岩体内外接触带。矿体产状与接触带基本一致，走向以近东西向、北北东向为主，倾向南东，倾角较陡，随接触带产状变化而变化。矿体规模大，为形态完整的板状、厚板状的厚大矿体，主要为铜矿体[2]107。

（3）似层状型矿体。

矿体产出于鹅湖岭组底部千枚岩质砾岩与双桥山群千枚岩不整合面上，局部延伸到火山岩中。由密集细脉、小脉和浸染状矿石组成，呈似层状、透镜状产出，倾角较平缓，规模较小，为铅（锌、银）矿体。

（4）"隐爆角砾岩型矿体"。

矿体发育于次火山斑岩体顶部和两侧，尤其发育于 3#、13# 岩体以及西山火山口东侧隐伏斑岩体边部和上部的隐爆角砾岩中。矿体呈脉状产出，规模中等，矿化强烈，由稠密浸染、细脉浸染状矿石组成。

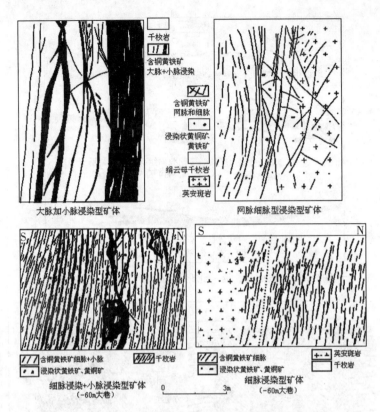

图2-13 银山矿床浸染型矿脉素描图（4幅合并）[3]124

在北带岩体的北东段，黄铁矿化强烈，"形成3#北（按：即13#）、4#、5#、6#岩体中全岩面型矿化"，"以细晶黄铁矿化为主"[6]19。

3. 围岩蚀变及蚀变分带

（1）蚀变类型。

矿区围岩蚀变类型主要有硅化、绢云母化、水白云母化、绿泥石化、碳酸盐化，其次为迪开石化、高岭石化、重晶石化等。蚀变分带分面型和线型两种。早期面型蚀变广泛发育于次火山岩体、变质石英闪长岩、火山碎屑岩和千枚岩中，蚀变类型有硅化、绢云母化、水白云母化、绿泥石化、碳酸盐化等，构成了矿区的主要蚀变类型。在此基础上叠加有晚期线型蚀变的硅化、绢云母化、绿泥石化、碳酸盐化。铜矿脉侧多为硅化、绢云母化、绿泥石化。铅锌矿脉侧多为绿泥石化、碳酸盐化[2]107。

矿区南、北部围岩蚀变特点不同。北部硅化、菱铁矿化较强；南部铁白云石化及绿泥石化较强，并出现低温硅化（玉髓）、方解石化和重晶石化等[2]107。

（2）蚀变分带。

矿床具有明显的蚀变分带性。水平上，蚀变分带以九区—西山区3#岩体为中心（岩体中间为无矿内核，具绢云母化），从岩体接触带向外分带（见图2-14[2]108）。

Ⅰ带：硅化、绢云母化（水白云母化）带；

Ⅱ带：硅化、绢云母化、绿泥石化带；

Ⅲ带：绿泥石化（碳酸盐化）带；

Ⅳ带：碳酸盐化（绿泥石化）带。

其中Ⅱ带南北两侧宽窄不一，在3#岩体南侧（上盘）带宽200～300m，北侧（下盘）宽仅30～50m；Ⅳ带主要分布于南山区（见图2-14）。

在铅直方向上，以银山区分带较为明显，由深部到浅部，与水平分带相对应，依次出现Ⅰ、Ⅱ、Ⅲ、Ⅳ带。全区硅化、绢云母化特别发育，深可达1200m[2]108。

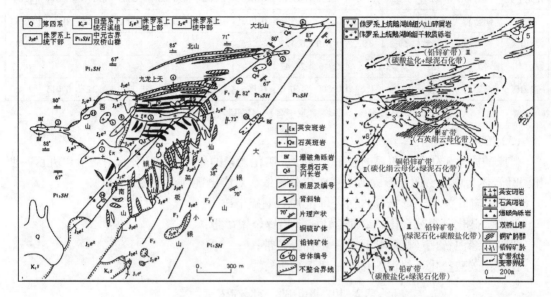

图2-14 银山矿区+50m中段蚀变分带示意[2]108并与地质体比对图

前人认为，在整个蚀变过程中，主要元素的带入顺序是Si、Al、K、Fe（硅化、绢云母化、绿泥石化）→Fe、Mn（菱铁矿化）（叶庆桐，1983）。早期蚀变和晚期蚀变矿物组合，反映了它们形成于中温至低温（320℃～130℃）环境[2]108。

4. 矿石及矿化分带

（1）矿石矿物成分。

矿石的矿物成分较复杂，计有70余种，主要矿石矿物为黄铁矿、黄铜矿、砷黝铜矿、硫砷铜矿、黝铜矿、闪锌矿、方铅矿、自然金、自然银等，少量或微量的铜蓝、斑铜矿、辉铜矿、毒砂、辉铋矿、黑钨矿、车轮矿、银金矿、砷红银矿、辉银矿等。脉石矿物以石英、绢云母为主，其次为绿泥石、高岭石、铁方解石、菱铁矿、白云石和重晶石等[2]108。

（2）矿石类型。

按矿石工业类型可分为硫金矿石、铜硫金矿石、铜铅锌（金银）矿石、铅锌银矿石和银铅（锌）矿石。按矿石构造特征分为网脉浸染状矿石、细脉浸染状矿石、小脉浸染状矿石和致密块状矿石等。

（3）矿石结构、构造。

矿石结构以半自形、他形晶粒状结构和溶蚀交代结构为主，固溶体分离结构、压碎结构及胶状重结晶结构次之。矿石构造主要为细脉状、浸染状、网脉浸染状、网脉浸染状、角砾状、条带状和块状构造等。

（4）矿石化学成分。

矿石主要有用组分为铜、硫、铅、锌、金、银。其中Cu品位0.3%～1.5%，平均品位0.523%～0.980%，伴生有益组分为镓、碲、铟、镉等[2]108。

表 2-9　各矿段矿石化学成分和品位统计表[7]矿床地质特征19

区段	矿石类型	Cu	Pb	Zn	Au	Ag	Cd	Ga	Ge	In	As	Sb	S
北山区	铅锌	0.046	2.23	3.30	0.39	209.0	0.014	0.0027	0.0002	0.0008	0.07	0.15	9.36
九龙上天	铅锌	0.024	1.53	2.39	0.200	65.0	0.010	0.0024	0.0066	0.0003	0.170	0.011	7.04
九区	铜金硫	0.523	0.182	0.272	0.607	7.186	0.002	0.0015	0.0004	0.0008	0.214	0.13	11.67
西山区	铜金硫	0.55	<0.1	<0.2	0.810	6.123					0.198		10.81
银山西区	铜金	1.21			2.46	26.47					0.135		10.17
银山区	铜铅锌	0.43	2.134	1.57	0.300	160.0	0.006	0.003	0.0005	0.0009	0.215	0.015	7.46

注：Au、Ag 单位 g/t，其他为%。资料来源于各区各阶段报告[7]19。

（5）矿化分带。

矿床的原生矿化具有明显的水平分带性，矿化元素的分带与蚀变分带一致，以九区—西山区 3#岩体为中心，向外形成蚀变—矿化分带依次对应出现（参见图 2-14）。

Ⅰ 带：硅化、绢云母化（水白云母化）—铜硫金矿带；

Ⅱ 带：硅化、绢云母化、绿泥石化—铜铅锌金银矿带；

Ⅲ 带：绿泥石化（碳酸盐化）—铅锌银矿带；

Ⅳ 带：碳酸盐化（绿泥石化）—铅银矿带[2]109。

表 2-10　银山矿区矿化分带特征[2]109

矿化分带	矿化元素	矿物组分	爆裂温度	蚀变分带	分布范围			矿石构造	黄铁矿电热性分带
					带宽（m）	水平上	垂直上		
Ⅰ 铜硫金带	Cu、S、Au、As、Bi	黄铁矿—石英、黄铁矿—石英、硫砷铜矿—砷黝铜矿—黄铜矿等	425～210（℃）	硅化、绢云母化（水白云母化）带	200～250	次火山岩内和接触带	矿体深部	细脉浸染状、网脉状、小脉状	P-n 型、少量 n 型
Ⅱ 铜铅锌金银带	Cu、Pb、Zn、Au、Ag	黄铁矿—碳、黄铁矿—黄铜矿—石英、硫砷铜矿—砷黝铜矿—黄铜矿、黄铁矿—闪锌矿—石英、方铅矿—闪锌矿—硫盐等	350～210（℃）	硅化、绢云母化、绿泥石化带	南侧 200～300北侧 30～50	次火山岩体近接触带外侧	矿体中部	细脉浸染状、网脉状、大脉状	n-P 型
Ⅲ 铅锌银带	Pb、Zn、Ag（Cu）	方铅矿—闪锌矿—硫盐、黄铜矿—绿泥石—绿帘石—方解石等	280～160（℃）	绿泥石化（碳酸盐化）带	南侧 200～300北侧 <40	次火山岩体外带	矿体上部	脉状、大脉状	P 型
Ⅳ 铅（银）带	Pb（Ag、Zn、Cu）	方铅矿—闪锌矿—胶黄铁矿、方铅矿—碳酸盐重晶石—菱铁矿等	220～130（℃）	碳酸盐化（绿泥石化）带	南侧 250～300北侧未见	远离次火山岩体分布在南部	矿体顶部	脉状、大脉状	P 型

铜硫金矿带内发现黑钨矿，铜硫矿石中 WO_3 和 Bi 含量个别达 0.45% 和 0.73%。

前人对银山矿床叙述为："边缘是火山热液铅锌银矿床，向矿田中心变为陆相火山—次火山铜硫金矿床；在垂直方向上，矿田上部是铅锌银矿床，向下变为铜硫金矿床。"[3]327 银山、九龙上天深 500～800m 为铜硫金矿体。由上向下，矿物种类变化为方铅矿、闪锌矿、菱铁矿、黄铁矿、黄铜矿、硫砷铜矿、砷黝铜矿、黝铜矿、黄铁矿、黄铜矿（黑钨矿、辉铋矿、黄铁矿）的矿物分带。"即向深部逐渐过渡为斑岩铜矿的矿物组合"[3]328 控制矿体延深达 1250 ~ 1350m，深部矿化继续增强[3]327，厚度增加 40% ~ 50%、品位增高（铜增高 91%，金增高 83%，硫降低 36%），延深巨大[3]328。西山、九区深部钨、铋、锡含量增高，有较多黑钨矿、辉铋矿等钨、铋单矿物，−500m 标高即深部为 600 ~ 650m。

5. 成矿期、成矿阶段

前人"根据矿床中矿脉穿插关系、矿物共生组合以及矿石结构构造等特征，矿区可分为铜和铅锌 2 个成矿期和 6 个成矿阶段"。

（1）热液成矿早期为铜矿化期。

主要在西山火山口东接触带和九区 3#英安斑岩体的接触带及其外侧，形成：黄铁矿—石英，黄铁矿—黄铜矿—石英，硫砷铜矿—砷黝铜矿—石英等矿物组合，代表了铜矿形成的 3 个主要矿化阶段[2]109。

（2）热液成矿晚期为铅锌矿化期。

在铜矿化带外侧或上部，依次形成黄铜矿—闪锌矿（毒砂）—石英，方铅矿—硫酸盐矿物—菱铁矿，（闪锌矿）—方铅矿—胶黄铁矿—碳酸盐（重晶石）等矿物组合，代表了铅锌矿化的 3 个主要矿化阶段[2]110。

金铜钨铋主要分布于九区、西山区北部的铜硫金矿体和铜矿体中；铅锌银主要分布于北山区、银山区、南山区铅锌矿体中。北山区锌大于铅，银山区铅远大于锌且银更富集；砷锑在铜矿体和铅锌矿体中都有分布[3]168。"从九区、西山区银山区北部向北至九龙上天、北山区，向南到南山区，矿物组合从铜矿物组合、铋矿物组合、钨矿物组合和金银碲矿物组合到铅锌矿物组合、硫锑铅矿类矿物组合体；闪锌矿从铁闪锌矿（Fe 6.0% ~ 13.28%）→闪锌矿（Fe 3% ~ 5%）→低铁闪锌矿（Fe 1% ~ 3%），以南山区闪锌矿含量最低，铁的含量也最低……上述事实说明，银山矿床是以九区、西山区、银山区北部形成以铜矿体为主矿体的成矿中心。"[3]168

6. 矿床地球化学特征

（1）硫同位素组成。[2]110

①矿床的 $\delta^{34}S‰$ 值（8 件黄铁矿）变化在 −0.4 ~ +1.63，平均 0.77，离差 2.03，变化范围窄，呈塔式分布，"反映了硫同位素均一化程度较高，具深源硫的特点"[2]110。部分样品黄铁矿和方铅矿 $\delta^{34}S‰$ 值变化范围为 −12.2 ~ +4.1 和 −10.53 ~ +3.4，离散程度分别高达 16.3 和 13.97，"表明在矿区南北两侧的铅锌矿化带，可能受到层源硫的混染"[2]110。②按矿物 $\delta^{34}S‰$ 值的平均值比较，$\delta^{34}S‰$ 黄铁矿 > $\delta^{34}S‰$ 黄铜矿 > $\delta^{34}S‰$ 闪锌矿 > $\delta^{34}S‰$ 方铅矿 > $\delta^{34}S‰$ 硫砷铜矿 > $\delta^{34}S‰$ 砷黝铜矿，与硫化物 $\delta^{34}S‰$ 值正常富集规律基本一致，"表明矿床基本上达到了硫同位素分馏平衡"。③"矿床硫同位素 $\delta^{34}S‰$ 值，在时空上具有规律性变化：成矿早期→成矿晚期，从铜硫金矿带（1.385）→铅锌矿带（−1.85）；从矿床深部（2.68）到浅部（1.15），具有逐渐降低的特点，这一规律变化与矿床矿化蚀变分带具有一致性。"[2]110 矿床专著录述硫同位素样品数多达 197 个，特征类同（称："硫化物的 $\delta^{34}S‰$，可分为两组：①0.9‰ ~ 4.1‰，② −10‰ ~ 12.2‰，其中②组占 99.0%，" $\delta^{34}S‰$ "平均值 +0.93‰，变化范围小，且近于 0 值，具陨石硫或深源硫的特点"[3]237）。该资料未按矿段分列，见图 2−15。

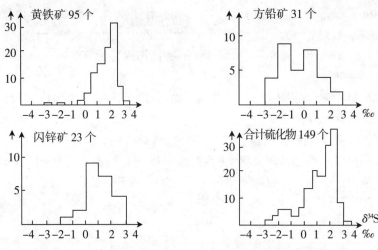

图 2 - 15　银山矿区硫化矿物硫同位素组成频数直方图[3]243

（2）铅同位素组成[2]110。

①矿床铅同位素组成相对比较稳定，其比值变化范围为$^{206}Pb/^{204}Pb$17.886 ~ 18.052；$^{207}Pb/^{204}Pb$15.432 ~ 15.587；$^{208}Pb/^{204}Pb$37.655 ~ 38.117。源区特征值：μ = 9.215 ~ 9.475；ω = 34.943 ~ 37.038，属正常铅范围[2]110。

②按正常铅模式年龄计算，银山矿床铅模式年龄值在 350 ~ 504Ma，普遍大于中生代鹅湖岭组（142 ~ 148Ma）和次火山岩（138 ~ 148 Ma）年龄，这反映了部分铅可能来自中生代火山岩下伏围岩[2]110。

③矿床铅同位素组成 μ 值介于上地壳（μ = 12.24）和地幔铅（μ = 8.92）之间，"表明矿床铅源并非单一岩浆来源，可能是以幔源为主和掺入壳源的混合铅"[2]111。

表 2 - 11　银山矿床铅同位素组成

样号	采样位置	测试矿物	$\frac{^{206}Pb}{^{204}Pb}$	$\frac{^{207}Pb}{^{204}Pb}$	$\frac{^{208}Pb}{^{204}Pb}$	φ 值	年龄（Ma）	μ	ν	ω
银 7	北山 50 米中段	闪锌矿	18.052	15.587	38.117	0.605	407	9.475	0.069	37.038
33142 - 5	北山 - 50 米中段	方铅矿	18.005	15.512	37.946	0.600	350	9.343	0.068	35.726
银 21	九区 +100 米中段Ⅶ - 93 脉	黄铁矿	17.901	15.468	37.691	0.602	372	9.254	0.067	34.943
银 2	银山（南山 - 105 米中段）	方铅矿	17.883	15.432	37.655	0.615	504	9.215	0.067	35.794

另称"银山矿床的模式年龄在 325 ~ 590 Ma 之间"[3]244。其可贵的是测试和收集了众多铅同位素样品。矿床全岩石铅同位素组成样品 6 个，如表 2 - 12。

表 2 – 12 银山矿床岩石铅同位素组成 （全岩）[3]242

	$^{206}Pb/^{204}Pb$	$^{207}Pb/^{204}Pb$	$^{208}Pb/^{204}Pb$	备注
3#英安斑岩	18. 198	15. 537	38. 097	
3#英安斑岩	18. 023	15. 467	37. 900	①
5#流纹英安斑岩	18. 019	15. 551	38. 017	
10#英安斑岩	17. 957	15. 492	37. 883	①
绢云母千枚岩	18. 319	15. 528	38. 445	
石英绢云母片岩	17. 890	15. 540	38. 170	①

①据沈渭洲等。

所列出其他 5 单位共 47 个矿物铅同位素分析结果[3]240，如表 2 – 13，包括北山区 8 个（黄铁矿 2、方铅矿 6）；九龙上天区 2 个（黄铁矿、方铅矿各 1）；九区 8 个（黄铁矿 4、黄铜矿 1、方铅矿 3）；银山区 5 – 2#矿体 4 个（黄铁矿 3、黄铜矿 1），2 – 1#矿体方铅矿 3 个；银山区方铅矿 6 个；西山区黄铁矿 3 个；银山矿区未分矿段 13 个（黄铁矿 4、黄铜矿 1、方铅矿 8）。

表 2 – 13 银山矿床矿物铅同位素组成[3]241

区带	矿物	$^{206}Pb/^{204}Pb$	$^{207}Pb/^{204}Pb$	$^{208}Pb/^{204}Pb$
北山	黄铁矿	18. 030	15. 548	38. 050
	方铅矿	18. 062	15. 574	38. 132
	黄铁矿	18. 098	15. 626	38. 259
	方铅矿	17. 987	15. 503	37. 888
	方铅矿	17. 889	15. 458	37. 686
	方铅矿	17. 954	15. 510	37. 893
	方铅矿	17. 958	15. 503	37. 911
	方铅矿	18. 107	15. 594	38. 131
九龙上天	方铅矿	18. 005	15. 573	38. 154
	黄铁矿	17. 983	15. 475	37. 796
九区	黄铁矿	18. 028	15. 484	37. 872
	黄铁矿	18. 022	15. 536	38. 135
	黄铜矿	18. 085	15. 602	38. 197
	黄铁矿	18. 200	15. 444	37. 778
	黄铁矿	18. 708	15. 567	38. 129
	方铅矿	18. 010	15. 545	38. 022
	方铅矿	17. 967	15. 517	37. 907
	方铅矿	17. 927	15. 466	37. 818

（续上表）

区带	矿物	$^{206}Pb/^{204}Pb$	$^{207}Pb/^{204}Pb$	$^{208}Pb/^{204}Pb$
银山 5-2#矿脉	黄铁矿	17.880	15.389	37.633
	黄铁矿	18.168	15.722	38.568
	黄铜矿	18.002	15.482	37.832
	黄铁矿	17.983	15.477	37.785
银山南 2-1#矿脉	方铅矿	18.031	15.525	37.966
	方铅矿	17.979	15.483	37.844
	方铅矿	17.964	15.476	37.786
银山	方铅矿	17.956	15.459	37.735
	方铅矿	18.041	15.517	37.923
	方铅矿	18.005	15.512	37.946
	方铅矿	18.073	15.755	37.992
	方铅矿	18.204	15.755	38.407
	方铅矿	18.093	15.592	38.264
西山南	黄铁矿	18.056	15.503	37.899
	黄铁矿	18.039	15.499	37.861
	黄铁矿	18.022	15.448	37.743
银山矿区	黄铁矿	17.994	15.510	37.907
	黄铁矿	17.957	15.482	37.805
	黄铁矿	17.900	15.532	37.980
	黄铜矿	17.969	15.523	37.925
	黄铁矿	17.964	15.521	39.910
	方铅矿	18.085	15.606	38.221
	方铅矿	17.970	15.474	37.863
	方铅矿	17.996	15.669	38.390
	方铅矿	17.817	15.418	37.590
	方铅矿	17.924	15.467	37.750
	方铅矿	17.618	15.196	37.003
	方铅矿	17.714	15.275	37.185
	方铅矿	17.800	15.322	37.863

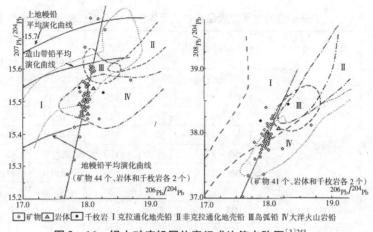

图 2-16 银山矿床铅同位素组成比值点阵图[3]243

称"银山矿床铅同位素的整体变化：矿床$^{206}Pb/^{204}Pb$17.618～18.708，平均18.004±0.150，变化范围2.1%～3.9%；$^{207}Pb/^{204}Pb$为15.196～15.755，平均15.713±0.103，变化范围1.6%～2.0%；$^{208}Pb/^{204}Pb$为37.003～38.568，平均37.922±0.271，变化范围1.7%～2.4%。铅同位素组成投影点见图"[3]244 （即图2-16）。

认为"铅同位素变化幅度小于4.0%，介于稳定型与波动型之间。与长江中下游多金属矿床铅同位素相比，两者$^{207}Pb/^{204}Pb$相近，而本区的$^{206}Pb/^{204}Pb$和$^{208}Pb/^{204}Pb$相对偏低，同我国环太平洋中生代铅锌矿床铅同位素组成范畴（陈毓蔚等，1980）相一致。本区斑岩全岩铅同位素组成比较稳定，显示岩浆成因铅特点；赋矿围岩双桥山群则显示$^{206}Pb/^{204}Pb$有较大的变化，这是双桥山群不同层位岩性变化以及组成成分混合不均匀所致。事实上矿石铅与斑岩和全岩铅都具有相近的一面，斑岩和千枚岩都有可能为成矿提供直接矿质来源。但本区低的矿石铅同位素组成反映了深源铅对矿石铅形成的主导贡献作用"[3]244 （按：未列出长江中下游多金属矿床铅同位素组成）。在列出"环太平洋铅锌矿床""上地幔""下地壳"等的铅同位素组成参数后称："银山矿床与中国东部环太平洋铅锌矿床铅同位素组成的低值域相近"；"本区铅的来源环境跨越上地壳及其以下的构造单元，但是又不可能由上地幔铅或下地壳铅单一单阶段演化而来，更不是上地壳铅的产物，而是壳—幔混合铅源"[3]244。前人在再列举铜厂、冷水坑、砂谭金银矿床铅同位素年龄数据后称"可以肯定，不管是哪一种矿床，它们的模式年龄数据与成矿岩体的年龄和基底地层千枚岩年龄均不一致，说明铅的来源比较复杂。μ、υ、ω值亦不相同，分别为9.32～10.31，0.067～0.079，35.726～49.96变化。由于岩浆（火山岩—潜火山）活动强弱不同、延续时间不同，对围岩的改造程度亦不相同，故同位的μ、υ、ω值均不相同，有增加的趋势，显示成岩成矿过程均有混合铅源的增加"[3]244。"几乎所有的点都落在'克拉通化地壳'和'大洋火山岩区'，或者是它们的交汇部位，显示这与古老沉积物或古火山沉积物有关，是区域性岩浆—火山活动的一部分。"[3]244

（3）氢氧同位素组成。

前人认为成矿早期形成铜（金）矿化期或矿流体$\delta^{18}OH_2O‰$（SMOW）为+8.10～+11.32；成矿晚期$\delta^{18}OH_2O‰$（SMOW）为-0.24～+10.85，$\delta^{18}DH_2O‰$（SMOW）为-78.9～-51.7。这表明成矿流体氢、氧同位素组成从早期到晚期呈现逐渐降低的趋势。"早期铜（金）矿化的成矿溶液主要由岩浆水组成，在成矿晚期铅锌（银）矿化阶段有一定量大气降水的加入。"[2]111

表 2 – 14　银山矿床矿物的氧同位素组成以及流体包裹体氢同位素组成测定结果表[2]111

成矿期	成矿阶段	样号	测试矿物	形成温度（℃）	$\delta^{18}O‰$（SMOW）	$\delta^{18}O_{H_2O}‰$（SMOW）	$\delta^{18}D‰$（SMOW）
早期	黄铁矿—石英	50 – 67	绢云母	360	10.30	8.21	
		409 – 19	石英	340	15.45	9.86	– 59.6
	黄铁矿—黄铜矿—石英	YK – 31	石英	325	16.32	10.27	
		Y – 141	石英	310	14.64	8.10	– 56.1
		50 – 77	石英	370	15.90	11.12	
		58 – 82	石英	370	16.10	11.32	
晚期	黄铁矿—铁闪锌矿—方铅矿—（毒砂）；黄铁矿—铁闪锌矿—石英	Y – 52	石英	320	13.70	7.49	– 77.7
		104 – 38	石英	340	15.07	9.48	– 57.4
		50 – 54	石英	276	12.10	4.29	
		Y – 145	石英	275	18.70	10.85	– 51.7
		50 – 7	石英	320	16.80	10.59	
	闪锌矿—方铅矿—菱铁矿—硫酸盐类	Y – 139	石英	300	17.57	10.68	– 78.9
		50 – 81	石英	215	17.20	6.41	
	方铅矿—碳酸盐类—重晶石	Y – 144	石英	220	18.65	8.15	– 78.5
		Y – 123	石英	145	15.08	– 0.24	– 66.9
	闪锌矿—方铅矿—胶黄铁矿	50 – 136	石英	210	15.60	4.52	

（4）矿床稀土元素地球化学。

矿床各类型矿石的稀土元素总量（∑REE）为 10.34 ~ 75.76μg/g；矿石 ∑Ce/∑Y 为 0.88 ~ 3.06，多数大于 1.0；δEu 值为 1.04 ~ 3.74，平均值为 1.99；δCe 值为 0.53 ~ 1.19，平均值为 0.84。与英安斑岩（δEu 为 1.01，δCe 为 0.82）特征相似，前人认为"显示有一定的成因联系"[2]112。

表 2 – 15　德兴银山铜铅锌金银矿床稀土元素地球化学特征表[2]111

矿石类型	铜硫金矿石	铜硫矿石	铜铅锌矿石	铅锌（硫）矿石	铅锌矿石	黄铁矿石
∑REE（μg/g）	10.34	75.76	27.90	27.12	66.36	10.60
∑Ce/∑Y	1.30	3.06	1.24	1.47	2.98	0.88
δEu	1.68	1.06	2.74	3.74	1.04	1.96
δCe	0.55	1.19	0.83	0.82	1.11	0.53

（5）成矿物理化学条件。[2]112

1）成矿流体成分、性质。

前人调查并认为：

①矿床中矿物流体包裹体液相成分中阳离子以 Ca^{2+}、K^+ 和 Na^+ 为主，其次为 Mg^{2+}；阴离子以 Cl^-、SO_4^{-2} 为主，F^- 次之。其中，Ca^{2+} 明显大于 K^+、Na^+，含盐度为 3.0 ~ 12.2 Wt% NaCl；铜（金）矿化期 Na^+/K^+（0.36 ~ 1.25）和 Cl^-/F^-（1.11 ~ 2.71）变化小，含盐度为 4.9 ~ 12.2Wt% NaCl；而铅锌矿（银）矿化期 Na^+/K^+（0.43 ~ 5.33）、Cl^-/F^-（0.99 ~ 6.97）变化大，含盐度为 3.0 ~ 7.7Wt% NaCl。矿床矿物流体包裹体气相成分以 H_2O

和 CO_2 含量高为特点，氧化性气体（H_2O+CO_2）总量明显高于还原性气体（H_2+CH_4+CO）总量，矿床成矿溶液属 NaCl-KCl-CaSO_4-H_2O 和 KCl-NaCl-CO_2-H_2O 体系，为低盐度碱金属氯化物溶液。

②成矿从早到晚阶段，随着成矿温度逐渐下降，CO_2、CO 和 H_2 含量增高，H_2O 和 CH_4 含量有降低趋势。成矿早期 CO_2/H_2O 比值为 0.018~0.133，变化小；成矿晚期 CO_2/H_2O 比值为 0.054~2.390，相对变化大。说明早期成矿流体含水量多，是一种高—中温气液流体；晚期成矿流体含大量 CO_2，是一种近于胶状的低温热液，因而出现胶状黄铁矿。

③在整个成矿过程中，还原参数（R 值）一般较小，为 0.01~0.53，成矿作用是在弱还原条件下进行的。

④次火山岩（石英斑岩）中石英包裹体成分与矿床矿物包裹体成分相比，相对含较高的 K^+、Na^+、F^-、Cl^-、CO_2 和 CH_4 等及较低的 Mg^{2+} 和 CO_2，说明含矿流体早期为富含碱金属的氯化物络合物流体[2]112。

矿床中矿石矿物成分（金属硫化物和石英）包裹体液相和气相成分测定结果见表2-16。

表2-16　银山矿床流体包裹体成分及比值[2]113

区段	北山				九区（西山）			银山								南山
样号	银7	银8	北山	Y117-2	409-19	YK31	银16	YK-53	104-38	Y-145	Y-139	Y-144	Y-123	银30-2		南山
矿物组合	黄铁矿—铁闪锌矿—方铅矿(毒砂)			5#石英斑岩体	黄铁矿—石英	黄铁矿—黄铜矿—石英		黄铁矿—闪锌矿—(毒砂)		方铅矿	闪锌矿—方铅矿—菱铁矿—硫酸盐	方铅矿—菱铁矿—重晶石	方铅矿—闪锌矿—菱铁矿—硫酸盐			
矿物	黄铁矿	闪锌矿	方铅矿	石英	石英	石英	黄铁矿	石英	石英	石英	石英	石英	石英	石英	闪锌	石英
K^+	501	6947	1324	6532	83277	痕	6505	2992	7924	痕	5139	288	478	2381	2297	1429
Na^+	2672	2972	4573	2834	5518	3309	2335	3740	4328	2355	1819	1065	883	2572	1115	1728
Ca^{2+}	5929	3576	6438	13939	7693	30058	4845	18011	17828	16619	7371	3759	8361	4763	882	6562
Mg^{2+}	3424	2876	96	5151	2675	6441	3714	437	8217	3056	4182	4385	5471	191	200	2831
F^-	2622	1269	1637	3295	6721	痕	2021	2500	3096	3495	痕	痕	痕	1629	386	1629
Cl^-	3724	1716	10012	4051	6089	3094	5469	2775	5833	3445	2877	3662	2757	2286	2689	2522
SO_4^{2-}	262942	181500	12401	6543	3226	894	1419	172139	2575	痕	10511	2900	564	3172	19722	1868
Na^+/K^+	5.33	0.43	3.45	0.43	0.07		0.36	1.25	0.55		0.35	3.70	1.85	1.08	0.49	1.21
Ca^{2+}/Mg^{2+}	1.73	1.24	67.06	2.71	2.88	4.67	1.30	41.22	2.17	5.44	1.76	0.86	1.53	24.94	4.41	2.32
C^-/F^-	1.42	1.35	6.12	1.23	0.91		2.71	1.11	1.88	0.99				1.40	6.97	1.55
盐度 $W_1\%$ NaCl	3.0~7.7				4.9~12.2			4.6~7.3								
H_2O	669717	693710	845959	482949	802016	826382	891524	775702	366098	711862	370886	410020	274852	882029	321541	578445
CO_2	36442	64445	81696	296119	48930	109817	78443	13949	76485	237087	574735	526637	656974	89633	639208	373253
CO	痕	7636	痕	5256	7174	5716	1452	痕	1948	6601	7218	19691	29227	4058	3365	16642
CH_4	痕	痕	349	427	1288	939	315	898	519	724	39	34	痕	343	痕	343
H_2	17	48	60	1056	515	1154	233	17	462	2065	5370	5370	5644	438	1055	3041
N_2+O_2	12008	33225	30457	10371	22368	11996	6122	5754	4688	14118	12308	13107	14889	6494	7489	10692
CO_2/H_2O	0.054	0.093	0.079	0.613	0.610	0.133	0.088	0.018	0.209	0.333	1.550	1.284	2.390	0.102	1.988	0.645
R**	0.01	0.20	0.03	0.13	0.53	0.34	0.11	0.19	0.19	0.11	0.10	0.28	0.24	0.19	0.04	0.23

注：R（还原参数）=（$XCH_4+XH_2+XCO+XCO$）/XCO_2，其中 X 为摩尔分数。

2）成矿温度。

根据矿床中矿物包裹体爆裂法测温（142 件）和均一法测温（30 余件）资料，矿床成矿温度变化区间在 425℃ ~130℃。铜矿化期温度为 425℃ ~210℃，而主成矿期黄铜矿的形成温度为 305℃ ~260℃；铅锌（银）矿化期成矿温度在 437℃ ~130℃，晚期的铅（银）矿化阶段一般小于 220℃。因此，矿床的铜矿化主要是在中温条件下（370℃ ~200℃）形成的[2]112。

3）成矿的 fS_2、fO_2 和 fCO_2、pH 及 Eh 值。

根据矿床中广泛发育的硫化物、硫酸盐、氧化物、含氧盐和碳酸盐类矿物及共生组合，以及有关矿物及其组合形式的化学平衡反应，确定矿床形成的相应 fS_2、fO_2 和 fCO_2 条件。计算建立在下列假设条件下进行：参与反应的金属和矿物为纯固相物质，参与反应的[2]112气体为理想气体，气体的逸度主要取决于总压和温度，压力对于热容的影响可以忽略不计。按主要成矿温度为 350℃ ~200℃，求得成矿的 $\log fS_2$ 分别为 -4 ~ -21；$\log fO_2$ 为 -22 ~ -45；$\log fCO_2$ 为 +1 ~ -15。依据闪锌矿化学成分所计算的 FeS 含量及其形成温度（184℃ ~255℃）求得铅锌矿化期第 I 至第 III 世代闪锌矿形成 $\log fS_2$ 分别为 -4.5、-8 和 -9[2]114。

矿床成矿流体的 pH 值。矿床每个成矿阶段中，矿液都是从改造围岩开始，至沉淀主要共生组合结束，由弱碱性、中性至弱酸性，最后演变为弱碱性、中性。在铜矿化期开始时，矿液呈弱碱性。由于对英安斑岩中的硅进行淋滤、矿液酸度增高，使长石绢云母化；千枚岩产生硅化、绢云母化，而且沉淀了铜等金属的硫化物矿物。依据铜矿化伴生的硅化、绢云母化，在一定成矿温度（350℃ ~200℃）条件下，大致可以计算确定成矿流体的 pH 值为 3 ~ 4，即酸性至弱酸性环境；铅锌矿化期，矿床呈弱碱性，pH 值为 6 ~7。

矿床的成矿 Eh 条件，可依据矿物气体包裹体成分测定结果，运用有氧化性和还原性气体参加的氧化还原反应，在一定的成矿温度（350℃ ~200℃）、压力（$P_{总} = 300 \times 10^5 Pa$）、pH 值（4 ~6）条件下，求得银山矿床成矿的 Eh 值为 -0.64 ~ -0.33V。

4）成矿压力。

矿床的成矿压力，大致与成矿密切相关的次火山岩压力相当。次火山岩侵位的上覆围岩上侏罗统鹅湖岭组厚 200 ~1000m，按上覆围岩厚度计算，折算成围岩压力约为 60×10^5 ~ $300 \times 10^5 Pa$。总体估计应低于 $300 \times 10^5 Pa$，即超浅成环境。叶庆桐（1987）采用 Леммдейн. р. р 等 P – V – T 图解（1956），依据主要成矿阶段形成的石英中含气液包裹体石盐子矿物的消失温度，估算其生成瞬间的压力为 200×10^5 ~ $260 \times 10^5 Pa$，与上述估算成矿（岩）压力相当[2]114。

二、构造分析

（一）银山断裂符合新华夏系主压结构面特征以及新华夏系构造属东亚大陆的普遍现象

银山断裂为赣东北大断裂旁侧平行区域性断裂。其狭义带，即紧靠 F1 的、彼此平行的褶皱束和次级断裂带，宽 450m，相当于银山大向斜东翼；其广义带囊括银山矿区，宽约 2.3km，2#岩体至 F1 之间，以砥柱为顶边、以银山断裂为底边的梯形地带。

银山断裂的两个突出特征说明其逆时针向扭动性质。其一是北列雁列之岩—矿体带与之锐角相交；其二是其狭义带在大银山、小银山总体北东东向两列雁列褶皱束之总体方向与之锐角相交。此二者均属于其派生压性构造，按地质力学原理，锐角尖指向对盘的扭动方向。银山断裂因此可与李四光先生创建的"新华夏系"断裂相互印证。银山矿床的所有构造岩浆活动乃至矿化蚀变，都与银山断裂密切相关。其矿化蚀变体都可以成为银山断裂属于新华夏系主压结构面的证据。鉴于典型的新华夏系主压结构面锡矿山西部断裂，某核心期刊审稿人竟认为"是一条典型的发育于伸展环境的斜滑正断层"，笔者特别添加上述原以为纯属多余的话，以普及地质力学并告诫妄言者。

不仅锡矿山、八家子、银山矿床，江西众多大中型钨锡矿床，中国东部乃至整个东亚，新华夏系构造应力场普遍存在。相当偏西的力马河、攀枝花矿床[9]，也属区域性逆时针向扭动构造应力场，是否属之可以再调查研究。新华夏系构造应力场即大陆向南、太平洋洋壳向北产生的扭应力场，这里有矿床地质学的微观证据。更重要的是，新华夏系构造应力场可以从全球板块构造活动规律中寻找答案，即笔者（2003）指出的，"由更接近南北向的太平洋中脊产生的海底扩张，推动太平洋板块与欧亚板块北东——南西斜着的边界碰撞，当然要发生地质力学所说的那种扭力"，"李四光先生先讲了结果，板块学说后讲了原因"[10]126。

从沉积建造看，鹅湖岭组下部有底砾岩；中部之底部也有千枚岩砾岩层，图2-2反映出小银山缺失鹅湖岭组中部；白垩系下统石溪组不整合于鹅湖岭组之上[3]109。这三个论据所应当得出的论点是晚侏罗世早期和中期及末期都发生过地壳运动，其中早期地壳运动造成了鹅湖岭组千枚岩底砾岩，中期地壳运动造成了鹅湖岭组上统中部的千枚岩底砾岩（和火山岩）；中期和末期发生过火山喷发。早白垩世石溪组有底砾岩、凝灰岩，应当属于第三次地壳运动及后续的火山活动。新华夏系构造应力作用时期，在银山矿区表现为从晚侏罗世中期至至少早白垩世。鉴于银山矿区北东向断裂有插入石溪组迹象，石溪组与鹅湖岭组略显相依存（承继性）关系，也可能延续至早白垩世末。成矿作用从八家子矿床的晚三叠世至中侏罗世，到银山矿床的晚侏罗世至中白垩世，使得我们对李四光先生的"挽近地质时期"有比较具体的概念。是否挽近地质时期在中国北方开始得早、中国南方开始得晚，可以继续调查。

（二）银山断裂与其狭义带褶皱束之间的有机联系

形成银山断裂狭义带褶皱束带，银山断裂必须有向北西的挤压，挤压位移幅度浅部大于深部，这就是判断银山断裂在矿区范围内倾向南东的理由。偏北的大银山区较之偏南的小银山区褶皱束更紧密，故银山断裂带在对应砥柱的部位必定倾角最缓。由此又可以推断，银山断裂在矿区范围外应当倾向北西或近直立。银山断裂带北段褶皱束枢纽之所以南突弯曲，则是砥柱在该部位开始显现作用的表现，东西向褶皱开始被改造为北东向褶皱后并被持续作用使然。只要地质图精确，以"事物是有机联系的"观念读图，就可以读出地质构造之间的相互关系来。而读出构造形迹之间的有机联系，是建立构造体系的基本功。应变椭球并非地质力学唯一的依靠。"……每一项构造形迹，必定有和它不可分离的侣伴。"[11]24寻找构造形迹之间的有机联系，才是地质力学理论的核心和实践的出发点。

（三）西山火山颈是最重要的边界条件

银山矿区普遍性的边界条件是双桥山群千枚岩柔性岩层。其中由结晶岩石构成的面积约0.8km^{2}的西山火山颈，则成为最重要的边界条件。如同所有区域性断裂一样，沿银山断裂并非都有矿化，而只限于银山矿区。正是因为银山矿区有特定边界条件，构造应变才如此多样化，岩体才如此发育。向南东倾斜的、宽度与银山大向斜东翼相当的西山火山颈（以下西山火山颈简称"砥柱"）结晶岩石柱体，当然属于与千枚岩围岩物理性质反差极大的边界条件，即使不推测此砥柱应当与银山断裂引起的地壳重融相关（即可能下延与南东盘连接），也足以成为银山断裂扭动过程中不相协调的"障碍"，妨碍银山断裂北西盘向南西扭动。此正是新华夏系构造应力场构造应力必定在银山断裂与砥柱之间集中释放的原因，也是银山矿床在此出现的原因。没有砥柱就没有银山矿床，砥柱的重要性达到了这样的程度。

砥柱在成为障碍的同时其本身也被改造：出现环形断裂[2]15；整个火山颈熔岩角砾岩化，深800m未见底，乃至前人对其属性存疑[2]25；其内出现北东向岩体；砥柱北东部出现北东向破碎带及矿化；南东侧出现西山区铜硫金矿带。上述5项都是砥柱被改造的证据。砥柱与银山断裂之间区域即为矿床范围，该范围也可以理解为"近银山断裂侧的环砥柱区"。为了有规整的图廓，银山矿区早年的所有版本地质图都包括了银山断裂和砥柱，无法另行划定矿床地质图范围。

矿体出现在银山断裂和砥柱之间。矿化与构造的这种空间分布特征，是探索银山矿床成矿控制因素、矿床成因的最重要特征。这种分布特征应称为何种构造部位，最终引起了后续研究者关注。莫名其妙的"银山背斜"[3]111和"轴部断裂带或主干断裂F7"[2]100，成为最新的和普遍采用的说法，表明了研究者在关注中的困惑。

（四）中生界覆盖层是次要边界条件

砥柱和银山断裂之间覆盖着中生界，对于普遍分布的双桥山群千枚岩而言，同样是不相协调的壳体（以下简称中生界覆盖层为"壳体"）。这是次要的边界条件，它有制约壳体区的矿体分布的作用，对壳体下双桥山群褶皱束的紧密程度也有控制作用。

（五）岩—矿脉体都是构造体

1. 北东东向、近东西向岩—矿脉体等都属压性构造体

它们分布于砥柱与银山断裂之间的偏北地带，包括两类：

其一是北东东向岩体—矿脉体及矿化蚀变带属压性构造体，它们左行雁列，以总体走向65°与银山断裂交接，共同构成派生压扭性分支构造，与银山断裂共同构成"类入字型构造"，范围包括大北山、北山、九龙上天矿段岩矿脉体。它们的共同特征是构造应变近强远弱，构造和矿化蚀变靠近银山断裂强烈，向西减弱消失。它们属压性结构面的根据，首先是岩体—矿脉体长轴鲜明和延伸甚长，其次是成束平行密集分布成带。之所以称为"类入字型构造"，是因为与典型的压性入字型构造比较，它出现了"一有两无"这一特征。"一有"系指主干断裂与分支构造之间有标准的最初夹角。因为砥柱的阻滞，是造成类入字型构造的原因，与压性入字型构造产生原因为主干断裂本身的阻滞大不相同。后者因为主干断裂的阻滞产生容忍性退让，使主干断裂与分支构造之间的夹角逐渐变小，在已列举的13个入字型构造实例中[9]大多数小于30°，很难确认何者应当是标准的最初夹角。"两无"则为并无合点构造应变最强烈和主干断裂有容忍性退让的两大特征。后者更是不仅无容忍性退让，反而向南东倾向，似有"迁就性跟进"特征，银山断裂向砥柱挤压靠近，浅部位移幅度大造成倾向反向。

其二是砥柱东侧东西向岩体—矿脉体及矿化蚀变带，它们属于持续作用下，构造应力集中向砥柱与银山断裂之间区段释放，东、西两段不再有强弱变化。范围主要在九区，3#岩体及其两侧矿脉体。近东西向构造体因此属于三次压性构造。它们是以砥柱和银山断裂上盘（向北错移盘、南东盘）为支撑，边界条件改变之后，派生构造应力造成的，其应变相当于重力场中平板梁遭受巨大荷重挤压，其形变范围南界形态相当于被描述的山字型构造前弧，中段略向南突出。

2. 北西向矿脉——压扭性构造体

这些构造体的空间分布特征，首先是总体上沿银山大向斜槽部的壳体区发育，范围主要包括银山、南山矿段；其次是它们的发育程度，包括密集程度和矿脉长度，显著低于北东东

组，更低于近东西向组；再次是众多矿脉至少沿北西向三种主要方位发育，即北西向、北北西向和近南北向；最后是近南北向的北北西向切割北北西向矿脉的现象被清晰标示出来（参见图 2 - 3），显示其同样存在演化过程（非派生，属同序次演化）。那种因为压性构造形迹方位相差十几度就另建构造体系的做法并不正确。

北西向组相当于大义山式纵扭，在构造应力持续作用时属于压扭性结构面（合扭）。它们是银山断裂狭义带褶皱束压性结构面在屏蔽壳体区的另类表现，属于初次构造。构造级别属矿区三级构造。必须指出的是，北西向组构造体较之于北东东向—近东西向组为短、浅、稀疏。这是银山矿区构造应力场的固有特征——砥柱屏蔽区（详后）造成的，并非结构面力学性质本身的原因。李四光先生认为大义山式属张扭性结构面，泰山式属压扭性结构面，正好弄反了。北西向组矿脉提供了重要的证据——九区东端北西向矿脉延深大于延长[7]18。银山矿区不存在泰山式矿脉裂隙。典型高级别的张扭性结构面矿脉如西华山钨矿脉，长上千米，延深不过 300 余米。西华山钨矿脉就是泰山式构造，它与泰山式裂隙的标准方位北东 70°相差近 20°（在此不予论证）。长/深比值大，一般是张扭性特别是张性结构面的重要特征。另一个素材是北西—北北西向含矿裂隙素描图（见图 2 - 11、图 2 - 12）展示的形态恰恰是压扭性结构面的特征。前人厘定为张扭性结构面是错误的，"成矿前张扭性""成矿后压扭性"[2]3，反映的是难以认定其为张扭性结构面这一事实。尤其重要的是，结构面力学性质的最终厘定，靠的是理性，而不是感性认识。在砥柱屏蔽区发育大义山式构造的根本原因，是此区距 F1 结构面较远，温度场降低又有壳体阻滞，不能以褶皱束形式释放构造应力。因此还可以推断壳体下双桥山群褶皱紧密程度必定远逊于银山断裂狭义带。此区既必须向西挤压砥柱，还必须逆时针向北扭动，在这种情况下，银山断裂应变构造系中其他结构面无法满足，只有大义山式断裂能够满足要求。

3. 北东向带矿脉体——北东向压性构造体

分布于砥柱南东缘的西山区矿脉体，它们是砥柱起阻滞作用的同时，自身被改造的另一种表现。当扭动范围逐渐变窄、扭应变达到极致条件下，北西—南东向挤压逐渐增强，砥柱整体向南东出现挤压，在熔岩和千枚岩软硬反差强烈部位造成了挤压构造应变，形成了西山区矿脉体（当然也包括砥柱内的北东向压性构造）。这种挤压较之九区稍弱，但毕竟遭受了相当直接的挤压应力，并且以刚性体砥柱与柔性体千枚岩接触界面为边界条件，较之其余矿段构造应变仍然强烈得多。

砥柱的自身被改造的证据中，出现西山区北东向铜硫金矿脉带，说明砥柱南东侧仍然属于中温蚀变矿化带，即I带。图 2 - 14[2]108制作较早，尚未反映出这一特征。而有了这一特征，I带本身就是东段东西向、西段北东向，在银山矿区蚀变矿化分带北部东西向，向南在银山矿段蚀变矿化带分带线改为北东向。北部向北减弱消失，南部向南东减弱消失，就极为自然了。凡口铅锌矿床金星岭矿段（南北向剖面）深部矿体倾角变缓慢乃至近水平，赖应篪先生判断为走向，遂施工东西向剖面并发现了占矿床储量 2/3 的、向东倾斜的狮岭盲矿段，实在是胆识兼备、懋著勋劳。银山矿段蚀变矿化垂直分带显著、分带线倾向南东之特征，至少在1981 年笔者考察前就已经发现，可惜未有借鉴凡口经验的水平与胆识，逆倾向施工找矿探索。

在九区矿段，接受南北向挤压，形成东西向 3#岩体—矿脉体乃至南缘略显向南突出弧形的铜硫金矿脉体；在西山区则主要是接受北西—南东向挤压，砥柱 -400m 标高之上均显示北东向长轴，此带挤压稍弱于九区。北东—南西向挤压得不太强烈，与 3#岩体为中心强烈挤压表现的强烈矿化，彼此互为因果。正因为如此，砥柱东侧及砥柱南东缘的挤压带，其成矿远景可相媲美。银山矿床在西山区深部找矿也取得成效，道理就在这里。

4. 从西山火山口看构造与火山喷发活动

火山喷发活动次数的证据在地层。中生代曾有 3 次地壳运动，地层层序确有 3 个不整合面证据。3 次火山喷发在地层中却并无证据：侏罗系上统中部有流纹岩、角闪石流纹岩喷发，之间是否有沉积间断未阐明；上部有英安质流纹岩—英安岩喷发，之间属相变或有沉积间断未阐明；白垩系有凝灰岩说明有火山喷发。应当说，火山喷发活动不止 3 次。岩浆活动至少有 4 次：第一幕是地壳重融形成火山口，造成流纹岩喷发，在火山颈熔岩尚未固结时角闪流纹岩喷发，即晚侏罗世早期有 2 次喷发；第二幕晚侏罗世中期是喷发过程中岩相有变化或分属英安质流纹岩和英安岩喷发 2 次喷发不能确认；第三幕为早白垩世火山喷发，矿区未保留喷发熔岩，仅留有凝灰岩。

造成晚侏罗世中期火山喷发的后续地壳运动，则在以西山火山管道岩浆已经固结成为结晶岩石柱体，即在已成为砥柱的边界条件下展开。鉴于火山作用的连贯性，火山岩浆从酸性到中性，属于有机联系的岩浆旋回系列（地壳重融部位移向深部且重融温度场升高），有理由认为造成火山喷发的地壳运动就是显示新华夏系构造应力场的、逆时针向扭动的水平运动。当火山颈岩浆固结成为砥柱后，以银山断裂（F1）为主干构造应变的新华夏系构造应力场持续运动，在砥柱阻滞作用下，始进入银山矿床的成岩成矿作用阶段。所有脉状体，包括岩体—矿脉体和蚀变带，都是在西山火山颈成为砥柱之后产出的。之前的火山喷发仅属成岩成矿作用序幕。那种将火山活动 3 分并按碎屑岩类、地表熔岩类、管道相和次火山岩类平分秋色的论点，隶属于没有根据的玄奥价值观。

银山矿区新华夏系构造应力场所有构造应力都围绕砥柱展开。在矿区北部，造成大北山 6#岩体—北山 5#岩体及矿脉体—九龙上天 4#岩体及矿脉体 -2#岩体雁列构造，成为 F1 的分支构造；北西盘向南的构造应力，有砥柱和 F1 南东盘抵制，在九区形成东西向 3#岩体及矿脉体，且中段南缘脉体略呈向南突出的弧形；鉴于存在壳体边界条件，在砥柱屏蔽区银山—南山区，东缘既被南东盘向北东牵引，又因砥柱的屏蔽作用西缘并未对应受到向南的构造应力，新华夏系构造应力场遂以产生大义山式压扭性结构面的形式释放构造应力，出现北北西—近南北向矿脉体；在砥柱南东侧则形成北东向矿脉体。围绕砥柱释放之构造应力，使之显示遭受到 3 次显著构造应变：第一次是结晶岩石角砾岩化深为 800m 以上，这是在双桥山群泥质围岩围裹边界条件下特有的构造应变形式；第二次是出现北东向压性结构面，包括出现砥柱东缘的西山区矿脉体；第三次是晚期地壳重融出砥柱内的岩浆体。当然，不排除前两次构造应变也曾有过地壳重融的小岩浆体，但砥柱内的岩浆体彼此的穿插关系未能查明。一般说来，砥柱内的 8#、9#、11#岩浆体应当是第三次构造应变的产物，北部北东东向、近东西向岩体应属第一、二次构造应变的产物。砥柱环状断裂则是各次构造应变的遗迹。

上述期次划分并不确切。应当说，在晚侏罗世中、晚期，甚至延续至早白垩世，围绕砥柱出现了一个持续时间达上千甚至几千万年、由新华夏系构造应力场产生的压力—温度场；并且随着构造应变的一次次产生，压力—温度场如脉搏般张弛起伏，构造应变与成岩成矿作用对应形成。显然，西山火山口内既非"原始管道的爆发亚相产物"，也非"原始管道上部或地表相的沉陷产物”[6]25；砥柱的角砾岩化带的论证也否定了“深部可能演变为斑岩型铜金矿床”[3]114的可能性。

（六）银山矿区的夕字型控矿构造体系

从空间分布特征寻找地质分布规律并探寻因果关系，是最重要的地质学研究方法，构造地质学、矿床地质学无一例外。银山矿区最显著的地质体断裂裂隙脉状体—矿脉，作为研究矿床地质最重要构造体的上述分布规律，既反映了新华夏系构造应力场构造应力作用特征，也反映了与边界条件密不可分的关系。

银山矿区的这“许多不同形态、不同性质、不同等级和不同序次，但具有成生联系的各项结构要素所组成的构造带以及它们之间所夹的岩块或地块组合而成的整体”[11]24，经过上述分析，银山矿区夕字型构造体系已经呼之欲出——

夕字的“丿”包括砥柱及其内、其缘的北东向构造体，为压性构造体，称“砥柱”和“砥柱南东缘挤压带”。它们反映三期挤压构造。砥柱浅部长轴北东向反映地壳重融期受北东向构造控制，应当说就是受新华夏系构造应力场控制。砥柱角砾岩化反映在一定温度条件下，经柔韧的泥质双桥山群的围裹，砥柱内结晶岩石产生角砾岩化。砥柱角砾岩化的过程，就是构造应力持续释放的过程。砥柱内侧“掩盖”了角砾岩化特征的北东向构造带，连带南东缘挤压带，反映最后北西—南东向挤压产生的构造应变。

夕字的“フ”包括北东东向—东西向构造带及银山断裂狭义带，故而将北东东向—东西向脉体同时叙述，称“前（北）部雁列分支构造压扭带”“砥柱东侧挤压带”及“银山断裂狭义带”。分支构造属压扭带，其雁列构造体为挤压带，且同样显现分支构造的近强远弱特征。砥柱东侧挤压带以砥柱为西端支撑，其矿化深度与砥柱角砾岩化带相关。最大矿化深度当在矿化南缘向南突出部位，即前述重荷平板梁东西两支撑点中间构造应力最强部位。

夕字的“丶”包括银山—南山北北西向矿脉分布区，称“砥柱屏蔽区壳体压扭带”。该压扭带矿脉方位的变化和彼此间穿插关系，反映了由北北西向向近南北向演化，即随着新华夏系构造应力场应变椭球持续变扁，大义山式结构面向偏北方向偏转。该带北部与砥柱东侧挤压带之间以F7为界，脉体转向为北北西，有延长小于延深的特征[7]24。这样就囊括了银山断裂、砥柱、北东东—东西组矿脉及岩体与北北西向组矿脉两组构造体四大构造成分（参见图2-7），因此以“夕字型构造体系”命名。

按矿区地质图标示出的某些现象，结合从构造分析，砥柱屏蔽区后缘（南西边缘）应当存在“砥柱屏蔽区后缘弛张带”。主要表现是沿该带岩体轴向不鲜明；图面南山二字所在部位矿脉短小和杂乱且有两条轴向东西，南延至银山断裂狭义带部位有3小块上侏罗统杂乱分布。从构造分析看，由于砥柱的阻滞作用，砥柱向南东向构造应力释放主要造成强烈的构造应变，而向南东位移幅度，相对砥柱屏蔽区壳体压扭带向北位移幅度小，在这种位移幅度不均衡中，沿砥柱屏蔽区壳体压扭带南西缘出现弛张带是可能的。当然，此带只能是宽窄不一、时断时续，不大可能形成完整的带，因为总体上毕竟处于压扭应力场。此带只在图2-17中标出。

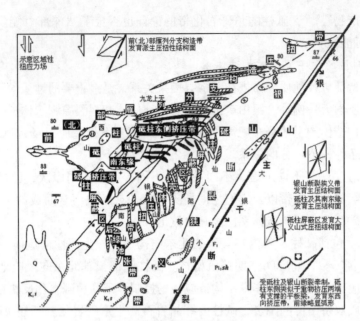

图 2 – 17 银山夕字型构造体系构造成分与构造应力解析图

新华夏系扭构造应力场无所谓前后和主动盘、被动盘，因为它们是对立统一的。所谓前缘带、后缘带，系强调砥柱的作用，将砥柱与南东盘都视为共同"抵制"北西盘向南压扭作用。证据表明砥柱北东侧较之南东侧构造应变强烈得多，蚀变矿化也强烈得多。蚀变矿化带北窄南宽、锌铅比值北高南低、含银量北低南高，都可以作为北部构造应力相对集中的释放，造成更为剧烈变化的温压度梯度场的证据。将北东向视为前缘、南东向视为后缘有利于构造分析和理解构造形迹的分布规律。当发现新华夏系构造应力场中砥柱成为阻滞时，应当着重注意砥柱北东侧和南东侧的构造应变及因此出现的蚀变矿化，这就是银山矿床勘查提供的重要经验，也是该两部位深部找矿取得成功的原因。

形成夕字型构造体系构造应力不排斥成矿期压力属超浅成环境，并在中温以下温度场成矿。成岩成矿全部过程压力场、温度场则远超过前人所述，应到达地壳重融的温度—压力场，硫同位素组成至少可说明银山矿床属于一个完整的成岩成矿系统。尤其是铅同位素组成表现出的规律，是围岩千枚岩的 $^{207}Pb/^{204}Pb$ 和 $^{208}Pb/^{204}Pb$ 跨度最大，岩石的和矿物的大部分都限定在共跨度之间；银山矿床的铅同位素组成 $^{207}Pb/^{204}Pb$ 与 $^{206}Pb/^{204}Pb$ 呈现比较稳定的正相关关系；矿石铅和岩石铅组成斜率相当稳定的直线，双桥山群围岩铅则比较散漫，仍然呈现彼此相关的关系。这不仅有助于说明同属一种形成方式、一个形成系统，还可作为侧分泌成矿的证据（可惜双桥山群样品太少）。至于怎样看待铅同位素年龄值，则属深层次的问题。作为成矿作用酸碱度，"由弱碱性、中性至弱酸性，最后演变为弱碱性、中性"是正确的，而是成岩成矿环境则应当考虑地壳重融出酸性岩，存在高温强碱性环境。

八家子伸舌构造体系的建立，能够圆满解释何以地球表面会有相当规模的推覆构造。理解这种位移不是"地壳位移"，而是仅仅涉及地壳浅表部分，这似乎显而易见、理所当然，但认识了八家子伸舌构造体系例证之后，概念就清晰得多了。这种浅表部分之所以有相当长距离的位移，不过是邻近涉及深层的挤压带局部浅表部分的膨出而已，这至少解答了我在此项上的长期困惑。就地壳形变而言，在强大的构造应力场（我们能够看到的是高级别的构造应变）中，在一般情况下被视为"固体"、具有"刚性"的地壳岩石，表现得如同面团一般具有塑性。这对于认识地质构造现象、理解地质构造作用，在宏观、战略层面，也有极为重要的帮助。我们既能够理解造山运动造成的褶皱构造，也能够理解造山运动之后、沉积成岩作用已经相当完全，看来已经是"固体"、具有"刚性"的地壳岩石，仍然可以形成褶皱构造，却并不出现由于褶皱而发生的破裂。

银山夕字型构造体系的建立，还更加鲜明地表明边界条件——砥柱在构造应力场中的重要作用。银山夕字型构造首先同样表明，区域性断裂可以造成如银山断裂狭义带那样的平行褶皱束构造，将东西向全形褶皱改造为北东向褶皱束，并且更紧密，也同样可以造成地壳重熔，营造出"砥柱"。银山矿床的事实说明，一旦西山火山颈岩浆结晶固结成为"砥柱"，妨碍新华夏系扭应力场之扭动，在泥质岩石围裹下，构造应力就集中围绕砥柱释放。如同银山矿床这样条件的西山火山口曾至少两次喷发岩浆，即岩浆尚未固结时有后续喷发，循故道继发岩浆偏中基性，此时地壳重熔移向深部。之后固结为火山颈成为有阻滞作用的砥柱，只要有面积不小于 $0.8km^2$ 的结晶岩石柱阻滞，在新华夏系构造应力场中都可以成为极为重要的边界条件。值得注意的是，在泥质岩层围裹环境下，砥柱的结晶岩石除环状断裂外，出现的是角砾岩化而不是断裂、裂隙，进而出现的是挤压破碎带。泥质岩石的这种边界条件是十分值得注意的。

必须指出的是，生造"银山背斜"及"银山背斜轴部断裂带"是严重的学风问题。从中国计划经济时期大规模地质调查矿产勘查起，迄今已有半个多世纪。银山矿区自 1958 年开始勘查一直到 1978 年，至少有二十多年无人提出此说。出现这种现象，绝非简单的"认识问题"，而是严重的学风问题。原因可能有二：一是确实认识到了银山矿床矿体受构造控制，却不认识究竟是什么构造部位。此属问题的起因。二是玄奥价值观作怪，效仿"时髦"（如根据石碌铁矿向东倾伏石碌复向斜两翼走向不同，可以看出经历两次构造运动之类[12]3），抛出匪夷所思的新论点，让只懂得按地层新老关系确定褶皱构造、据实厘定断裂规模者茫然失措。这才是问题严重的所在。不认识就是不认识，这在矿床地质学中并不奇怪。笔者提出 14 个矿床的人字型构造，3 个矿床属再褶皱翼部，乃至其他相当多矿区的构造，前人都未曾认识，但也都没有生造论据谋圆其说。

笔者找到了银山背斜建立的根据——是在"原始层理一般较难鉴别，但'顺层片理'普遍发育"的情况下，"显示了银山背斜的存在"[3]105。层理难以鉴别，"顺层片理"就难以认定；地槽型全形褶皱不可能被改造成为简单类型的背斜。这两条都是简单的道理，足可予以否定。另称韧性剪切带[2]100、"银山背斜轴部断裂"、"主干断裂"者，被标示为斜贯全区，图面长略超 2.2km，却称"在区域上延长数十公里，表现为片理化带"[2]101，亦系制造假资料，人为提高构造级别，为其"是区内控岩控矿构造"[2]101论点服务。为此发掘的那些微观特征，并不算多么强烈的构造现象。银山断裂 F1 当有更多和更强烈的构造挤压和剪切现象。当然，F7 在矿区一级断裂中最大，东西向矿脉走向变化以 F7 为界变为北北西向，并且恰好成为银山矿段与九区矿段的分界线，但无法与银山断裂媲比。

将穿插进入中生界盆地中而不是切割盆地的断裂，称为主干断裂，却舍弃银山矿区的边界断裂，非同寻常。从演变趋势看，是将 F7 由两段断裂（图 2 - 3 F5 与 F2 之北段）连接起来，20 世纪 90 年代是向北东延伸至 5#岩体，再向北东至 6#岩体为虚线，规模与 F1 + F2 相当[2]99，将 F1 在小银山处断开（图 2 -3）；21 世纪初则相应地缩短 F1 长度至仅为 F7 的 1/3 且全部变成虚线[4]12，F2 消失了（参见图 2 - 18、2 - 19）。经过此番修改，F1 的主干断裂地位遂被 F7 取代。

如省研究所[4] 12、大地构造研究所[5]245所采用的矿区地质图（图2－18）。

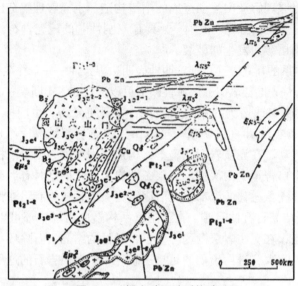

图 2-18　银山矿区地质构造略图

J_3e^1—千枚岩角砾岩、J_3e^2-3—流纹质集块岩、J_3e^{2-3}—角闪流纹岩、J_3e^{3-1}—火山震碎角砾岩、J_3e^{3-2}—凝灰岩、英安质角砾岩、集块岩、J_3e^{3-1}—英安质角砾岩、英安质凝灰岩、J_3e^4—安山玢岩、$\lambda\pi_5^2$—流纹英安斑岩、$\xi\mu_5^2$—英安斑岩、B_2—熔蚀角砾岩、Pt_2^{1-2}—双桥山群变质岩

如高校采用的矿区地质图[13]13（图2－19）。

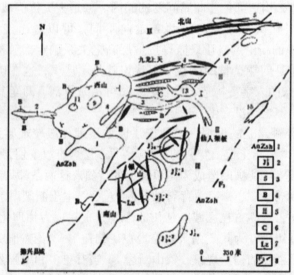

图 2-19　德兴银山矿区地质平面示意图（德银山堆测科资料修改）

1—双桥山群；2—上侏罗统，其中J_3e^1—千枚质砾岩，J_3e^{2-1}—角闪流纹岩，J_3e^{3-1}—英安质火山碎屑岩，J_3e^{3-2}—英安质熔岩；3—岩体编号，其中1、2、3、5、9、10、14—英安岩，11—安山玢岩，4、5、13—石英斑岩；4—潜蚀角砾岩；5—矿带及编号，其中Ⅰ—铜矿带，Ⅱ—铜铅锌宣带，Ⅲ—铅锌矿带，Ⅳ—铅（锌）矿带；6—银矿脉；7—铅锌矿脉；8—断裂

三、问题讨论

（一）关于矿区地层岩石成矿元素含量测试研究问题

地层岩石对于热液成矿作用而言一般都是矿化的载体，只有一种被称为"辉绿岩"者常常例外。地层岩石在成矿过程中既然能够形成高含量体，被单独称为"矿体"；当然还会有更多的地层岩石，矿化不到"矿体"的程度，其含量高并不说明是矿源体。相反，应当认识到此乃矿化的结果。只有研究范围足够大的资料，胸怀全局，才能够比较、鉴别，得出正确的结论。以下资料对认识和理解此问题极为重要（见图 2-20）。

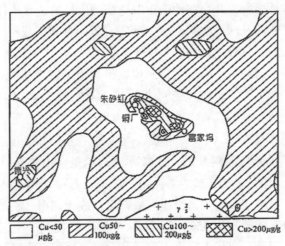

图 2-20　德兴铜矿田及外围土壤铜量测量图（据王传松，1981）[2]61

德兴铜矿区域土壤中成矿铜元素的含量变化，客观反映了三个事实。首先是德兴铜矿床处于高背景带（含铜 $50 \sim 100 \mu g/g$，平均 $57 \mu g/g$）；其次是矿田范围出现一个面积 $1 \sim 2km^2$ 高值区，亦即矿田铜异常区（平均含铜 $200 \sim 900 \mu g/g$）；最后矿田外围存在一个降低场（平均含铜 $44 \mu g/g$），其宽 $2 \sim 5km$，面积 $100km^2$。前人认识到"显示了由降低场转移了部分铜质到矿田之中"[2]61，实际上三个事实反映了三层意思：一是矿床产出于双桥山群高值区；二是矿区外围出现降低场是成矿作用促使铜质转移的结果；三是铜质转移到矿床来，转移区体积可达 $8 \sim 125km^3$。"转移"包括两方面：其一是铜质向矿田范围集中；其二是在浅部约有 $100km^2$ 范围的双桥山群地层中的铜质被转移，乃至每克地层平均有约 13 微克的铜质被转移至矿田范围。必须指出的是，土壤中元素含量已由风化作用造成过迁移，与下伏基岩并不相同。另，"又据薛华仁（1993）研究结果，在银山矿 $225km^2$ 范围内，Au 以周边含量为 $3 \times 10^{-9} \sim 4 \times 10^{-9}$ 的背景值（正常场），向银山矿床方向，先后变化为金含量为 $1 \times 10^{-9} \sim 3 \times 10^{-9}$ 的弱降低场，金含量 $<1 \times 10^{-9}$ 的强降低场，最后是矿区范围内的增高场。这说明地层中成矿物质参与了成矿作用"[14]97。对于矿区围岩成矿元素含量的测试与迁移判断，此二资料才是宏观的和全面的。在矿产勘查过程中，对矿区地层岩石成矿元素含量的测试研究很普遍。本书列述的表 2-1、表 2-2，纯属资料罗列和借以说明本论点。必须指出的是，此二资料尤其可作为侧分泌成矿作用的证据。

（二）关于同位素、包裹体测试研究问题

前人对银山矿区各种同位素和包裹体的研究，耗费了大量人财物力。尽管对样品采集对象缺乏必要的地质基础性研究，但毕竟采自银山矿床，应当视为积累了资料。怎样消化、利

用好这些资料，是后继研究者的艰难任务。矿床地质学仍然必须以地质学研究为基础，不能以打造成为同位素地质学者为目标。同位素地质学是建立在地质学基础上的学科，它首先是地质学，只有跟随地质学研究步伐，才能发展进步。如某种同位素特征属岩浆热液型，不过是样品采自原来认定的"岩浆热液矿床"而已；而学界认为矿床成因不过是一种说法（"<u>因为成因的概念常常随时代的不同而不同</u>"[15]720），是不可知的。这就说明同位素地质学应用于矿床地质学并没有坚实的基础。本书指出了银山矿床的侧分泌成矿方式，矿质经构造应力驱迫在挤压或压扭环境下聚集成矿，有利于对各类测试资料进行解释。

　　某些资料或能够合理反映成矿地质环境，如在地壳重融条件下成岩成矿作用最初属碱性环境等。矿质来源于双桥山群，在存在地壳重融造成的砥柱的边界条件下，由新华夏系构造应力场的某些资料则可能涉及深层次问题。如矿床"硫同位素组成""变化范围窄，呈塔式分布，反映了硫同位素均一化程度较高，<u>具深源硫的特点</u>"[2]110，只有"深源硫"的结论不可取，均一化程度高是不错的。不同矿物硫同位素平均值出现规律变化，"表明矿床基本上达到了硫同位素分馏平衡"[2]110，"矿床硫同位素 δ34S‰值，在时空上具有规律性变化……这一规律变化与矿床矿化蚀变分带具有一致性"[2]110，都至少可以正确反映矿床矿化是一个整体，不至于因为出现南北宽 300m 的无矿带就被指导为"这表明北山区和九区分属两个成矿系统"[7]22，将有机联系的整体分割开来，或者称"边缘是火山热液铅锌银矿床，向矿田中心变为陆相火山—次火山铜硫金矿床"[3]327。一个矿床就是一个构造体系，也就是一个有机联系的整体，一个成矿系统或硫同位素组成一般都可以成为证据。又如矿石铅属正常铅且同位素组成稳定，铅同位素年龄却为 350～504Ma，显然不代表成矿作用时期。鹅湖岭组千枚岩底砾岩说明，至晚侏罗世，双桥山群之上仍无其他时代地层可供剥蚀。其铁质胶结物显示震旦纪大冰期之后，长期氧化条件下铁质得以留存于千枚岩之上（即沉积间断造成三价铁的富集[9]63），既反映双桥山群之上没有其他时代沉积物，又反映此区双桥山群有可供黄铁矿化所需之铁。二者都充分体现江南古陆之"古"。且不说此同位素年龄值跨度太大，重要的是矿区既没有三五亿年的地质体，也不能判断为来源体年龄，这种年龄值就很值得推敲了。研究此项只有两条路：一是检讨同位素年龄值的形成过程；二是坚信铅同位素年龄值，在银山地区找出正确答案来（这很困难。据称矿区东部枫树岭变质岩铷锶等年龄为 4.17 亿年①，如果此年龄值可信，也就是说双桥山群变质岩系中混入了其他时代的地层）。根据铅同位素组成 μ 值认定的"幔源为主和掺入壳源的混合铅"[2]111来源，显然不正确。

　　从银山断裂带哪怕是赣东北大断裂带造成的重融岩石看，它们就是双桥山群的重融岩石，压力—温度场低时显酸性，高时偏中基性。μ 值能否说明问题或者能够说明什么问题，需要在本书指出的成矿方式下重新研究。其他关于氢氧同位素、稀土元素等的测试资料，都需要重新研究。没有锲而不舍的精神，认真地、一步一个脚印地深入，对所有问题都是"不过说说罢了"，那么矿床地质学乃至地质学都不可能进步。再如逸度、酸碱度、氧化还原电位、温度、压力的研究都有一定价值，如"矿液都是……由弱碱性、中性至弱酸性，最后演变为弱碱性、中性"，对于多金属矿床而言，具有普遍性。当然，这里未包括成岩成矿全过程。问题是研究结论必须与这些样品地质背景结合起来，而样品地质背景研究缺乏是迄今这类研究最致命的的缺陷。

---

① 由中国地质科学院地质力学研究所测试。据地质部地矿司南岭铅锌矿规律研究专题组资料。

（三）关于矿床地质特征描述问题

业界在描述矿床地质特征上存在两种倾向。一种是权威或繁或简、或此或彼，随意陈述论据[9]250，由此衍生出核心期刊编辑要求"不要按地层、构造程式，像些地质报告那样"，并不要求支持论点的论据必须可靠和充分。此倾向的根源在论点并非真正来自论据。换言之，是矿床地质特征中根本不存在能够支持论点的论据（如矿质来源于下地壳、上地幔时髦论点的论据），20世纪80年代地质矿产部曾部署编撰典型矿床专著，明确重点在多年普查勘探积累的资料、不在矿床成因。另一种是不以矿床地质特征描述的学术性为然。由地质队编撰自己勘查矿床的地质特征，原属事半功倍极为合理的部署。但是，矿床成因仍然是编撰者始终必须考虑的问题。这里已经很有趣：希望并要求重点陈述矿床勘查素材的部署里要强调重点不在成因，承担编撰任务的地质队却都安排了矿床成因专章、章节，没有一部矿床专著是白描矿床地质特征、单纯陈述地质勘查成果的。这或者是对列宁"'物本身中'含有'因果依存性'"[9]159有意无意地反应，从部署到编撰，都似乎懂得这个道理，不情愿承认并不真正认识矿床这个事物。

对不认识的事物只作特征描述却归纳本质属性其实是毫无价值的。例如介绍人，描述其头长、脸阔、肩宽、体重，阑尾尚存、足疣已除，汗毛多少根、血管壁多少微米厚之类，研究和陈述足够详尽，但纵著书一本，白人抑或是黑人尚且未可分辨，且毫无价值。因为懂得人的本质属性，上述介绍可视为笑话，却可以因此看到笑话般的对矿床地质的特征描述，因为未知何特征能反映本质属性。

笔者曾指出《矿床专著》描述与论述混述甚至论述代替描述的问题[9]自序6。笔者看最新版本的矿床专著，发现矿床地质特征描述的发展趋势堪称极为可怕。

从1982年起，笔者收集银山矿床的资料十多份，包括《中国矿床》，竟然找不到完整的矿体地质特征描述。网上觅得《江西银山铜铅锌金银矿床》专著（45万字380版），以两倍价格购得复印本，结果却大失所望。以此"谨将此书献给第三十届国际地质大会"中的矿床地质章为例，计94版十一节，占全书1/4，其矿体地质特征7版，占7%弱（含图3版）。称"全矿区共有数百条矿体，主矿体100多条，一般长度300－600m，最长，1050m，一般厚度1～15m，最厚地段可达100多米，钻孔已控制最大垂深达1280m，矿体还很好"[3]119。矿体没有"数"，主矿体也没有"数"，尤其是笼统地、不分区段地描述全区矿体。尽管懂得成矿受构造控制，不同方位矿脉组矿化特征不同，却并不予分叙。在矿石的、矿物的微观特征（矿石的类型、结构构造、物质成分，矿物标型特征。另夹有成矿期和成矿阶段的划分）上下足功夫，当然也耗费了大量人财物力（矿石矿物特征23版[3]141-163、矿物的标型特征30版[3]168-198）。尽管懂得成矿受构造控制，却要论证"现已证实矿区可以划分出两个基本矿床类型，即火山热液铅锌银或银铅锌矿床、火山—次火山铜铅锌矿床，向深部可能演变为斑岩型铜金矿床"[3]114"火山—次火山铜硫金或铜铅锌（叠加）矿床"[3]115，即使头脑清醒，也难以挑选素材，无法描述了。又如该书陈述区域地质特征，选择了"地体"。笔者已经指出，地体不是陆壳的普遍现象[9]自序3，它出现在阿拉斯加至加利福尼亚半岛（约北纬20～60°区间），要求陆壳下伏洋中脊那样的构造环境。中国不可能出现地体，地体与成矿的关系尚无从说起。此项则说明崇尚玄奥价值观，作者尚非"野外队"人士。此系笔者获得最新的由勘查主管部门组织编撰的矿床专著，却较之20世纪80年代，更加偏离正确方向。对较早勘查的银山矿段矿体，笔者只好1984年采用探采对比的老资料了。

（四）地层研究问题

从矿床勘查起，所有版本资料对地层研究都浅尝辄止。在笔者接触到的矿床资料中，只有凡口铅锌矿床的地层研究达到了应有的深度。早期地质队特别注明地层研究不够[6]2，似乎还懂得地层研究的重要性。到了 21 世纪，地层研究资料早已经偏离规范要求[16]，无法看懂了。参见鹅湖岭组地层后来被四分的地层柱状图[3]109（图 2-21）。

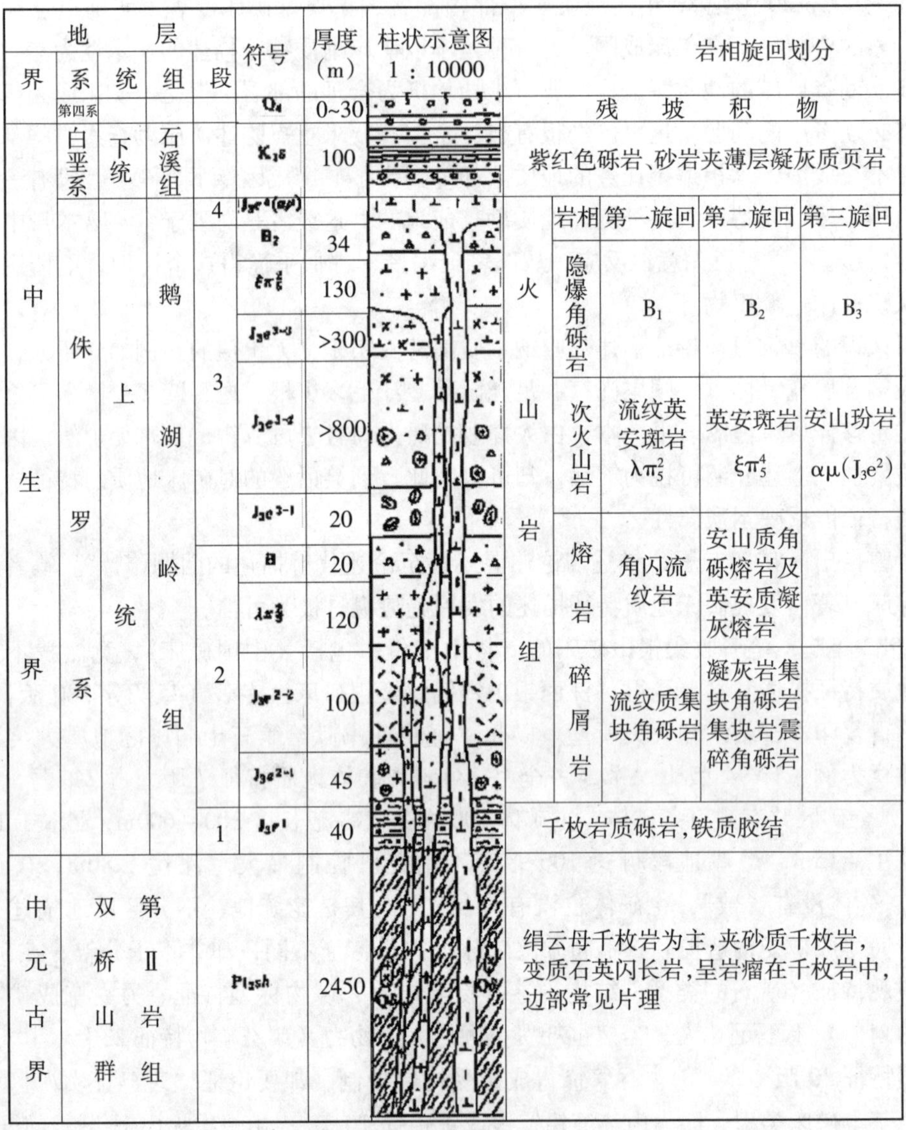

界	系	统	组	段	符号	厚度(m)	柱状示意图 1:10000	岩相旋回划分			
	第四系				Q₄	0~30		残 坡 积 物			
中 生 界	白垩系	下统	石溪组		K₁s	100		紫红色砾岩、砂岩夹薄层凝灰质页岩			
	侏 罗 系	上 统	鹅 湖 岭 组	4	J₃e⁴(αμ)			岩相	第一旋回	第二旋回	第三旋回
					B₂	34		隐爆角砾岩	B₁	B₂	B₃
					ξπ₅⁴	130					
				3	J₃e³⁻³	>300		次火山岩	流纹英安斑岩 λπ₅²	英安斑岩 ξπ₅⁴	安山玢岩 αμ(J₃e²)
					J₃e³⁻²	>800					
					J₃e³⁻¹	20					
					B	20		熔岩	角闪流纹岩	安山质角砾熔岩及英安质凝灰熔岩	
					λπ₅³	120					
				2	J₃e²⁻²	100		碎屑岩	流纹质集块角砾岩	凝灰岩集块角砾岩集块岩震碎角砾岩	
					J₃e²⁻¹	45					
				1	J₃e¹	40		千枚岩质砾岩，铁质胶结			
中元古界		双桥山群	第Ⅱ岩组		Pt₂sh	2450		绢云母千枚岩为主，夹砂质千枚岩、变质石英闪长岩，呈岩瘤在千枚岩中，边部常见片理			

图 2-21　江西德兴银山铜铅锌金银矿区地层柱状图[3]109

该图没有规范要求的"岩性描述"，替之以横向、竖向混合排序的"火山岩组"；次火山岩也有"厚度"，其 3 次侵入且很有规律地分别侵入两套火山沉积岩中；隐爆角砾岩也被作为地层有规律地产出于次火山岩的"顶部"；分划性质的列表中被标注的第三旋回隐爆角砾岩 B₂，在素材性质的柱状图上并未出现（或系错漏）。次火山岩又被作为地层列为鹅湖岭组的第四层。这不像是对地层进一步研究的素材，而是一种新潮的论点。但是三次火山喷发依次是流纹质集块角砾岩（可能反映流纹岩喷发）、角闪流纹岩、流纹英安斑岩，尚可判断。该资料标示的底砾岩之上有不整合面，未描述，未知其可信度。

如果矿产勘查不强调地层研究，真正认识地层研究是地质学研究的，当然也是矿床地质学研究的基础。如上述趋向新潮、玄奥以及为新潮和玄奥服务不惜臆测，认为矿床勘查无须层研究，那么我国的矿床地质学研究前景将令人堪忧。尤其是既认为矿床成因与火山岩、火山作用有关，又不认真研究地层，不认识火山岩属于沉积岩范畴，却能煞有介事地分划出 3 次火山喷发旋回，不同旋回有不同沉积相，就难保将来再有与火山岩相关矿床的研究，都将如同银山矿床一样，走向生造论据谋圆其说的、无可救药的不归路。

注　释

［1］《中国矿床》编委会. 中国矿床（上册）. 北京：地质出版社，1989．87～90．

［2］包家宝等. 江西铜矿地质. 南昌：江西科学技术出版社，2002．99～116．

［3］中国有色金属工业总公司江西地质勘查局《江西银山铜铅锌金银矿床》编写组. 江西银山铜铅锌金银矿床. 北京：地质出版社，1996．

［4］黄世全. 银山矿床的矿床类型及成因. 地质与勘探，1992（4）：11～17．

［5］李培铮，陶红. 江西银山火山岩型铜、金多金属矿床成矿特点. 大地构造与成矿学，2000（3）：244～249．

［6］江西冶金地质堪探公司＋一队等. 德兴银山陆相火山活动与铜铅锌成矿关系的初步研究（内部刊物）．1977．

［7］杨昔林. 德兴银山铜铅锌矿地质特征与深部勘查评价. 中南大学硕士学位论文，2001．

［8］王育民等. 中国铅锌矿床地质勘探问题研究（内部资料）. 湖南省地质矿产局湖南省矿产储量委员会，1984．

［9］杨树庄. BCMT 杨氏矿床成因论：基底—盖层—岩浆岩及控矿构造—体系（上卷）. 广州：暨南大学出版社，2011．

［10］杨树庄. 苍茫大地，谁主沉浮. 广州：广东经济出版社，2003．

［11］李四光. 地质力学概论. 北京：地质力学研究所，1962．

［12］张文佑等. 对海南岛铁矿地质的一些看法. 广东地质科技快报，1977－05－02（5）．

［13］杜杨松等. 德兴银山铜铅锌矿床成矿作用与火山作用间的关系. 桂林工学院学报，1987（4）：287～294．

［14］莫测辉，刘丹英等. 江西银山金铜多金属矿床构造动力热液与火山岩浆热液双重藕合成矿作用. 江西地质，1995（2）．

［15］涂光炽. 涂光炽学术文集. 北京：科学出版社，2010．

［16］地质部地矿司. 中华人民共和国地质部固体矿产普查勘探地质资料综合整理规范（内部发行）. 北京：地质出版社，1982．

第三章　评《地质力学概论》[1]

　　闭关锁国的中国，在科学昌明、船坚炮利的列强侵略下，一败再败。签订丧权辱国的条约之后，清王朝被迫学习西方文明，选择"中学为体、西学为用"的"洋务运动"，无可奈何被硬塞进了科学。当年张伯苓邀天津大儒沈华庭办新学，沈鄙夷并断然拒绝，理由是他教的是治国安邦的大法，新学不过教出一些能工巧匠而已，中国人的这种传统文化观念根深蒂固。此辈不肯面对世界，习惯于在长城之内"治国平天下"。李四光先生作为早期学习西方文明的中国人，不仅学有所成，而且青出于蓝胜于蓝，创建了地质力学。相对今天中国乃至世界的地质学界，堪称伟大。

　　可惜的是，李四光先生的地质力学并没有得到继承，更谈不上发展。尽管国家重视，当年最有威望的周恩来总理曾叮咛："把李四光同志遗留的资料好好整理出来。"[2·1]13 成立了专门机构整理李四光遗留资料，整理出 14 方面的"有关地质工作的建议"，却只被当成"领导意见"（作为部门业务，只能算专家建议）而非科学家的学问，被放在最后的才是"谈地质力学"[2·1]13，而李四光的这些建议的重要根据是地质力学。直到 1994 年李四光女儿李林院士书面委托"湖北省李四光学术思想研究会"（成立于华中师范大学地理系），《李四光全集》（以下简称《全集》）"才得以在他的故乡湖北省出版"[2·1]16。这位《地质力学概论》创始人，中国地质学会创始人之一并长期任会长、中国科学技术协会主席、中科院副院长的学者，竟然在去世 23 年后，才以这种方式编辑出版了《全集》，具体工作人员均系兼职，纸张相当差，用其制作的图版，比中国"困难时期"后的出版物还模糊，如"经过扭裂而又胶结的砾石"[2·5]477；有些堪称"一塌糊涂"，如"一个小型山字型构造"[2·8]660，实在令人不胜唏嘘。编辑的原则是否适当，也值得商榷，如究竟应当保存原貌，还是按编辑以为合理的原则做修改。原版将"地中海周围旋卷构造示意图"置于"棋盘格式（或网状）构造体系"中[3]101，用以说明赫伦山字型构造体系的脊柱，而《全集》修改为置于"大洋底部的构造特点"中[2·8]678，对应哪段文字没有注明；原为"两方面异名同义的名称，最突出的例子，是地槽和地向斜"，继以括号说明这个差别[1]11，而《全集》则是以页底注记的方式标出[2·5]357，权威度就差多了；重视文章出处却忽略写作时间，如《地球表面形象变迁》"原载 1979 年科学出版社的《地质力学方法》"，而实际是原载《中国地质学会志》（1926，5（3-4）：209~262）[2·8]734（"原载"当为"所据"，此处显露编辑的倾向）等。文物有"修旧如旧"的原则，窃以为适合于编辑《李四光全集》，资历越浅的编辑，越有修改的欲望。我妻的一个中学学历学生，事后见到我就表示歉意，说她对我的论文做了不少修改，"都是乱改"，希望我谅解，坦诚得可爱。笔者不是要刁难编委会，相反，要感谢他们做了有历史意义的工作。笔者也只着重读地质力学的有关部分，偶然发现上述差别，没有资格评价整个编辑工作。笔者只是说，编辑像《李四光全集》这样的鸿篇巨著，是有很多问题需要推敲的。着重要说的，应当有一个"国家级"的编委会，有足够多专职编辑和充裕的经费。

火成派虽然正确，可奈何不了错误但人多势众的水成派；大陆漂移的基本事实被海洋地质调查证实，板块学说问世，缺乏门第根基的魏格纳仍遭奚落、抹杀。到很晚还有"魏格纳的思想是那么简单明了，对门外汉格外有吸引力"[4]27、"他天真地设想"[4]28之类的奚落，及"事实上早在1858年斯尼德已经提出了欧非和南北美两大陆在石炭纪时代合一的见解，不过为人们所遗忘了"[1]153（可能指其1859年《创世纪及其未解之谜》）之类的抹杀。天才和伟大的地质学家魏格纳在地质学界，先被权威的保守派"清理门户"，继而被习惯势力指指点点、消减其创始人地位。地质史学昭示分明：没有资历，或少朋党，在地质学界标新立异，是要被抹白鼻子的。何况创新不可能有朋党，即使有名师、资历、头衔，一旦标新立异，如李四光先生，照样遭孤立。借打倒四人帮后压抑感的释放，第二届全国构造学术会议召开，开幕词[5]对李四光先生含沙影射的声讨，原也可以理解，但到在找油贡献等方面的公开哄闹，抵制地质力学，大有重塑历史、扭转乾坤之势，就很不正常了。鲁迅先生按生物学家的说法，人与猴子是表兄弟："也许曾有一个猴子站起来，试用两脚走路的罢，但许多猴子就说：'我们的祖先一向是爬的，不许你站！咬死了。'"人之所以是人，是"他终于站起，讲话，结果是他胜利了"[6]。对发表相对论等三篇文章、年仅26岁的爱因斯坦，物理学界哪里会去横挑鼻子竖挑眼呢，也没有人刻意渲染他有离婚经历和强调他后来无所建树。"地质学界的爱因斯坦"魏格纳可就这样被保守的权威"咬死了"，这是地质学界的悲哀和奇耻大辱。当然，李四光在"文革"浩劫中被打棍子、戴帽子，笔者也曾愤愤然。但是，地质力学的问题是李四光先生的问题，李四光先生的问题并非地质力学的问题。我们不能因此打压、贬低李四光先生的学问，特别是其独创的地质力学。科学难能可贵，一台蒸汽机成就了日不落的大英帝国。学习李四光先生的博学精神、创新精神和爱国主义精神，继承、发扬李四光先生的地质力学，是地质学界义不容辞的伟大任务，特别是曾遭列强侵略、有难以忘怀的屈辱史的中国人。

中国政府对李四光先生及其学术成就曾高度重视，特别是对其独创的地质力学，一度动用行政手段推广，结果适得其反，引发更强烈的抵制。真正需要的是，对地质力学有中肯的评论，<u>指出其精华糟粕并予取舍，摆出其指导实践例证，论证其无可替代的作用，展示其令人信服的效果</u>。只有这样，地质力学才可能站稳脚跟，走出康庄大道来。然而，或从1945年，或从1962年起算，几十年过去了，地质力学功过是非无人评说，好在哪里不知道，错有多少不知道，加之权威的保守派竭力打压，地质力学未得到正常的传播，院校一度开设的地质力学课程被取消了。当然，论者达不到应有的高度，不可能中肯评论《地质力学概论》[1]（以下简称《概论》）。

地质力学"现在仅仅可以说略具粗糙的轮廓，它的发展远景究竟怎样？这主要看它在地质工作那些方面能够做出什么样的成绩，同时也要看有关学科给予它什么样的支援"[1]13，"略具粗糙的轮廓"，是先生对地质力学的客观评价，后面的话则是他期待的发展道路。以地质力学指导矿床地质学研究，以地质力学在矿床地质学做出的成绩，给予地质力学以有力支援，学习和纪念先生，并以评论《概论》的方式，批判继承地质力学，应当是这位伟大的中国地质学家最希望看到的。事实上先生已经提到"矿产勘探"与地质力学可相得益彰[1]26。

笔者并不能全面评论《概论》，如没有能力评论先生从理论上论述应变椭球的适用范围，构造应力以水平方向为主及岩石的弹、塑性能与松弛现象等内容。但能够评论《概论》的核心，能够指出哪些是真正的地质力学、必须遵循，哪些属于李四光先生的看法、可备一说，尤其是能够指出其错误，也就是能够发展地质力学，并应用于矿床地质学，指导普查找矿和评价勘探。思之再三，我决定改"读"为"评"，采用现题目。鉴于地质力学陷入低谷，本评论将尽可能多地引用原文，以助传播；又鉴于我《BCMT 杨氏矿床成因论》（上卷）16 个矿例其实是对《概论》最实在的赞美和最有力量的评论，此章则侧重寻觅其缺陷或谬误，探究其遭抵制、难传播的内因。第二节主要是摘抄，属读书笔记性质，篇幅大，熟悉原著者可略。

一、李四光生平及科学历程概述

李四光先生字仲揆，1889 年出生于湖北黄冈乡村教师家庭；1904 年选送日本留学，学习造船机械；1905 年入同盟会，为首批会员中年龄最小的会员，孙中山先生勉励他努力向学、蔚为国用；1910 年归国任教，兼校工场负责人；1912 年任湖北军政府事业部部长；1913 年被保送留英入伯明翰大学预科，次年学采矿；1915 年转伯明翰大学学地质；1918 年在 W. S. 包尔顿（Boulton）导师指导下，以《中国之地质》论文获自然科学硕士学位；1920 年出任北大地质系教授；1922 年中国地质学会成立，任副会长；1927 年筹建中央研究院地质研究所，任所长；1929 年任中国地质学会会长；1931 年获伯明翰大学自然科学博士学位；1935—1936 年在剑桥、牛津、伯明翰等 8 间大学讲授《中国地质学》；1936 年由东到西横穿美国做地质考察，研究庐山冰川；1938—1944 年率地质研究所同仁在桂林丰良填制广西地质图，考察川东、鄂西、湘西、桂北和贵州等地冰川遗迹，1939 年《中国地质学》在伦敦出版；1945 年在重庆大学、中央大学做《地质力学之基础与方法》学术报告；1947年获奥斯陆大学哲学博士学位；1948 年赴英国出席第 18 届国际地质学会；1950 年回国任中国科学院副院长；1952 年 9 月至 1970 年任地质部部长；1971 年 4 月 29 日去世。

李四光先生主要论著：《中国地质概要》（1921）；《华北六河沟煤田含煤建造之地层》《寒武奥陶纪地层分类的关系》《华北挽近冰川作用的遗迹》（1922）；《中国地势变迁小史》《蜓蜗鉴定法》（1923）；《葛氏蜓蜗及其在蜓蜗族进化程序上之位置》（1924）；《火成岩侵入体之新研究法》《长江峡东地质及峡之历史》《生命的考究》《岩石公式》（1925）；《中国北部古生代含煤系之分层及其关系》《地球表面形象变迁之主因》（1926）；《中国北部之蜓科》（1927，创造"蜓科"的"蜓"字并建立鉴定 10 项标准）；《古生代以后大陆上海水进退的规程》（1928）；《东亚一些典型的构造型式及其对大陆运动问题的意义》（1929，6.4万字位，插图 9 帧，图版 III 版 17 帧）；《栖霞灰岩层及其关系地层》《黄龙石灰岩及其生物群》（1930）；《对构造型式与地壳运动的进一步说明》《中国海中纺锤状有孔虫之种类及分布》《中国东南部古生代后期之造山运动》《庐山地质志略》《地壳的观念》（1931）；《南京龙潭地质指南》（1932）；《扬子江流域之第四纪冰川期》《江西庐山地质图》《东亚构造格架》（1933）；《蜓科分类标准及二叠纪七个新属》《关于研究长江下游冰川问题材料》《东亚恐慌中国煤铁供给问题》《地质学上几点新认识》（1934）；《中国之构造格架》《中国的构造轮廓及其动力学解释》《中国煤的资源》（1935）；《安徽黄山之第四纪冰川现象》（1936）；《多乃兹盆地之有孔虫及其地层上之意义》《南岭中西部地质图》《中国震旦纪冰川》《清水涧页岩之层位》（1937）；《中国地质学》《大陆漂流》《建设广西的几个基本问题之商榷》《鄂西川东湘西桂北第四纪冰川现象述要》（1939）；《广西台地的构造之轮廓》《广西地层表》《地质物理学上之几个基本问题》（1941）；《二十年经验之回顾》《朱森筳筳科之一新属》《南岭何在》《中国冰期之探讨》《科学工作的几个基本问题》（1942）；《南岭东段地质力学之研究》（摘要）、《剪力节理与张力节理之初步观察》（节要），《与崔克信君论西康构造书》（1944）；《地质力学之基础与方法》《山字型构造的实验和理论研究》《南岭和山字型构造》（1945）；《一个弯曲的砾石》（1946）；《贵州高原冰川之残迹》《冰期之庐山》《关于"震旦运动"及华夏式新华夏式构造线三个名词》（1947）；《应变椭球及其在岩石变形中应用的局限性》《扭裂缝之泥浆试验》《新华夏海之起源》（1948）；《中国的造山历史和构造轮廓》（1949）；《受了歪曲的亚洲大陆》（1951，节要）；《受了歪曲的亚洲大陆》（1952）；《关于地质构造的三重基本概念》（1953）；《旋卷构造及其他有关中国西北部大地构造体系复合问题》（1954）；《从大地构造看我国石油资源勘探的远景》（1955）；《地壳运动问题》（1956，讨论提纲）；《莲花状构造》（1957）；《关于"旋卷构造及其他有关中国西北部大地构造体系复合问题"一文的讨论》（1958）；《东西复杂构造带和南北构造带》（1959）；《地质力学概论》（1962）；《华北地区的冰期和间冰期问题》（1963）；《华北平原西北边缘地区冰碛和冰水沉积》（1964）；《地质力学发展的过程和当前的任务》《关于当前石油地质工作的几点意见》《关于地震地质工作的问题》（1965）；《天文 地质 古生物 资料摘要》（1972，初稿）；《地震地质》（1973）；《旋扭构造》《区域地质构造分析》（1974）；《中国第四纪冰川》（1975）；《地质力学方法》（1976）；《论地震》（1977）。

《李四光全集》编者都不敢说论著收集齐全，这里尤其只是提供使读者了解李四光先生从事地质科学研究的历程，为思考先生之所以有创新精神和能够创建地质力学提供参考素材而已。

二、《地质力学概论》主要内容间夹对应点评①

被冠以"地质力学的方法与实践第一篇"的《概论》，为1961年李四光先生在青岛养病时所作[2·5①]578，次年首由地质力学研究所"暂作为内部刊物发行"。全书约18万字，43帧插图，7版图，正文四章21节。四章内容是：（一）有关地质构造的若干传统概念述要；（二）地质力学的方法；（三）当前地质力学存在的问题；（四）地壳运动起源问题。从技术层面说，第二章是其核心，占全书约3/4篇幅。前言称还有"将要和它在一起陆续出版的若干册子"。

1965年李四光先生雄心勃勃地规划了写作《地质力学的方法与实践》[2·5]581——第二篇"中国典型构造体系分论"；第三篇"岩石力学与构造应力场的分析"；第四篇"地壳运动问题"，作为《概论》的续篇。可惜的是，仅提纲而已。在更晚的1970年，李四光先生要求地质力学经验总结小组[2·5①]578：一是补充新资料及调整章节，"地质力学观点无法改"；二是"要把主动权交给群众""不是少数人垄断"[2·5]580。先生没有再言及后续的其他篇，而实际上像"中国典型构造体系分论"这样的内容，从1929年《东亚一些典型的构造型式及其对大陆运动问题的意义》[2·4]555-643开始，应当算"已经积累了大量素材"，第三、第四篇并非新东西，也有基础，为什么竟然没有了下文，耐人寻味。笔者猜测，除了年迈之外，海洋地质调查的事实和板块构造学说兴起大概是重要原因，尽管他斥板块构造学说为形而上学[3]85。《地质力学概论》因此成为李四光先生关于地质力学最全面和最权威的论著。评论《概论》就等于评论地质力学这门学科了。

其中（四）地壳运动起源问题，虽然在整个地球发展演化过程中，地球自转速度变化

---

① 本节内下划横线者属对应点评。

可能是地壳运动的原因之一，但板块学说问世后，板块运动的方向和方式有比较多的证据，加之对魏格纳《大陆漂移说》的漂移原因有过充分的讨论，可不再评论。但该章还是有些值得评论的观念。我们不要因为李四光先生批评板块学说和板块运动机制，就相信挽近地质时期地壳运动的原因仍然是地球自转速度变化。事实上，对于着重研究挽近地质时期构造的地质力学而言，并不具备讨论地壳运动起源的资格。先生否定板块构造学说的手法，与当年权威的保守派否定大陆漂移说一样，否定的不是板块运动的事实、证据，而是板块运动的机制。板块运动的方式和方向，是海洋地质调查的结论，毋庸置疑。

（一）批判继承传统构造地质学

从战略眼光看，这是十分可贵、十分值得赞颂的。地质学发展，特别需要这种学风。第一章 1.26 万字有 12 处否定，告诉读者什么是对的、什么是错的。这些否定是：① "许多科学部门" "出现了或重新提出了长久以来潜伏着的重大问题"[1]1。这位自然科学博士视域开阔，这里应当囊括地质学并以构造地质学作为重点。② "构造地质学的领域和内容，现在还存在着根本问题"[1]2。③单纯从组成方面、不从结构方面研究构造，"还会蒙受更大的灾难"[1]3。地槽会逐渐缩小范围、地台可 "回春"[1]4。地壳运动问题潜伏着重大问题，需要重新考虑某些传统的基本概念。④以发现所谓地台区沉积层的厚度不小于地槽区并有颇为强烈的褶皱、甚至伴随火成岩活动的事实，说明已经动摇了划分地台、地槽的准则[1]4。⑤将华南地区当成 "过渡地区" 显然存在问题[1]4。⑥不重视地台褶皱、并认为它们仅仅反映基底的起伏形状，这不是令人满意的解释[1]5。⑦对褶皱形态的意义说不上有确切的认识[1]5。⑧以中国的事实说明，一个造山运动局限于某一褶皱地带，或者反过来假定某一褶皱带的形成局限于某一场造山运动，指出这两个假定 "站不住脚"[1]5。⑨指出中国南部加里东造山运动和印度的阿拉巴里褶皱形成的事实，与亚洲大陆逐步向边缘扩展的假说显然不一致[1]9。⑩认为显然存在问题的有[1]6：埋伏的大断裂能否成立？出露的大断裂究竟有什么性质？为什么大断裂有一定的方向和另一些大断裂与巨大褶皱带保持一定的关系？仅仅考虑地壳各部分是形成过程，不注意它们的形变过程，"显然不是全面处理地质构造问题的方式"[1]7。⑪指出地台并不是那么稳定的地块[1]11。⑫此外还有构造地质学所用的术语各不相同，或者同一术语意义并不一致的问题[1]2。其他章节还有诸如：（因为存在地层记录不全的情况），地壳运动 "定时性规律……只能在广泛意义上接受"[1]143。在这种地区 "随便使用在其他地区已经证实，而在本地区尚未证实的运动的名称"，是行不通的；以 "但在同一褶皱带也经常遇到少数仰冲和倒伏褶皱向相反的方向仰冲或倒伏"[1]148 的事实，批判传统构造地质学认为仰冲方向即为构造应力来源方向的观点；地球物理学家杰斐列（Jeffreys H.）"仅仅强调倾角大致 45° 的断裂面的重要性（按：得出 '地壳运动各部分' '在垂直方向发生了扭动' 的结论[1]148）。这种看法和前述拘泥于仰冲（板块瓦叠式构造）褶皱倒伏（包括等斜构造）方向的看法，很显然都是片面的……其他类似的根据片面的构造事实而得出的不正确结论，例子还很多[1]148。

先生认为，地壳运动问题包括很广，"最令人注意的" 包括古地理、火成岩活动、古气候、古生物、地热学、地震、大地测量、重力场、古地磁、天文地质、地质构造计 11 方面[1]2。这里遗漏了地层，排序也显杂乱（个人认为应当是地层、古生物及古地理、古气候，构造地质，火成岩活动、地震、地热学，重力场，古地磁，大地测量，天文地质）。指出传统构造地质学制定了名称，建立了基本概念，还能区分它们在不同地壳的分布形式。先生列举了 2 类、4 亚类、21 小类、54 种构造形迹[1]8；先生着重批驳地槽是地壳中单纯的槽子[1]11的传统观念，并广征博引，予这些问题以述评。

(二)《概论》的主要内容及对应点评

1. 第二章"地质力学的方法"主要内容及对应点评

第二章"地质力学的方法"里，李四光先生称地质力学是"自成系统的一门地质科学的边缘学科"，"现在仅仅可以说略具粗糙的轮廓，它的发展远景究竟怎样？这主要看它在地质工作那些方面能够做出什么样的成绩，同时也要看有关学科给予它什么样的支援"[1]13。这体现了理论与实践两方面的发展是"不可分离的，也是相互促进的"[1]13的思想。随后七节提出地质力学方法的七个步骤：一是鉴定每一种构造形迹或构造单元（结构要素）的力学性质（简称鉴定节）[1]14；二是辨别构造形迹的序次，按照序次查明同一断裂面力学性质可能转变的过程（简称序次节）[1]22；三是确定构成构造体系的存在和它们的范围（简称范围节）[1]24；四是划分巨型构造带、鉴定构造型式（简称体系节）[1]26；五是分析联合和复合的构造体系（简称联复节）[1]103；六是探讨岩石力学性质和各种类型的构造体系中应力的活动方式（简称应变节）[1]111；七是模型实验（简称模型节）[1]120，其中体系节篇幅占本章的66%。

《BCMT 杨氏矿床成因论》（上卷）[8]及本书的出版，充分证明先生对地质力学的定位及预测发展道路的准确。地质力学指导矿床地质学，已见之于"控矿构造体系"，成绩巨大到非此无法寻求控矿规律的程度；矿床地质学以确凿素材，弥补构造体系关键缺憾，支援到非此构造体系难以服众的境界，彼此相得益彰，彰显了地质力学无可替代的伟大作用，敲响了矿床成因"不可知论"的丧钟。所谓地质力学是边缘科学，指的是学科的性质，即地质学与力学之间的边缘科学，完全不涉及其在地质学各学科中的基础学科地位。

(1) 鉴定节归纳构造形迹"应该划分为"5 类，即"压性结构面或简称为挤压面""张性结构面或简称为张裂面""扭（剪）性结构面或简称为扭裂面""压性兼扭性结构面或简称为压扭结构面"及"张性兼扭性结构面或简称为张扭结构面"，并列出了前 3 者一般具有的 6 项、5 项、7 项主要特征。强调"关于压、张、扭破裂结构面的分析，是研究地质构造形迹的极重要的基本问题"[1]16。这些主要特征总结很重要，有些则还需要后人检验、充实和具体化。先生称结构面力学性质鉴定"主要是依靠野外的观察，但有时也须从岩组和矿物的分析来提供佐证"[1]14；当张性断裂面和扭性断裂面区别不显著时，又称"只有从它们综合的组成形态进行分析，也就是肯定了它们是某种构造型式的组成部分以后，才能鉴定它们的类别"[1]16。直到最后，先生还强调岩组分析是"有效的方法""与岩组分析结合起来检验各种结构面上和与结构面接近部分岩矿颗粒的形变特征""肯定是很有前途的"[1]135——究竟哪种说法是正确的，先生并没有明确最终依靠什么方法确认。从上述全部相关罗列看，似乎先生更看重的是多次并最后都予以强调的岩组分析。其实不然。笔者在《BCMT 杨氏矿床成因论》（上卷）敢于断定江西钨矿脉结构面力学性质，既没有现场调查，也没有采集、研究岩组和矿物的分析样品，靠的是从实践到认识，从感性到理性的辗转反复，即先生所称综合分析肯定构造型式之后"确定其组成部分"的方法[1]16。矿脉结构面力学性质鉴定的最大优越性，是研究对象为数众多且都有矿化这一重要的共同特征。

鉴定节的大部分，为"引用所谓应变椭球来作几何的解析"，指出"应变椭球是可以用来解析一部分岩石的形变现象的"，但是"岩石的形变越过萌芽阶段以后"，"应变椭球就越来越不适用了"[1]22，始终限制应变椭球的应用条件，结论似乎是"越来越不适用了"（早年还有《应变椭球及其在岩石变形中应用的局限性》[2·4]796—810专文）。其实应变椭球可以广泛应用，从各种扭动构造型式节中[1]38可以悟出（详后。趣评：先生在此用的是"刻意欲擒故纵写作法"，但此处要读出先生所"擒"，很不容易）。

鉴定节属于鉴定内容的只有不到 3 个版面，紧接着的是近 5.5 版面引用"应变椭球来作几何的解释"[1]17，这是运用力学最重要的体现，但没有小标题予以凸显。同样，在稍后的各种扭动构造型式节，用近 3 个版面用摩尔圆论述扭动面的方位[1]40，紧接着又用近 3 个版面从理论上分析"为什么平面应力作用或近似平面应力作用在扭动构造型式出现的场合具有特殊重要的意义？"[1]42-44都没有小标题（趣评：先生在此用的是"主要内容悄然潜入写作法"）。再下是列出 7 个事实[1]45（详后），说明水平应力是主要的。

（2）序次节称地壳岩石"每一点的应力作用方式和它的'边界条件'是有密切关系的。当边界条件发生了变化的时候，它内部各点的应力作用方式，也必然跟着变更。……跟着发生的形变，也就与它发生变更以前不同了"[1]22。这就引出了构造序次的问题。"在一定地块范围内，尽管运动方式不变，然而反映应力作用逐步变化的各项结构面的性质和排列的方位必然有所不同。为了明确它们发生的过程，我们必须把反映应力作用的每一套结构面的序幕划清，并且还要确定这些序幕的序次。"[1]22划分序次的目的，是明确它们发生的过程。"地质力学的分析工作，首先就是鉴定某一部分构造形迹的序次和等级。找出不同序次和不同等级的构造形迹依次的控制作用。"[1]23"我们应当按照它们发展的情况，分为初次、二次、三次乃至多次的构造成分。二次至多次的构造成分，无妨统称为再次构造成分。"[1]23"再次发生的构造形迹，有的可能是新生的，有的可能是旧的构造形迹转变而来的。"[1]23这里先生又提出了一个"地质力学的分析构造工作，首先是……"，"鉴定节"则属于"地质力学方法"的第一步骤，7 个步骤外似乎又多了一种排序序列，而实际上此处应当属于表达的疏忽。先生没有给边界条件以定义，也没有给构造形迹的序次以定义。构造序次是"同一动力作用方式持续作用下，构造形迹形成的世代关系"[9]263，虽然比较简洁，但初学者未必能够理解透彻。笔者认为，构造序次宜定义为："由构造应力直接造成的构造应变为初次构造，初次构造形成过程中或之后新引起的构造应变为二次构造，以此类推。这样形成的低序次构造为新生的；或在构造应力持续作用下，原有构造被改造，被改造的原有构造为二次构造，此时并未新产生结构面。""新生的二次构造，如在挤压应力作用下形成的背斜为初次构造，背斜形成过程中出现的一系列构造为二次构造，这些构造如：于背斜隆起部且平行背斜轴的断裂裂隙为张裂，层间滑动及因层间滑动形成的轴面劈理等。构造为原有构造的，如扭应力造成的一对近于直交的扭裂为初次构造，扭应力持续作用下，与扭应力夹角大的扭裂（横扭）将改变性质为张扭性且扭动方向反向，与扭应力夹角小的扭裂（纵扭）改变性质为压扭性，扭动方向不变。该对扭裂于是被改造成为二次构造。"某些释义需要例证，上述举例在解释构造序次方面极为简单且极易理解，包括绝妙地解释了压性与张性结构面同地并列的奇怪现象。但是写到序次节，某些概念尚未交代，不能一次和盘托出，而只能论述前一段话。后一段话必须安排在论述完相关内容后，这就是著书立说必须有层次的原因。

而所谓构造等级，是"在一个地区占有主导地位的构造形迹，在它所属的体系中，列为第一级构造，规模较小的列为第二级构造，规模更小的列为第三级构造，诸如此类"[1]23。"构造形迹的序次与构造形迹的等级，并不能按照等同的级数与等同的次数依次对比。一般地说，第一级构造大都属于初次构造，但初次构造并不限于第一级构造。反过来，再次构造大都是低级构造，但也不限于低级构造。"[1]23换言之，构造等级是一个于讨论范围而言的概念，并无绝对的等级。例如，锡矿山的西部断裂[8]134在讨论矿田、所在地区乃至湖南省时，都可以当成第一级构造，而讨论中国或更大范围时则另当别论了。

"岩层受到单向压力，在与层面平行的方向，继续作用，达到一定强度，但尚未发生背斜形变时，经常有三种不同性质的结构面出现：①与压力作用面平行的亦即与即将出现的背斜轴向走向平行的各种压性结构面；②与压力作用面斜交的扭性结构面；③与压力作用面直交的张性结构面。这三种结构面都属于初次构造。"[1]23 紧接着讨论应变椭球时采用的"主压应力作用方向"[1]22，先生却又提出"压力作用面"[1]23 概念，由此涉及与结构面的平行、垂直关系都相反。"由于区域性扭动而发生的棋盘格式或交叉裂面，无论从一般材料力学理论来看，或根据模型实验的结果，都应当是属于扭（剪）性的结构面，这种扭性结构面，是属于初次结构面。在扭动开始的阶段，纵横两组扭裂面，一般彼此近于直交。当扭动按原来的方向继续进行时，由于塑性形变，那些为棋盘格式断裂面所划分的岩块或地块，逐渐变成菱形，原来纵横两组扭裂面中的一组，即和扭动方向角较小的那一组，到了这个阶段，就变成了挤压面，甚至在这种挤压面附近，还出现局部的倒转褶皱或仰冲。在这个阶段，顺着初次扭裂面而产生的张裂面和挤压面，就都属于二次结构面，诸如此类。"[1]24 再次构造为新的构造形迹，与沿袭原有构造，其实是两种不同性质的序次产生过程，这是需要明确告诉读者的，先生没能做到。笔者创建"容忍性改造"概念，主干断裂对二次构造的分支构造应变构造系有"容忍性退让""迁就性跟进"，就是对再次构造沿袭原有构造的强调，指出其为"前人完全未知的概念"[8]141，即属对《概论》的评论。入字型构造在分支构造产生时，不可能不改造主干断裂，因为改造主干断裂其实是产生分支构造的原因，它们互为因果。

（3）范围节称"简单扼要地说，构造体系是许多不同形态、不同性质、不同等级和不同序次，但具有成生联系的各项结构要素所组成的构造带以及它们之间所夹的岩块或地块组合而成的整体"[1]24，"这个整体，是一定方式的区域性构造运动（即地壳的一个组成部分的运动）的结果"。此一定方式的区域性构造运动"主要是一次的，但也可以断断续续前后分为几次；就它波及的范围来说，或者局限于一个类型的构造区，或者扩展到毗连的、不同类型的构造区；从深度来说，每一场不同方式的构造运动，或者同一场构造运动的不同阶段（即每一幕）所影响的沉积层厚度不同，所产生的构造现象，在不同深度往往不一致。在许多地区，物探和钻探的结果，不仅证明了这种构造的不整合或不协调现象，而且还证明了某些构造运动只影响沉积层的上部。但也不能否认，有些构造运动以不同的方式或在不同程度上影响它的下部，乃至牵涉到它的基底。在后一场合，上层构造所产生的结果，当然是与基层的古老构造运动所产生的结果相复合的。而后起的构造运动的影响，往往显得突出一些"[1]24。"根据地震资料，一些影响很深的构造运动达到莫何诺维奇面……甚至达到更深的地方"[1]25。李四光先生未予"构造体系"以定义，在此算很难得地做了概括。值得注意的是，先生舍弃了构造体系中构造形迹可以有不同方向的重要特征；明确了构造体系的形成是区域性构造运动"主要是一次的，但也可以断断续续前后分为几次"的结果，并未赋予其"长期的"含义，这两点都与所谓横亘东西的复杂构造带、走向南北的构造带相矛盾。先生对构造运动波及的范围、影响的深度等做了解释，但是"小型构造型式影响的深度较小，大型的构造型式影响的深度比较大"这种普通的定性概念[1]134 并没有及时提及。

"一定方式的构造运动，既然可以这样涉及大小、深浅不同的范围，那么由于一定方式的一次或连续几次构造运动而构成的构造体系，也必然把不同深度的岩层和不同大小的构造区，或若干毗连的构造区，卷入它的结构而形成一个统一的整体"[1]25。"一个复杂的，即由不同序次、不同等级的各项构造成分组成的构造体系，特别是大型的构造体系，经常是由许多较小的次一级的构造体系组合而成的，这种次一级的构造体系，又可以由若干更小的构造体系组成，诸如此类。"[1]25 "一个构造体系的组成部分，或者互相穿插，互相连接，或者彼此分离，甚至有时相隔很远；它们的构造形式不一定相同；排列的方位和展布的形状也不一定一致。但是，如果从区域地质构造各个方面，包括有关地区地层的形成、火成岩的活动和它所经历的运动的时期等方面的考虑，获得了确实的证据证明那些构造形迹确有成生联系的话，就可以断定它们是属于同一构造体系。""对一个构造体系的认识，……对它各个组成部分以及各项结构要素的力学含义的绎释，不仅是理论上的问题，而且是具有重大实际意义的。"当我们阅读"例如各种地质图、构造图以及有关报告等"时，我们时常发现，实质完全不同的构造形迹，例如一个扭性断层、一个张性断层和一个仰冲断层，被合并在一起，作为同一项构造形迹看待；……成生关系上截然不同系统的构造成分，当作同一类构造现象看待。这样做，不仅不能帮助我们合理地分析构造现象，而且会引起极大的纷乱，在解决矿产资源勘测方面和某些水文工程地质分布的问题时，可能产生重大的错误。"[1]25 "我们的经验证明，构造体系的初步认识，有助于矿产勘探和工程水文地质等方面的工作。这些工作的进展，又转过来有助于我们对于地质构造体系的进一步的认识"[1]26，又称构造序次和构造等级恰好相当时（第一级构造是初次构造、第二级构造是二次构造等），"那就大致可以说：第一级构造控制整个广大成矿区或整个狭长的大成矿带，第二级构造控制着其中个别矿区或个别矿田，第三级构造控制着矿床，第四级构造控制着矿体及矿柱"[1]26。先生明明知道"构造体系"与"矿产勘探和工程水文地质等"可相得益彰，却没有在前述"它的发展远景究竟怎样"[1]13中明确指出，只泛指"有关学科"。是否还寄希望于地震地质和地热地质学？尤其可惜的是，先生并没有阐述这些经验，没有列举构造体系的实例，也没有陈述构造级别与矿化之间对应的相关的具体例证，真正涉及具体控矿构造的，只有钨锡矿。这就与江西的钨矿专家们地质力学的实践有直接关系，当然也与先生特别关注钨锡矿脉的力学性质及其构造体系的归属直接相关。

先生列举传统构造地质学已经孕育着构造体系胚胎的例证，如用"互相平行"或"协和"[1]25等词汇，"其他还有许多构造体系的胚胎概念，例如褶皱群紧缩现象、褶皱带分支现象和褶皱带侧面连锁现象等。尽管这一类词汇有缺点，但它们的使用是为了描述构造现象的联系，这一点对构造体系的认识是有所启发的"[1]26。

（4）体系节中先生在对构造体系的"认识还有限"，留下了遐想空间的前提下"分为下述三大类"，即"横亘东西的复杂构造带""走向南北的构造带"和"各种扭动构造型式"[1]26。

1）"第一类　横亘东西的复杂构造带"，"往往经过了长期的、复杂的历史演变，多次的运动"。它们"不一定具有同样的发展过程，也不一定具有同样的综合形态，但具有重要的共同特征，即每一条东西复杂构造带，作为一个整体以及组成它的主要褶皱和断裂，都是大致走向东西的。"[1]27。"在没有严重干扰的情况下，这些东西复杂构造带可能继续延长达几千公里，在大陆是这样，在大洋底也有它们存在的踪迹。"[1]27 "东西复杂构造带，往往出现在一定纬度上。但另外也有一些规模较小的东西褶皱带，仅仅具有区域性，它们散布在一个地区，不限于一定的纬度，而有时仅涉及古老地层。"先生指出的实例，中国境内"有两带是极为明显、极为突出的。其一是阴山带（北纬40°～43°）……其二是秦岭带（北纬33°～36°）"。"另外还有一带远不如前两带那样明显，但大致在北纬23°30′～25°30′的地带"，"成为一个延续不断、东西伸展的构造地带"[1]27，即南岭带。"前述由于东西复杂构造带影响了新华夏系而形成亚洲大陆东边的一系列的弧形列岛，就不是假设，也不是假说，而是事实了。"[1]33 "它们一般是根基很深的，因此往往是某些种类重矿物的原生或派生矿床的产地。在被掩盖的地区，它们的存在，往往由重力和磁力异常反映出来。"[1]30 先生用更大的篇幅（一个多版面）论述了东西复杂构造带对矿产的控制作用，具体到了矿床，如阴山带与鞍山式和白云鄂博式铁矿[1]28；秦岭带与陕西境内"巨大的细脉浸染型钼矿"[1]28、"秦岭带中部和东部零星露出的铁矿"[1]29、海州地区的磷灰岩矿床；南岭带与安溪、龙岩、大田的铁矿等，"属于战略性的控制"[1]29。实际上不过是这些矿床分布在那里而已，没有资料证明彼此相关，更谈不上"控制作用"。先生甚至要对"矿区或矿田进行第二、三级构造控制"进行研究，包括"江西西南部有一钨锡矿区""江西南部的钨锡矿脉"[1]29，认为"走向近于东西的矿脉，可能是直接受到组成南岭复杂构造带褶轴的控制，在这种情况下，第一级构造的控制就和第二、三级的控制，大体是一致的。但在某些矿区出现的走向北北东的矿脉和走向北北西向的断裂（其中有时也含有矿脉），可能是和走向北北东的仰冲断层属于一个构造体系，即新华夏系构造（详后）。在这种场合，那些矿田和矿区的出现，是受到了南岭复杂构造带的第一级构造的控制，而在某一矿田中所出现的矿脉，却是受到了另一个第二级构造体系（按：应当是'另一个构造体系的第二级构造'）的控制。在湖南和广西东南部情况也大致相似，即矿区的分布主要是受到南岭复杂构造带的第一级构造的控制，而各个矿区中矿脉的伸展，往往受到了其他第二、第三级构造体系（按：应当是'其他构造体系的第二、三级构造'）的控制"[1]30。这里反映了先生对构造控矿的两个论点：一是"第一级构造控制整个广大成矿区或整个狭长的大成矿带，第二级构造控制着其中个别矿区或个别矿田"。尽管没有论据、没有论理，缺乏说服力，这个论点仍然是合道理的。二是一种矿产受两种构造体系的控制，以矿脉走向确定受控制的构造体系。这个论点如果成立，构造体系的控矿作用就毫无价值可言了。

　　先生称"这些规模宏伟的东西复杂构造带，不仅出现于中国境内，而且在地球上其他若干纬度相当的乃至纬度不同的地带，也有踪迹可寻"[1]30，将"和南岭复杂构造带相当的纬向构造带，往东出现于太平洋底……往西在印度……在阿拉伯海湾北部海底……在南纬25°~26°附近……南非洲布希维尔特"[1]30。"……至于澳洲……有无东西构造带的痕迹，值得作为疑问提出。"[1]31 以及和秦岭带相当的、和阴山带相当的世界范围内的所谓"证据"。甚至插附"在木星表面的东西向带状结构图"，用以说明其"与所属星球的自转保持着一定的关系"[1]33。这些主要凭地形（东西向山脉）的东西向线性构造建立起来的各种纬向构造带不值得一一列举。应当指出的是，先生1929年就试图建立的东西向构造体系（东亚"五条强烈的变动带的存在，它们各自略成东西走向"）[2·4①]564，经过32年积累，并没有增加内容，主要是阐述的次序的变化，先全球后中国变成了先中国后全球[1]，及称谓改为"巨型纬向构造体系"[3]91，说在阴山带、秦岭带、南岭带之外"还可能有第四条纬向构造带，在我国境内横亘海南岛"[3]91（插图上则标出6个"纬向构造带"[3]89，由北而南分别出现在北纬58°、50°、40°~43°、33°~36°、23°30′~25°30′及18°等部位）。

　　2）先生的"第二类　走向南北的构造带"，是"总结近几年来我国普查和勘探工作的经验，我们在中国各地发现了不少走向南北的构造带，尤其是褶皱带。""它们有时单独出现，显然不属于其他任何构造体系，有时与其他构造体系复合。""一群强大的走向南北的褶带出现于四川西部和云南西部。它们向北延展，逐渐向西北弯曲，而插入西藏高原及青海地区[1]33；向南延展经过老挝西北部、泰国西部、缅甸全境、安达曼和尼科巴群岛，逐渐向东弯曲，而形成印度尼西亚的弧形构造。""另外，在中国的其他地区，例如云南东部、贵州东部、湖南东南部、江西西南部""以及更东的华南地区，往往在这里或那里出现走向南北的挤压带，看来它们在福建特别发育"[1]34。"有些南北向构造和构造体系的某些组成部分发生联合或复合现象。""在某些南北向褶皱带中，矿产种类和矿床类型都很多，具有工业价值的矿产也很多。其中有锡石—矽嘎岩型锡矿、上古生代沉积铁矿、夹在二叠纪和白垩纪地层中的铜矿、属于三叠纪和侏罗纪的煤矿，此外还有三叠纪层状铜矿以及产状不同的铜镍矿、钒钛铁矿、汞矿等等。这些矿区的分布显然受着南北向第一级褶皱以及和它有密切成生联系的扭性与张性断裂的控制。"[1]34 "在中国境内所见到的这些南北向构造带，大都是属于挤压性的构造带，只有出现在云南东部的若干走向南北的大断裂，可能是属于张性或扭性的断裂。"[1]35先生将个旧锡矿（认为包括个旧锡矿的南北向主干断裂为张裂，可能属于隆起顶部张裂而形成的二次构造[1]35。这个说法很难成立，矿产是构造控制的，一条张性断裂怎么能成就"世界锡都"?）、"巨大的层状铜矿"、"云南和四川交界地带"的"铜镍矿和钒钛磁铁矿"、湘南粤北的南北向成矿带等，都纳入南北向构造带，用 25 行 875 字位论断多种矿产、矿区"显然受着南北向第一级褶皱以及和它有密切成生联系的扭性与张性断裂的控制"之类，没有说服力。

　　"走向南北的构造带，在地球上其他地区也往往出现，它们的规模不等，性质不尽相同，它们发生和发育的时期，也不一定相同。"先生列举"最突出的""要算出现于南北美洲西北边缘地带的许多巨大山脉"，"其次"是"乌拉尔山脉和它的先行者乌拉尔地槽"。"在非洲东部的南头直到地中海东端，又在西欧游隆河（罗讷）流域经过莱茵河流域直到斯堪的纳维亚的南部，都出现巨大的破裂带"，称"不管这一连串的破裂带某一部分产生的原因是怎样，显而易见，它们主要是张裂性的大断裂，不管它们局部的走向有什么变化，它们总的方向是往南北伸展的"。"其他还有许多走向南北和近于南北的褶皱或破裂带，以及由它们引起的走向东北—西南和走向西北—东南的扭裂带，在全球范围内有广泛的分布，它们所在的经度各异、强度不等，出现的时期也不相同。"[1]36

　　3）各种扭动构造型式。李四光先生称"上述第一、第二两类构造带的排列和分布规律，对地球自转轴来说，是统一的，是比较简单的，它们不是与纬度一致就是与经度一致，其中大部分是接近全球性的，已有若干带被证实了具有全球性"。在上述两类构造体系以外，还有许多反映区域构造运动的构造体系，李四光先生"把这些构造体系都列入第三类"[1]36。先生没有给出"构造型式"的定义，"它们的总体组合形态，不是各个都不相同，而是有些构造体系的主要形态特征彼此近似，大致符合这一种或那一种标准型式，而这种标准型式简称为构造型式"[1]37。典称构造型式是"李四光（1929）提出的，指具有共同组合形态特征、构成一定标准类型的构造体系"[9]220。"这并不是说，我们已经认识了所有的构造型式；相反的，我们所认识的构造型式，到现在为止还是为数有限的。"[1]37

　　先生分论扭的动构造型式有 9 个版面前缀[1]26-45，内容繁杂。先称第一、二、三类构造体系"可以归根到同样的规律性（详第四章第 151~154 页[1]36）"——指各种扭动构造型式"都可以看成是东西、南北向构造的变种"[1]151，指三者都是"由于南北向和东西向平衡和不平衡的挤压或引张运动而形成的各种构造体系"[1]152，先生在此做了战略意图的伏笔——地壳运动来源于地球自转速率变化；后称"为了阐明构造应力场中应力分配的规律，我们假定天然界的岩石对地应力的作用具有均一连续介质的特性，同时又假定在构造应力场中应力的变更具有连续性"，"严格地说，岩层和岩体不是均一的，也不是连续的。但它们的不均一性和不连续性经常达到庞杂无比的程度，以致当我们把它们总起来作为一个整体来看，反而呈现一定的统一性和均一性。除了某些特殊构造带和岩性极不相同的接触带，一般也显示着一定程度的连续性。在这种情况下，第一项假定仍然可以成立；同样，除了由于构造运动发展到形成巨大断裂的地带，第二项假定在一般地区也是可以成立的"[1]38。先生在这里重提边界条件，并且辩证地看待地壳岩石给出的边界条件，一定程度上包括了论证应变椭球的应用条件。"它们那种组合形态的规律性，就更可以由其他还待发现的组成部分必然以一定的形式，在一定的地带和一定的方位出现的预见性得到证明。就是说，如若确定了某种型式的构造体系的一部分，就可以预见其他组成部分一定会在什么地区，并以什么样的形式出现。"[1]37先生赞构造型式具"组合形态的规律性"，可以由已知部分预见未知部分。为此又扯回边界条件和序次问题："这里又引起了一个极其重要的问题，就是同样的地应力作用或同样方式的运动，在不同性质的岩块和地块中所引起的形变是不同的。"[1]37（边界条件问题）"反映一个区域应力的活动的各项形变与反映局部应力活动的各项形变之间的区别和联系。前者是起源于区域性的构造运动的，是主导的；后者是由区域性构造运动所引起的局部构造运动来决定的，是派生的。前者主要由第一级、初次构造形迹组成，但也包括一部分低级、初次构造形迹；后者一般都属于低级、再一次或再数次的构造形迹。同时还必须考虑到，一定范围的局部构造运动，又可能引起更小范围的局部构造运动。照这样推解下去，还需要重复几次，才能阐明一般地区全部应力活动的关系以及由于它们的活动而引起的不同序次和不同等级的形变的区别和联系。"[1]37（序次问题）

　　其中还包含这样两段话：一是"主压应力的方向，不一定与冲断面垂直。换句话说，由于挤压而产生的破裂面，不一定与压应力作用的方向垂直，因为压力的作用，可以产生与它垂直的挤压面，也可以产生与它斜交的扭裂面。张裂面的出现，可以是和它直交的张应力作用的结果，也可以是和它平行的压力作用的结果。至于扭动面，一般地说，并不一定与最大扭应力主要的方向一致"[1]41。在这里，先生在诠释"冲断面"时并没有赋予地质力学新内容，而这样诠释出来的冲断面，就没有多少地质力学意义了。因为压性的和扭性的结构面是必须严格区分的。其结果是后人为"冲断层"列出两个词条。一个按"国际上"释义，称"为逆断层的同义词"[9]48；一个专为地质力学，罗列了仰冲、俯冲、平冲、侧冲（横冲）、对冲一大串断裂名词，却只定性为压性、压扭性结构面，并未包括先生写明的"扭裂面"[9]212，最后还注释"狭义的冲断层""具走向与区域构造轴向相平行"，"代表着压性构造的方向"。可见后人并不赞成冲断面包括扭裂。二是"一幅应变图像，并不直接代表平面应力作用条件下主应力轨迹网的形象，也不直接反映构造应力场中各点最大扭应力作用的方向。但是，在由岩石应变特征来决定的条件控制下，一幅应变图像与应力作用的方式和边界条件具有一定的关系，是无可怀疑的[1]41倒1"。此句"但是"之前所论，看起来指"非由岩石"应变图像。扯进非由岩石的应变图像，与构造地质学可是毫不相干的。那么，为什么要这样"论述"呢。这是先生欲擒故纵写作法的典型例证。先生写作习惯于"否定（纵）＋但是＋肯定（擒）"的表达方式，前段否定为凸显后段的肯定，此系一种写作法。文学家可能另有说道。先生称"由于一切构造型式都是由组成它们的各种结构面在三度空间排列的方位和彼此配合的形式表现出来的总体；又由于岩石一般都具有一定程度的塑性作用，岩石中各种结构面的排列方位和彼此配合的形式，在现今与当它开始形变时的情况，或多或少有所不同。这样，构造型式的鉴定和辨认它转变的过程，便成为地质力学分析工作的首要步骤"[1]42。这是继第一步骤、序次和等级[1]22之后的第三个"首"要（先）。

先生认为水平应力作用是主要的，并列述了最明显的野外实际证据：

（1）沉积岩层上部的构造，往往与其下部的构造不一致。其原因并不是上下部之间存在着沉积的不整合。这种脱顶现象，在褶皱平缓的地区可以见到，在褶皱剧烈的地区也可以见到。

（2）物探的资料——特别是地震的资料证明，褶皱一般是地壳上层的现象，到一定深处，这种现象便消失了。

（3）褶皱剧烈的地带，往往发生巨型逆掩断层，造成远程构造位移现象。

（4）扭裂面两旁的岩石或其中某些标志，往往显示一定距离的水平错动。

（5）扭裂面上，往往出现大批水平或近水平的擦痕，不管扭裂面是直立的或倾斜的抑或是近于水平的。

（6）近代强烈的地震所产生的裂隙两旁，往往显示相对水平错动的踪迹。现今还保持活动性的断层两旁，经过一场地震以后，也往往发生相对水平错动。

（7）各种中型、大型的扭动构造型式，在有关地区的范围内，都提供水平应力作用的证据[1]45。

前缀[1]26-45的最后是"一个构造体系，主要是一场（包括若干幕）构造运动的产物。一般地说，越老的构造体系就会遭到越多的干扰、破坏，甚至越深和越大面积的覆盖。这样，就可清楚地看出，越老的构造体系的型式，越不易鉴定"[1]45。"我们在现阶段，只就最普通的几种构造型式，特别是在我国燕山运动以来逐步发展的构造体系中，举出下列几种类型。"[1]45先生列举的类型有多字型构造、山字型构造、旋卷构造、棋盘格式构造、入字型构造。

①多字型构造。

多字型构造篇幅13版面1.35万字位，包括4帧图（2帧手标本、2帧中小比例尺地质图），2版图（1帧航空照片、3帧地震造成的地面裂隙），及对东亚地质地理情况的描述，论据可靠且相当充分。后来还增添了"东亚大陆主要构造体系图"[3]89。应当说，多字型构造是李四光先生论证最成功的构造体系，并且也是最成功的构造型式。

"属于新华夏系的第一级构造是隆起带和沉降带，规模相当宏伟，幅员相当辽阔。愈逼近太平洋方面，火成岩的活动愈加强烈，酸性和基性岩浆的流注颇见频繁，有时还有超基性岩体和伴随超基性岩体的矿脉侵入。由此可见这些隆起带影响地壳的厚度颇大。"[1]48"新华夏构造体系的最外一个第一级隆起带，构成千岛群岛、日本群岛、中国台湾、吕宋、巴拉望和由东北到西南穿过加里曼丹岛的诸山脉。跟着这一隆起带往西，就是鄂霍次克海、日本海、黄海、东海、南海所淹没的一个沉降带。再往西有朱格朱尔山脉、锡霍特山脉、张广才岭、老爷岭、长白山脉、狼林山脉和由辽东半岛穿过胶东半岛直到淮阳丘陵地带组成的第二个巨大的隆起带。另外，东南沿海的丘陵地带——包括武夷、戴云诸山脉——也应该属于这个复式隆[1]48起带。紧接着这个复式隆起带的西面，又是一个沉降带，构成松辽平原、渤海、华北平原、华中平原，它还可能越过南岭以后，更往西南延伸直到北部湾。再西，又来一个隆起带，即大兴安岭、太行山脉、湘黔边境诸山脉。越过这个隆起带往西，又有一个沉降带，为阴山和秦岭所截断，因而成为呼伦——巴音和硕、鄂尔多斯——陕北（伊秋）和四川三个单独盆地。"[1]51先生强调了这些隆起带和沉降带雁行排列。"这些第一级隆起带沉降带，尽管由于受了其他构造体系的影响，局部构造各有所不同，但它们的主轴大体上都是走向北北东。那些隆起带不是分批连接起来，成为互相平行的单线行列，而是或多或少一段一段地错开，形成雁行排列。""同样，辽东—山东半岛与中国东南部丘陵地区，也显示雁行排列。诸如此类，雁行排列的关系，不独表现在第一级隆起带各个段落的主轴排列方位上，而且在每一段第一级隆起带中第二、三级隆起、低凹、褶皱和冲断面也往往形成雁行排列。"[1]51 多字型构造体系 "它的深度一般是随着它所占的面积大小而增减的"[1]47。这种既有雁行排列的石英脉、方解石脉之类手标本的小型多字型构造，又有上述隆起带沉降带，彼此并不相连、相隔甚远的这样巨大规模的构造单元，联系起来列为构造体系，新华夏系多字型构造因此成为李四光先生伟大的创举。东亚大陆新华夏系构造体系的建立，不存在论据问题，因为组成构造体系的结构面凭地理资料就可以获得可靠的论据。我曾凭借此成功地解释了华北平原上 "开封地下六城'叠罗汉'"[10]53，和三峡大坝建成前，汛期灾害为什么总是在武汉以上的华中平原区，武汉以下则并无大碍的现象[10]54。东亚大陆的新华夏系至今仍然在起作用，相关领域不予重视，假如设想修复黄河故道，让黄河重新注入东海，将劳民伤财、大吃苦头并且早晚被迫放弃。

对于新华夏系构造体系的形成机制，笔者曾经指出，新华夏系是在 "李四光先生先讲了结果，板块构造说后讲了原因"[10]126 情况下产生的构造应力场，即太平洋板块与欧亚大陆板块碰撞的力为东西向，两大板块的界面却呈北北东向，这样就一定会产生垂直界面的法线方向的力。它们的合力，当然会形成李四光先生假设的 "不仅需要东亚与太平洋之间有强烈挤压，而且要求大陆部分向南水平移动，或者太平洋底部向北运动"[2·4①]605。这种构造应力场的产生，无须先生设想三种不同方式[1]91。有雁行排列的隆起带和沉降带的事实，又阐明了其构造应力场产生的原因，没有理由不承认新华夏系这种巨型的多字型构造的存在。不仅如此，根据东亚大陆新华夏系的范围，完全可以认为板块碰撞在欧亚板块大陆壳的影响范围不小于 3000 千米，即日本列岛至张广才岭的距离。

李四光先生创造了新华夏系（北北东向 18°~25°）、华夏系（走向北东、"一般"比较古老，属于古生界或更古老地层中的构造体系[3]97）、（暂称）华夏式（较新的——白垩系或第三系中的华夏系，方位与华夏系相同，形成时期相当于新华夏系晚期[3]98）、中华夏系褶皱[1]47（走向北东 30°~34°±）等多个名词，赋予了其特定的含义。华夏系、华夏式、中华夏系都没有实例和插图，只介绍压性结构面的走向，这样建立起来的构造体系，看起来很神奇，其实不能成立。先生也承认 "中华夏系构造是否能够成立，还需要野外工作更多更深入的调查研究"[1]48，十年后先生没有再提及中华夏系[3]，却将华夏系、华夏式升格与新华夏系并列[3]97。作为一级构造，新华夏系主压结构面当然会是北北东向的，如东亚大陆的三对隆起带—沉降带。但是作为低级构造，受边界条件制约，方位可能产生偏离，或偏北，或偏东。例如赣南，在板块构造作用下，随着华南大陆边缘偏东，赣南的新华夏系主压结构面也明显偏东。如果因为方位略有偏离，就另建构造体系，甚至说在产生的时间上有早有晚，则与地质力学实际上无法鉴定古老的构造体系相悖。在实践层面必须解决具体问题，如湖南锡矿山矿区印支运动形成的古构造体系是什么？江南地轴上构造研究得最清楚的德兴铜矿地区，调查那里的元古代的古老构造型式，结果会如何？如果德兴银山铜铅锌矿床的那些东西向全形褶皱算古构造，那应当算什么地质时代的呢？实际情况是古老构造是难以分辨的，古构造体系更无法建立，至少在东亚大陆新华夏系分布区是如此，并非用 "愈加困难了"[1]133 可以了结的。而东亚大陆的新华夏系的标准程度已经难得。鉴于松辽平原—北部湾沉降带

"那里新生—中生代沉降颇为发育，并有玄武岩流"，"这一系列的互相平行的隆起带和低凹地带，只能给我们自从燕山运动或者更晚一点的地质时代以来所形成的巨大褶皱体系的印象"[1]12。这种印象确实可以形成，沿此思考，或者是有意义的。

先生没有给出多字型构造的定义。如一"多字型构造的特点，是由大致互相平行的挤压带、压性兼扭性的断裂等和那些挤压带大致成直角的互相平行的张性兼扭性的断裂组成的。在特殊情况下，上述互相平行的挤压带或张裂带呈雁行排列。在很多地区，雁行排列的褶皱带，包括低凹带和长形盆地或槽地，是第一级多字型构造最显著的形式"[1]46；二"有些多字型构造体系是由两组交叉断裂组成的：一组属于挤压性断裂，另一组属于张性断裂"[1]54；三"但多字型构造并不限于雁行排列"[1]46。四"和这些构造形迹连带发生的，还有和它们的走向斜交的扭性断裂面，交角经常近于 45°，对压性结构面的走向来说，一般略大于 45°，在受挤压强烈的地带往往小于 45°"[1]46。这四段文字中，第一句称雁行排列只出现在"特殊情况下"，却又属"很多地区""最显著的形式"，彼此矛盾。第二句这种描述可以视同棋盘格式构造，因为这样描述出来的型式形态是相同的，不同的是棋盘格式构造由两组扭裂直交而成，如果按照先生的做法，结构面都无须鉴定，此二者混淆的可能性极大；第三句"但多字型构造并不限于雁行排列"，只代表李四光先生对某些多字型构造首、尾端变异形态的看法，可能受到了其他因素的干扰属个别非标准型，也可能已经不属该多字型构造了；第四句按照先生的原则，"就一般的习惯来说，所有各种类型的结构面和地面的交切线，都称为构造线。对构造线这样一种笼统的看法，是不符合地质力学的要求的[1]14"。地质辞典称构造线为："一切结构面与地表的交线。故有多少种类的结构面，就有多少种类的构造线。比较重要的如褶皱轴线、不同性质的断层线、片理线、劈理线和节理线等。地质力学要求对构造线的力学性质和其他特征，审慎地加以鉴别。"[9]209 这种说法使构造线有很多种。笔者自 1972 年接受地质力学培训以来，口口相传的是"构造线只能由压性结构面来反映"。究竟何者正确，现在成了谜案，因为先生没有明说。这当然属于问题。笔者认为如果构造线可以有多种，构造线一词就失去了意义。尽管"多"字确含互相垂直的笔画，四撇中夹有四笔与之垂直，四撇所代表的雁行排列仍然是必须强调的。没有定义，没有典型实例，将各种可能的形式都通过文字去描述，不附插图（所附插图、版图并无对应的文字），标准型与非标准型不予区分，尽数罗列，结果只能造成混乱。

窃以为多字型构造宜定义为："形态雷同、首尾相似的某种结构面雁行排列，构成类似于'多'字的构造型式，它反映相对均质介质边界条件下扭动构造应力的一种扭动构造型式。该应变构造系的其他构造成分可掺杂于其间。"须详细说明时，可以添加描述应变构造系各种构造成分的排布，此时就已经需要附图了；须更详细时，则可添加各种特殊情况，则更须附图了。有典型就有非典型，我们不能让个别非典型的现象妨碍对多字型构造的一般形态特征的总结。

"关于每一个多字型构造体系所达到的深度，是需要实测才能解决的问题。到现在为止，这种实测工作还未开展。"[1]47 实测构造体系所达到的深度，是不可能的。控矿构造体系中的控矿构造深度却必定勘查。德兴银山矿区表明，大约 3 千米长、1.5 千米宽的夕字型构造中，控矿构造体系的控矿深度最大可超过 2 千米。显然，银山矿床是存在特殊边界条件——火山颈，才能够有如此大的矿化深度，即构造型式的范围，不能完全与深度对应。矿化深度能够超过 2 千米的矿床，在矿区面积仅 4～5 平方千米范围的情况下，并不常见。

先生还将"中国西北部，特别是祁连山东部和它的东南麓地区，往往有走向北 15°～30°西的褶皱、冲断面和其他挤压构造形迹的出现"，称为"河西系多字型构造体系"[1]54。。"这一构造体系，连同由张掖民乐槽地、亹源槽地、西宁槽地、循化槽地研究它们之间隆起带所形成的雁行排列拗褶，遥遥与中国东部的新华夏系褶皱和祁吕弧东翼所包容的雁行排列拗褶相呼应，彼此呈对称的形势"[1]54。河西系多字型构造体系是可能存在的，但是不能没有论据，也没有例证，就这样靠 13 行 455 字位文字建立。

"斯米尔诺夫（按：斯米尔诺夫 Cмирнов C. C.）所谓的太平洋金属成矿带的主要部分，看来是与新华夏系构造的一部分相当的。在中国境内，这一辽阔的金属成矿带，又可以进一步划分为若干金属矿床集中的地带，它们大多数是与上述华夏系，尤其是新华夏系构造带一致的。同时，也是与成矿带附近在地面露出的或潜伏的侵入岩体伸展的方向一致的。""关于构造分级控制矿带、矿田、矿床的规律，华夏系尤其是新华夏系构造体系提供了许多良好的例证。"[1]51先生介绍了福建中部和西南部的铁矿区、江西南部和湖南南部的多金属矿产、湘黔边境的某种金属矿带大而化之作为例证，并用 3 个版面阐述新华夏系构造体系对矿产的控制作用，特别是对赣南钨矿。有鉴于江西矿产勘查运用地质力学曾一度形成高潮，湘黔边境汞锑矿带引人注目，笔者实录如下。

"据许多地质学家调查，赣南的含钨石英脉按走向可以分为数组：即北东东、北北西、北北东、北西西与东西等组。其中走向北东东的是最主要的一组矿脉，分布很普遍，走向北北西及北北东的两组并不出现于所有的矿区，但在某些矿田中却形成了主要的矿脉。北西西向以及近东西向的矿脉也在若干矿田中见到。在赣南，同一矿田中往往有两组以上的石英脉存在，它们的含矿多寡不等，它们本身和它们所充填的裂隙所表现的力学性质（压性、张性或扭性）一般颇为复杂，迄今还未经过详细的调查研究。当我们根据一般新华夏系的组成部分的特点来对赣南主要褶皱系统和有关花岗岩体以及钨矿点分布的情况进行分析时，看来北北东向的一组矿脉是和新华夏系的褶皱轴向相符合的，这一组含矿石英脉大都成生于压性、压扭性、二次张性或张扭性裂隙中。北西向的一组与上述一组呈直交，它们几乎绝大部分成生于初次发生的张性或张扭性的裂隙中。至于北东东向与北北西向这两组矿脉的起源，到现在还不十分清楚[1]52，但就已知的事实来看，北东东与北北西向这两组裂隙，恰恰是新华夏系的褶皱轴线或与挤压面有关的两组扭裂相当。事实上根据野外观察，前述两组裂隙，特别是北东东一组裂隙，在许多地点显示着平错的迹象，证明它们是起源于扭性的断裂。因此我们可以说，北东东和北北西这两组矿脉，至少有一部分应属于新华夏系的范畴。但是，赣南区还存在着其他构造体系，它们对于钨矿脉节理的成生，在不同程度上可能起过一些作用，譬如近东西向的矿脉是否一部分与赣南的东西向构造带有成生上的联系，就值得加以注意。总之，这些复杂的情况，还有待于进一步的调查和研究。"[1]53

先生认为赣南钨矿含矿裂隙"它们几乎绝大部分成生于初次发生的张性或张扭性的裂隙中"，这是正确的，此乃高序次低级别的张裂或张扭性结构面；"北东东和北北西这两组矿脉，至少有一部分应属于新华夏系的范畴"，"起源于扭性的断裂"也是正确的。但这就与泰山式裂隙为压扭性结构面相矛盾，因为先生认为泰山式结构面属于压扭性。这里还揭示了先生对构造控矿的基本认识，即一种矿产，矿体受控于两类构造体系。既与新华夏系有关，也与南岭东西复杂构造带有关。"江西株岭坳铁矿勘探的经验，特别给我们指出了有关新华夏系构造控制沉积矿床的重要性。[1]53"这里既无情况说明，又无经验介绍，此 8 行 1 段文字，读者只能是"一头雾水"。

"湘黔边境的某种金属矿带，在晃县、铜仁、保靖等地，向北北东方向延展。矿田大部分分布在走向北北东的大背斜的轴部，或接近轴部的地段。这个大背斜显然是属于新华夏系的第一级构造。在这个矿带的许多矿田中，往往发现矿体沿着北北东或北西西的裂隙出现，也偶然沿着北北西的裂隙出现。轴向北西西的横跨褶皱的轴部，往往有矿脉富集的现象。这种横跨褶皱（按：什么是横跨褶皱，先生没有给出例证，读者难以准确理解所述矿化现象），是否与走向北北东的褶皱有成生的联系，是一个亟待解决的问题。在北东东的方向，也存在着一些断裂，但很少含有矿体。从这种情况看来，沿着北东东方向伸展的矿带，无疑是受到了背斜上部纵向张断裂的控制；沿着北西西方向伸展的矿体可能是受到了新华夏系扭裂面的控制；就是说，新华夏系构造控制湘黔边境的某种金属矿田、矿体达到二、三级甚至更低级构造的程度。"[1]53 在没有足够证据时，要避免使用"无疑"和"显然"这样的词，现笔者认为这里的这个"一级构造"与东亚 3 对隆起带—沉降带一级带混淆了，按照笔者诸多例证，湘黔边境的汞矿不可能是张性断裂控制的，还原环境矿产矿体必定受压性或压扭性构造控制。这一段文字不能让人信服新华夏系构造的控矿作用，因为无论构造级别多么低，新华夏系各种构造成分的方位总是固定的，这里与前面的观点相悖。因为先生在"反映一个区域应力的活动的各项形变与反映局部应力活动的各项形变之间的区别和联系"[1]37 的论述中指出，"后者是由区域性构造运动所引起的局部构造运动来决定的，是派生的"。既然承认有由"局部构造运动决定"的构造成分，怎么可以将所有构造裂隙都看成是初次构造呢？又怎么可以不论局部构造背景条件如何，将矿脉一级低级的构造裂隙，都看成是"东亚大陆向南、太平洋向北"构造应力场中的产物呢？

②山字型构造。

先生用约十个版面 1.1 万字位含 6 帧插图论述山字型构造，仍旧没有给山字型构造以定义。先生以"山字型构造由下列各部分组成"的方式，分别描述山字型构造的前弧、反射弧、脊柱和马蹄形盾地及若干变化。"在前弧弧顶的前面，由于张裂作用甚强，有时有花岗岩体露出或埋伏在地下不深的处所。"[1]57 "走向南北的山字型构造脊柱"与南北向构造体系复合，"在中国境内，越来越见频繁"。"概括地说，所有山字型构造，……它的主要组成部分，一般都以脊柱为轴，两边约略对称排列起来，两翼互为犄角，形成一个具有上述形态规律的整体。"[1]57 "这些排列的规律，对矿产分布都起一定的控制作用（按：先生认为构造体系的各个部分都控矿）。特别是在前弧和反射弧弯曲度最大部分附近，有时出现矿床的富集带。"[1]58 此处最需要的是"出现矿床的富集带"的例证，很可惜，先生没有提供例证。"山字型构造的前弧一般向南突出"，"极少数""可能是前弧向西突出"的。"这个山字型构造的方向性，是地质构造学上一种惊人的现象。它很清楚地指明，这一类构造体系的起源，也和东西复杂构造带、南北向构造带一样，是与现今地球旋转轴的方位分不开的。"[1]58 先生将其比拟为平置的平板梁经受重力作用发生弯曲所需要的条件及相关联的现象。"几年来在中国已肯定了一批山字型构造的存在，这些山字型构造各自的特点以及它们各自受到干扰或者和其他构造体系复合（详后）的关系，以后还另有所叙述，在此不一一列举"（或指如山东两个山字型构造复合[1]132 等。实际上"详后"并未在书的后部，中国的山字型构造在另文献[3] 中才予以叙述）。[1]59 称"在中国以外，北半球其他地区，可能还存在若干山字型构造体系"[1]64。"亚洲大陆的中南部可以见到一个巨型的弧形构造"[1]59（并没有命名为欧亚山字型构造体系[9]256），"一个山字型构造的典型例子出现在土耳其"——'脱利（托罗斯）—阿拉脱里亚山字型构造'（附插图）[1]60（另两处名称为："托罗斯—阿拉脱里亚山字型构造"[3]99 "托罗斯—阿拉脱里亚山字型构造"[9]257），其西"很可能存在另一个山字型构造的前弧"[1]61；"在法国中南部"[1]60的山字型构造（地质辞典未辑入）；"在英格兰的中部和北部出现的山字型构造"[1]61（英格兰山字型构造体系[9]257）；"在美洲可能有一个规模宏大的古老山字型构造体系存在"[1]62（辛辛那提—蓝岭山字型构造体系[9]257）；"在北美洲东南部还有一个古老的山字型构造"（地质辞典未辑入）；"在北美西部还可能有一个山字型构造复合在科迪勒拉南北向巨大构造带上"[1]62（地质辞典未辑入）；在南美洲[1]64以亚马逊干流为脊柱的、向西突出的山字型构造体系，脊柱由地堑组成（地质辞典未辑入），"这种看法是否正确，尚待进一步的考察和研究"[1]64；南非洲[1]64……南非洲的东部波波河以南，有一个弧形隆起带沿着林波波河流域的南面弯转，"这个还待证实的山字型构造恰好向北突出，就是说，它所形成的地壳部分的中段，对它东西两旁地段有相对向北做水平滑动或扭动的趋势"[1]65（南非的这两个山字型构造地质辞典均未辑入）。先生还用一个版面插附埃尔德列的"北美古构造图"，厘定为"石炭纪时代开始形成的山字型构造轮廓及以后的局部改变"[1]63。

十年后先生说："山字型构造，在我国境内大致可以肯定的，大大小小将近二十个，其中最大的是祁吕—贺兰山字型构造体系，它部分地和其他构造体系复合。其次是淮阳山字型构造体系，它的位置在秦岭东段，受到了它的西翼牵引的影响，形成了桐柏山脉。其他，如粤北、广西、滇北等山字型构造体系，对南岭纬向构造带起了极为重要的干扰作用，对南岭一带重要矿产分布，也起了重要的控制作用。"[3]98

从1929年到1962年，非洲南部的两个山字型构造体系变成了一个，西边的那个没有了。1929年称非洲南部有两个山字型构造并排发展[2·4①]644。东侧的山字型构造规模较西侧的山字型构造大得多，前者占有开普省的东部、西格里库兰、奥兰治、纳塔尔、斯威士兰、德兰士瓦、莫桑比克的南部，并可能伸入津巴布韦（罗德西亚）[2·4①]644。西侧的山字型构造占据着开普省的西部、布什曼兰、高多尼亚以及大鱼河的下游[2·4①]646。

早在1979年，广东省首席构造地质研究家陈挺光高工带回地质力学所的权威意见，称粤北山字型构造是山字型构造中"长得最好"的，最好不要将其肢解。在那个时候，粤北山字型构造不成立的呼声已经相当强烈了。笔者的研究证明，该山字型构造的前弧并非挤压带，而是非常清楚的以扭性为主的压扭性结构面，素材立足于最坚实的矿床构造，并且借用了区域动力变质带（流眉群片理化带）佐证，论据的可靠性毋庸置疑。这个"长得最好"的山字型构造只能被否定，包括所谓的祁阳弧、祁阳山字型构造，已经被指出属"再褶皱"[8]124现象，及再褶皱过程中翼部切变在特定层位造成粤北大范围出现单一型硫铁矿成矿区[8]96。

先生在山字型构造上下了大功夫。他认为，山字型构造单创造新名词就有前弧、脊柱、砥柱、马蹄形盾地、反射弧，同时极力肯定"大型"，显示能与槽台学说分庭抗礼的"事实"。但科学是建立在事实的基础上的，论文最重要的是论据，论据可靠并且充分，论理和论点即呼之欲出。哲学上则称物质第一性，认识建立在事实的基础上。嫌疑人指缝残留有被害人血痕，凶器上有嫌疑人的指纹，行凶时段嫌疑人不能提供不在场的证据，有此3论据，凶手的认定还需要在论理、论点上花费许多力气。地质学也在"侦缉"，只是对象是地球而已。

③旋卷构造。

先生以23个版面占第三类各种扭动构造型式35%篇幅，含2版幅图、9帧插图阐述旋卷构造，分述了帚状构造、莲花状构造或环形构造、一部分正弦状构造或S状和反S状构造、辐射状构造及歹字型构造。

先生没有给旋卷构造以定义。先生认为"当地壳中不同大小、不同形状的任何部分发生运动的时候，作用于它周围的各项力的分布情况，一般是复杂的、多样的、不平衡的，它们的合力，除了在特殊情况下，不通过那一部分的质量中心（重心）。这样，那一部分作为具有一定刚性的整体，就不免有转动的趋向。在充满岩石的空间，岩块或地块不可能自由转动，只能让它自身对它周围的岩石发生旋转运动，以致产生旋卷构造。另一方面，由于岩块、地块具有一定的塑性，当它们发生半黏性流动时，在某些情况下，它们的内部出现不同程度的旋流，也是完全可能的"[1]65。"因此"，"旋卷构造是地壳局部构造中最普遍的型式，事实也是这样"[1]65。文意是否："地壳运动的时候，它受到的地应力一般是复杂的、多样的、不平衡的，合力不通过其质量中心（重心）的。因此不免有转动的趋向，以致产生旋卷构造；因为还具有一定的塑性可发生半黏性流动，其内部完全可能出现不同程度的旋流。"讲完一番道理之后就"事实也是这样"，却并未展示事实。"旋卷构造是地壳局部构造中最普遍的型式"的论点是存在问题的。这只须将"地中海周围旋卷构造示意图"[3]101，与"东亚大陆构造体系简图"[3]89（姑且不计较此两图的可靠性）做比较，就可以发现，前者地壳存在大量高级别的砥柱或旋涡，而后者却不存在。先生称 1928 年最初提出来的是帚状构造，此后"我们又发现了许多不同类型、不同规模、不同排列方位的旋卷构造，它们的大小可从宽、长不过几十米，大到几百公里，甚至更大一些。虽然它们的总体形态特征和大小很不相同，但是它们的基本形式是共同的，那就是它们都是由两个基本部分组成：其中一部分是旋扭的核心，另一部分是由于围绕着核心部分发生旋扭而形成的各样弧形褶皱和断裂或放射状平移断裂。那些弧形褶皱群或断裂群大都呈弯曲的雁行排列，并且每一褶皱或断裂往往显示它两旁发生过相对扭动的踪迹"[1]65。"旋扭轴有时水平，有时斜立"[1]65，"大规模的旋卷构造大都是水平旋扭的结果"[1]66，即大多为直立。"核心部分可能是一个圆形的或椭圆形的穹窿，也可能是一个圆形的或椭圆形的凹地，前者被称为砥柱，后者被称为旋涡。砥柱和旋涡所占的面积可能很小，也可能相当大，它们的界线有时模糊，有时较为明显。只有在很少的场合，难以确定它们的存在。"[1]66"围绕着核心新月形或弧形褶皱或旋扭带，经常向一个方向撒开，向另一个方向收敛。它们往往形成帚状构造带，也有时形成环状或半环状构造带，层层叠叠，参差不齐地全面环绕或半环绕着砥柱或漩涡。"[1]66很难通过描述使人获得清晰几何形象，如旋卷构造这样的构造型式。先生的这种表达方式，不附图说明，加上先生描述构造体系采用的是"一般与个别混合描述法"，将"往往""经常""大都""多半"与"有时""至少""也不能排除""总是""在特殊情况下""在很多地区"诸多状况均予描述，估计初学者想读懂极为艰难。

a. 帚状构造。

"最普通类型的旋卷构造是帚状构造。"[1]66先生没有给帚状构造以定义，只有描述，夹论其扭动方向和以水平运动为主的论点，插附"从一个帚状构造中剥落出来的砥柱"、北京香山附近的一个小型帚状构造及大连白云山庄采石场采面上的"小型帚状构造"2 版图 4 帧照片及其说明，论述了张扭性和压扭性旋卷面所反映的旋卷方向：压扭性旋卷构造旋卷面收敛的方向，表示内旋旋回层扭动的方向。张扭性旋卷构造扭动的方向恰好相反——先生的表述是："在两个邻近的旋扭带之间，有时发生小型帚状结构或拖曳现象。两个毗连挤压兼扭动的旋扭带之间往往发生羽状节理或片理，根据这种羽状节理或片理的排列方位，可以测定相邻旋扭带的相对扭动方向：即叶理与旋卷面所成的锐角指示旋扭带相对扭动的方向。与此相反，两个张裂兼扭动面之间，往往发生羽状节理，随岩石性质的不同，这种节理可疏可密，它们与旋卷面所夹的锐角，指示与旋扭带相对扭动相反的方向（图版Ⅳ）。"[1]66 图版和文章之间，只有此括号相联系。文章并不直接涉及图版，是真正意义的"插"进来的"图"。先生解释了扭动时主压应力与主张应力同时存在但帚状构造往往只有一种应力出现应变的道理[1]67，以"属于这一类型的旋卷构造的大、中、小型实例很多，在另一章中将分别详述"作结。后人注释其为"由旋扭作用形成的一群向一端收敛、向另一端撒开，形如扫帚的弧形构造。……迄今最大的是澳洲帚状构造，我国的陇西帚状构造和鲁西帚状构造，也具有相当规模"[9]228。小型帚状构造的存在是有说服力的。先生未再提及"最好的帚状褶皱实例之一见于湖南中部耒阳、永兴、贵阳、郴县和嘉禾地区。这些地区的地质构造最初由李希霍芬作了图，最近由朱森研究过。本区的构造轮廓几乎完全符合图 3B 所表示的"[2·4①]582。抛出"旋扭轴""帚状构造""撒开""收敛""砥柱""漩涡""扭张性断裂面" 7 个概念及版图Ⅳ，读者仍然看不出何为"两个旋扭带"及"两个旋扭带之间"。入字型构造的"小型帚状构造""拖曳现象""叶理""羽状节理"具体指的是什么，笔者迄今不知道或未敢断定。"如果，那些弧形扭裂面是张性的，它们就标志着围绕中心部分岩石是由撒开方面向收敛方向扭卷的。如果，那些弧形扭裂面是压扭性的，那就标志着中心部分的岩石是由撒开方面向收敛方向扭转"[3]193，这段话有两个技术性问题：一是什么叫作"围绕中心部分的岩石"？如果没有细读并悟出与下文的"中心部分的岩石"对应，就无法判断。而这用"外旋""内旋"或"外圈""内核"，或者沿用先生自己的"核心部分""外围部分"[1]80 就都十分简单明确。二是"撒开方面"与"收敛方向"对应概念用词不同，同义的"扭转"和"扭卷"也用词不同。适当的表达，应当是"张性帚状构造内圈向撒开方向旋转，压性帚状构造相反"，此 25 字即可表述得清清楚楚。

　　b. 莲花状构造或环形构造。

　　先生用约四个版面，附大连市白云山庄、内蒙古黑泥河、四川巴中、仪陇、平昌地区的莲花状构造 3 帧插图予以论述，未予莲花状构造以定义。

　　开篇即是分析和描述混叙："这一类型旋卷构造大都是由直立的或近乎直立的几套弧形横冲断裂面群组成。这些断裂面亦即旋卷面（或称为旋回面）一圈一圈参差不齐地围绕着一个很少经过局部褶皱或破裂的核心地块——亦即砥柱。它大致呈圆形或椭圆形。这一类型旋卷构造的砥柱，多半不在旋卷面群的正中心，但也不像帚状旋卷构造那样站在弧形旋卷面群的一旁。"[1]67 "上述一圈一圈的弧形旋卷面群，大致是同心的。它们把被它们所卷入的地区切成破裂了、甚至破碎了的环形地带或环列的新月形地带。各环形地带，在靠近某一半径的方向，往往出现一段未经弧形断裂面切断的部分。这一部分有时颇宽，有时很窄，呈一条埂子横贯各环（按：什么是埂子？大概属方言。埂，小坑或田塍，均为实体，现在为空、为缺，似不相宜），直达砥柱。""弧形旋卷面上，往往出现水平或倾斜甚缓的擦痕，它的两旁，往往有由节理、劈面或叶理组成的帚状构造和拖曳现象；有时出现入字型断裂体系（见后）；也有时出现小型莲花状构造。""在岩性较软、地层一般平伏的地区中，有时出现成群的新月形平缓背斜，成环状或半环状排列，总体来看，它们向一方面收敛，向另一方面撒开。这一类型的构造体系，也应该是属于初期发展的莲花状构造。"[1]67 此段宜描述为"由一段段彼此分隔的压性、压扭性弧形旋扭面组成的形似莲花的旋卷构造"，先给人一个总体观念，再进入描述："核心部位称砥柱，它很少经过局部褶皱或破裂，多半不在中心；弧形旋扭面可出现水平或倾斜甚缓的擦痕，也可以是褶皱；弧形旋扭面往往并不闭合成环，空缺部位时宽时窄，如通道般贯穿各环直达砥柱。"分析可写成"旋卷构造轴大都由水平构造应力作用于砥柱两侧，相对挤压或拉伸引起砥柱外圈产生近乎直立的弧形旋扭面"。至于"它的两旁，往往有由节理、劈面或叶理组成的帚状构造和拖曳现象；有时出现入字型断裂体系（见后）；也有时出现小型莲花状构造"，属于特殊现象。"埂子"是否属于一般特征，尚值得怀疑，先生列举的 3 个例证都没有标示出"埂子"，却又似乎都没有完全圈闭。从理论上说，特殊现象可以说是无穷尽的，不应混入一般性阐述。如《BCMT 杨氏矿床成因论》（上卷）所述 13 个入字型构造控矿矿床，它们的一般性显而易见，但并非都一模一样，即使是最相似的白家嘴子、力马河、红石砬和攀枝花 4 个矿床，矿体都只产出于分支断裂中，仍然各有特点。

"属于大、中、小型的莲花状构造，近年来在世界上各处，发现了不少的例子，属于中、小型的更多。大连市西郊马兰桥东南约一公里半有一名叫白云山庄的村子，围绕着这个村子的东南山地，有几道新月形和环形的深沟，把它周围的山地切成重重叠叠的环形山岭，每一条环形深沟都是由垂直的环形横冲断裂面造成的。那些环形断裂面的两旁，往往有分支断裂，那些分支断裂和作为主干断裂[1]67的环形断裂结合起来构成入字形构造。在深沟的两旁，也经常出现拖曳现象或帚状构造。这一整个构造体系直径约一公里多，全部都发育在震旦纪石英岩中。这些环形构造的中间和附近地区，绝无火成岩活动的痕迹，因此这个构造体系与所谓火山口陷落毫无共同之处。"[1]69 图 13[1]68 "大连白云山庄莲花状构造"是否李四光先生制作未注明。此图存在两个问题：一是与后面提到的内蒙古黑泥河地区的莲花状构造，四川巴中、仪陇、平昌地区的莲花状构造，在形态上不相同。后二者的旋卷构造彼此不相连接，而白云山庄大部分旋卷构造是连接在一起的，并不像莲花瓣的彼此分隔。二是"直径一公里多"的莲花状构造中，有 4 条长不超过百米的北北东向断裂，竟然将其厘定为"新华夏系冲断面"，是否故弄玄虚？在一个构造体系内的微小构造形迹，一般情况下，只能解释为该构造体系中的构造成分，否则，何以解释新华夏系构造应力场的构造应力，怎样进入莲花状构造应力场中，不受干扰地依旧形成北北东向冲断面呢？这 4 条断裂，均大体与"环形横冲断裂面"近直交，与白云山庄北东被标示为"仰冲断层"者，有相近似的交接关系，解释为莲花状构造本身的构造成分，将顺理成章得多。

在内蒙古"黑泥河地区，有两个莲花状构造出现"。"内蒙古黑泥河地区的帚状构造及莲花状构造图"展示了两个直径约 3 公里的、东西并列的莲花状构造，其中西边的一个南侧有帚状构造[1]69。先生没有言及这两个产出于元古界和片麻状花岗岩中的莲花状构造的形成时代，称"这种帚状构造和环状构造联合起来形成的构造型式可能属于旋卷构造体系的一个新类型，以后叙述连环式旋卷构造时还要提到"[1]70。

"四川北部平昌、巴中、仪陇等县侏罗纪和白垩纪红层地区中，出现一个大型的莲花状构造[1]71，直径约一百公里。这个莲花状构造是由十五个弧形背斜参差不齐地环列组成的。"先生描述外圈的背斜翼角几度到十度，最大 30°。两翼不对称，一般内侧者较陡；内部的背斜两翼对称，翼角 1°~5°。中央地区地层极为平缓并稍薄，是磁力高的地区，一般认为是基底岩层隆起的征象，"应该是和旋卷构造的砥柱相当"。

先生论述了"威尔士的朗哥伦地区出现的莲花状构造，是显然与英伦山字型构造西面反射弧有关的。加拿大安大略西港地区圆筒状的旋卷构造，是中型莲花状构造的好例子。这种构造不是在世界其他若干地区出现的所谓环状岩墙或隐火山构造，这不等于说'环状岩墙'和'隐火山构造'都不是莲花状构造，也不等于说都是莲花状构造"。没有图，凭借这157 字位确定国外的两个"莲花状构造"，这不属"论述"，读者有理由不予理会。特别是后面以"这不等于说……也不等于说……"作结，笔者趣评为"等我来鉴定法"。紧接着必须告诉读者，怎样的是、怎样的不是莲花状构造，才合道理，也才能够得到传播。

"莲花状构造的成生，都是由于它所在的地区遭受了水平旋扭运动的结果。一般都可以从岩层平错的痕迹、断裂面上水平或近于水平的大批擦痕等得到证明。""这种水平旋扭运动，不独在岩层中存在上述各项记录，而且在现代地震强烈的地区中，有时也有扭转的现象发生。"[1]71先生列举了 1923 年 9 月 1 日日本相模湾大地震（东京—横滨）顺时针扭动的测量结果并附图，海底电缆被拉断，许多地点平错的距离 2.13m ~ 2.75m，大岛最大3.66m[1]87。

c. 一部分正弦状构造或 S 状和反 S 状构造。

先生用两个版面予以论述，没有予以定义。"由单式或复式褶皱组成的褶皱带，有时辗转弯曲，约略成正弦曲线形状、S 状或反 S 状。呈这种形状的褶皱带或断裂带，至少有一部分是起源于旋扭运动的。但也不能排除其中另一部分可能是两种构造运动联合作用的结果。在它们呈雁行排列的场合，中间一段褶皱或压性断裂群一个一个错开的步调，往往和两头的雁行褶皱或压性断裂群错开的步调相反。两头褶皱或断裂的成生也许往往较晚。"[1]71（按："描述分析相间介绍法"，描述一句，分析两句，再描述一句，再分析一句）先生图示了柴达木冷湖地区第三系中一系列雁行排列的短轴背斜组成的反 S 型旋卷构造[1]71，柴达木巴格雅乌汝背斜顶部新第三系上部出现的扭裂面群[1]72，但都无相应的说明。先生认为如高角度冲断面在背斜的两头"不在同一侧面"，"这种构造也应列入 S 型旋扭构造"。"'S 型和反 S 型构造'大都是属于中小型的构造，也有小到在显微镜下才能看见的"[1]72。"规模相当大的 S 型构造，在澳洲南部发育颇为良好"，认为它显示"澳洲陆块"南部发生过逆时针的旋扭运动。值得注意的是，先生专门绘制了"由水平扭转而形成的反 S 型构造示意图"[1]73，说明先生早注意到这种现象。可惜的是，先生只分析属旋扭构造，未说明产生原因。这种构造在热液矿床构造中属常见现象，均为再次构造，是扭动构造持续作用的产物。

d. 辐射状构造。

先生没有予辐射状构造以定义，只称最初在湖南香花岭和紫荆山两个地区发现这一类型的旋卷构造。"在这两个穹窿形地区的北、东、南三面，都有相当大的平错断层，它们呈放射状，有朝着近于穹隆的中部集中的趋势。"[1]74（插"香花岭辐射状构造图"）"比较完整的辐射状构造出现在河北省青龙县东南约 15 公里的红旗杆地区（插'河北省青龙县东南 15公里红旗杆附近辐射状构造图'[1]75）。它是由若干条放射状和环状以及介乎放射状与环状之间的压扭性断裂联合组成的。"从辐射状中心向外看（原文"假如我们站在每一条放射状断裂朝着辐射状中心的那一头向外边看"[1]73），"它们都是右边突出，曲度相当大，左边向内错动，错动的方向，恰好与香花岭断裂的方向相反（图 20）。由于香花岭断裂是张扭性，而红旗杆断裂是压扭性，所以前者的外旋层反映逆时针的扭动，后者的外旋层反映逆时针的扭动。这种情况，恰好与帚状构造所显现的相对扭动规律符合，事实上，这两个构造体系的形态，与帚状构造形态颇为接近。这种看法导致我们设想组成这种构造体系的压扭性断裂，有时可能为辐射状背斜所代替"[1]75（恰好的事实，变成了"这种看法"）。"将来如果发现更多红旗杆类型的构造，那么，把它们当做一个独特的型式看待，按照这个构造型式的发现者的建议，命名为涡轮状构造，将是适当的。"[1]75

"更完美而且规模更大的辐射状构造，在南北极圈及两亚极地区，发育甚为良好。"[1]75根据沃洛诺夫（Вороинов П. С）"考察的经验"，"在那里确实存在着新生—中生代发生的

'辐射—同心弧断裂体系'。它是那些地区的构造形态的骨干。那些辐射状的断裂，在南极大陆以南极为中心，在北极圈以及周围地带的以北极为中心"。"辐射—同心弧体系可分为两个部分"，一部分属于"辐射状构造"同时是"南北向的构造的范畴"，另一部分属于"东西向构造带"——"这些纬向构造带"。先生插附"南极圈和亚南极圈的辐射状和同心弧形大断裂体系图"和"北极圈和亚北极圈的辐射状和同心弧形大断裂体系图"[1]76。强调"沃洛诺夫毫不犹豫地指出：这一构造的两个部分都是起源于地球的旋转运动"[1]76。地壳运动起源有多种说法，<u>先生在这里再次试图抓地壳运动起源于地球的旋转运动的"根据"。</u>

　　e. 歹字型构造。[1]76

　　先生以约三个版面论述歹字型构造，没有予以定义，从形态描述开始。"为了描述的方便，这一类型的构造，由北而南，可分为三段，但这三段是完全连续的，它们之间并没有任何界限可分。最北的一段，亦即它们的头部，是由一套一套曲度极为显著的弧形乃至呈钩状强烈褶带、大规模横冲或逆掩断层组成的；中段也是由若干强烈平行褶带、巨型横冲和逆掩断裂组成，它们大致向南北伸展，但也有走向西北—东南的和部分略形弯曲、向西凸出的；它的尾部，亦即最南部分，也是由强烈平行褶带和逆掩断裂组成，一般都呈现弯曲形状，但这段弯曲的方向，恰好与头部相反。这样，头部、中部和尾部联合起来，就形成了一个巨大的反 S 型构造体系。"[1]77随后先生列举了它与"普通反 S 型构造"的 5 个"不同之点"。先生所举实例以"一个巨型歹字型构造的典型例子"开头，"这一歹字型构造体系的头部影响青海、西藏东部、川藏间'横断山脉'地区、云南西北部以及缅甸北部和印度接壤地带"[1]77，<u>描述长达 26 行 800 余字，没有附图说明。</u>"在北美面临太平洋方面，也出现一个规模巨大的歹字型构造。它的头部包括由强烈褶皱构成的阿拉斯加半岛、阿留申山脉、邱卡其山脉、阿拉斯加山脉、圣埃利亚斯山脉，还可能包括阿拉斯加北部的马更些山脉。"[1]78。然后先生称"这个歹字型构造，也是和青藏滇甸印尼歹字型构造[1]78一样，部分地与南北向构造相复合的"[1]79（<u>此时命名了前述歹字型构造，似为写作而非读者的需要；原并没有说明与南北向构造带复合，只是说"西边的一支""包括怒山、高黎贡山和以西走向南北的诸山脉"，"包括"与"复合"应当是两种含义。先生是十分注意"复合"的，稍有迹象，就可能被称为"复合"</u>）。还有"帕米尔高原的西、北、东三面""形成反 S 型"。"其他在欧亚大陆，还可能有四个歹字型构造"。"（1）阿纳巴尔地块和由太梅尔南缘到维尔霍扬斯克反 S 形褶带；（2）卡维尔地块和厄尔布尔士—古尔甘—科彼特等反 S 褶带"；"（3）克尔迪斯地块和东托罗斯及扎格罗斯反 S 形褶带；（4）威尼斯平原地块和阿尔卑斯—狄那里以及爱奥尼亚—品都斯反 S 形褶带"。"它们一般都显示它们的头部绕着一个比较稳定的地块发生了旋扭"[1]79。"现在还不能确定属于这一类型的中、小型构造体系是否存在"[1]80。典称："又称 η 字型构造，或南北向之字型构造，为由一系列辗转弯曲的弧形褶皱带或压扭性断裂带及其间所夹地块构成的形似'歹'字的扭动构造，是旋扭构造体系的一个重要类型"，并不吝版面插图[9]229。<u>地质辞典将后一个歹字型构造命名为"阿拉斯加—科迪勒拉歹字型构造"，没有那"还可能有"的四个歹字型构造的条目。窃以为后人是无论如何都无力描述的，充其量只能是照本宣科录附于相关条目，并且还需有关部门同意。设身处地，可见地质辞典编辑者当年的惶惑。</u>

　　先生总结各种旋扭构造首先称"各种旋卷构造型式，对有用矿产的分布，尤其是对油气田的分布具有极其重要的控制作用。实例很多，另外叙述，在此不列举"[1]80。

　　<u>青藏滇甸印尼歹字型构造的构造成分彼此间确有成生联系，它们与更西、更南东的构造</u>

也有成生联系，属于欧亚板块与印度板块[9]315缝合线的一部分。将缝合线地带构造带的一部分割裂开来列为一种构造体系，已经不当，再打造成"构造型式"，列出许多个，就"差之毫厘，谬以千里"了。因此，李四光先生建立的歹字型构造体系，即使对结构面力学性质进行了鉴定，也是不成立的。但是，我们应当承认，该板块构造缝合线构造带各构造形迹之间的成生联系，当年只有李四光先生能够看到；构造体系控矿的实例，只需一个就足够，如本书歹字型构造对德兴银山矿床、矿体的控制，入字型构造对锡矿山矿床、矿体等的控制[8]。实例很多却不列举，实在可惜，窃以为一个实例胜过没有例证的千言万语。先生对旋卷构造成分彼此间关系的分析，于推断应力作用方向，很有价值。先生称有两种方法："从构成以上各类型的旋卷构造的弧形褶皱，尤其是弧形断裂的排列方式，断裂面上大批擦痕的方向以及和那些褶皱或断裂具有成生联系的节理，特别是各种羽状节理和各种裂缝、裂隙、叶理、片理等相互穿插的方式和相对排列的方位，岩层中某些标志性的错动，以及其他现象，一般就可以断定产生了那些弧形或环状褶皱和断裂扭动方向。另外，若把旋回层中各点的各种挤压面、张裂面、扭裂面的排列方式和模型实验结果相比较，也可以推断前述各种类型的旋卷构造都是起源于旋扭运动；并且还可以根据旋扭面收敛和撒开的方向来测定旋卷构造中各部分相对扭动的方向。一般地说，由压性兼扭性的旋卷面构成的旋卷构造，旋卷面收敛的方向，表示每一个凹的方面，亦即内旋方面的旋回层对同一旋回面凸的方向，亦即外旋方面旋回层扭动的方向。在由张性兼扭性旋卷面构成的旋卷构造的场合，内旋与外旋层相对扭动的方向，恰好与上述情况相反。"[1] 80前者说的是直接断定法，即"弧形断裂的排列方式""擦痕的方向""有成生联系的节理""各种羽状节理和各种裂缝、裂隙、叶理、片理等相互穿插的方式"及其"相对排列的方位""标志性的错动"和"其他现象"。在上述 7 种"直接断定法"中，擦痕和错动两种好理解、好掌握，其他 5 种无法从先生的上述阐述中获益，更谈不上应用。后者"根据旋扭面收敛和撒开的方向来测定旋卷构造中各部分相对扭动的方向"的说法，存在用词问题，"测定"不如"判断"确切。表达也晦涩难懂。宜："由压扭性旋卷面构成的旋卷构造，旋卷面收敛的方向，是内旋旋回层扭动的方向；由张扭性旋卷面构成的旋卷构造，相对扭动的方向恰好与上述情况相反"。

　　"各种旋卷构造都可以划分为两个组成部分，它们的旋扭方向相反。就水平旋卷构造来说，它一般都有一个外围部分和核心部分，这两个部分相对旋扭的方向总是相反的。有时旋扭轴垂直的旋卷构造呈螺旋状，它的核心部分或者上升成为正性构造成分——即砥柱——如帕米尔高原，或者下降成为负性构造——即漩涡——如班达海。"先生称当"旋卷构造产生于岩石连续介质时"，"它不独会对它的基底呈现相反的扭动作用，而且也不可避免地对它邻近的地块引起相反的扭动现象。连环式旋卷构造就反映这种现象。例如四川华蓥山脉以西出现的莲花状构造和邻近的旋卷构造所表现的旋扭方向是相反的，这个例子很好地表现了连环式旋卷构造的特征。卡喀尔巴阡褶带所显示的旋扭方向与形成匈牙利多字型构造的扭动，也是正好相反的。同时，由喀尔巴阡环状褶带表现出来的斯洛伐克地块的旋扭，与它邻近的地块——即波姆地块所呈现的旋扭，是紧紧相衔接的。这又是一个巨型连环式旋卷构造的好例子"[1]80。论述是合理的，但是没有论据的论点不能成立，可趣评为"空口白话论证法"。"规模最大而且形状最为突出的，恐怕要算出现在东南亚到澳洲以及西南太平洋区域的连环式旋卷构造。这个区域最北的一个大型旋卷构造的组成部分，包括菲律宾西南部的巴拉望、纳索角—萨尔塔纳—卡加延—卡加延苏禄、苏禄群岛，还可能包括桑吉群岛与米那哈撒半岛。这些列岛和半岛，都是被海水淹没了的弯曲山脉的尖峰。它们都有向婆罗洲（即加里曼丹、沙捞越、北婆罗洲）方面收敛的趋势。就是说，东南亚的这一部分，有经过顺时针扭动的迹象。婆罗洲自身也出现着经过旋转的迹象。"[1]81 这种指点江山、纵横千里的论述形成的论点，难以传播。

④棋盘格式构造[1]88。

先生用 13 个版面 1.3 万字位含 2 版图 4 帧插图的篇幅论述棋盘格式构造，没有予以定义。"棋盘格式构造就是网状构造（有时被称为线状构造），这一类型的构造，都是由两组互相交叉的断裂面组成的。两组断裂面之间的夹角，一般为直角或近于直角，但也有时不呈直角；它们之间的两对对角，一对为钝角，一对为锐角。在两组断裂面相互呈直角的场合，被它们所切割的岩层，就像豆腐干那样呈方块状（图版Ⅵ，上图。按：此图为陕西铜川县西北后祁家房附近延长系砂岩中两组节理）。在两组断裂面相互斜交的场合，被它们所切割的岩层或岩块就呈菱形。这种断裂有时被称为 X 型断裂。"[1]88 棋盘格式构造"无论属于小型，中型或大型都极为普遍"。"一般把中型和大型棋盘格式构造当作水平压力或张力作用的产物看待。"[1]90 "一对夹角等分线——特别是一对锐角等分线——的方向，一般与主压应力作用的方向一致。""在地应力的继续作用下发生塑性形变，前述方块逐渐变为菱形，菱形的钝角等分线，往往成为主压应力作用方向的标志，但并不表示主压应力或扭动方向有所变更"[1]90。一个多版文字只描述两组断裂的夹角，先生并没有描述两组断裂的力学性质。

"在中国东部和南部"，"其中主要类型由两组断裂组成：一是走向北北西（北 18°~30°±西）；二是走向北东东（北 65°~75°东）。前者曾被称为大义山式断裂，因为湖南大义山不独标明这种断裂的方向，而且在这一方向的裂隙中，灌注了含热液矿床的花岗岩类；后者曾被称为泰山式断裂"[1]90。"它们的成生看来与压应力作用的方向有一定的联系。""它们的钝角等分线在前述地区中，都是指向北北东，在这个方向往往有比较强烈的褶皱，或高角度的冲断面，这就是以前叙述过的新华夏式褶皱。"（按：新华夏式乃新名词，可能属笔误）"在某些地区，组成它们的断裂，很清楚都是扭断面；但在另外一些地区，断裂面本身以及与断裂面接近的岩层和岩体显示挤压的现象。""在单纯由两组交叉扭裂面组成的场合，它们的成生，看来与压应力的方向有一定的联系。它们的钝角等分线在前述地区中，都是指向北北东，在这个方向往往有比较强烈的褶皱"（按：以上两处钝角应为锐角），"在另一对夹角等分线的方向，却不存在类似的挤压迹象。因此，我们假定这一套棋盘格式构造与走向北北东的挤压带有成生的联系是有根据的"[1]90。"它们大都是上白垩纪或上白垩纪以后才发生的。"[1]90 从此段看，先生重视的构造形迹的相关关系，在此重视的是两组断裂的夹角、是否"灌注"花岗岩、邻近是否有褶皱或挤压现象，借此做结构面力学性质鉴定。此可评估先生对结构面本身的鉴定能力，也可知此项野外实际操作是相当困难的。

对棋盘格式构造一对扭裂往往呈现挤压的现象，先生先设想了北西西—南东东向挤压应力的三种起源：一是太平洋海底下沉，引起了对东亚大陆"侧面的挤压"；二是西北—东南方向的压力和东西向的压力同时联合起来发生作用，认为此项"不符合事实"；三是就中国东部来说，假定内陆方面相对向南，太平洋相对向北发生了扭动。随后称"在这种形势下，必然呈现走向东北的挤压线和走向西北的张裂线。在岩层对长期应力显示高度塑性反映的条件下，最初发生的走向东北的挤压线就可能逐渐转变而成走向北北东挤压线，同时跟着发生的扭裂面中的一组也转变了方向，甚至改变了性质（由扭性而变为压性），新的张裂面——即走向西北西的断层——也不免发生"。"古褶皱已经僵化了的褶轴转变的现象可能不甚显著。但在这样的地区，后来出现两组扭断面排列的方位，仍有可能反映后来主压应力的作用面不是走向北东，而是走向北北东。用塑性板状物质特别是泥巴做模拟实验也可以获得类似的结果。因此，可以说前述塑性形变的假定是值得注意的"[1]91，这其实是解释新华夏系构造应力起源。由于构造应力持续作用，使"最初发生的走向东北的挤压线就可能逐渐转变而成走向北北东挤压线，同时跟着发生的扭裂面中的一组也转变了方向"是极困难的，窃以为是不可能的。如果发生改变，必将出现结构面两端倾向相反的扭曲，如先生精心制作的反 S 型构造图[1]73，地表改变的幅度必定超过深部，是产生这种现象的根本原因。相反，由塑性形变使褶皱轴改变方位却轻而易举，例如，银山矿床将东西向褶皱轴改变为北东向。先生肯定自己的说法，也只到此"假定""是值得注意的"程度。

谈到棋盘格式构造分布和性质，"在朝鲜北部、朝鲜半岛的西岸和南岸，甚至可以说整个朝鲜半岛的形成，主要是受到这两组断裂控制的"，"可能是受到走向北东东向断裂控制的"，有日本濑内海北岸、广岛湾到四国的松山，九州、四国、由关西以至中部各地区，"发育相当普遍"。"还有最大的一条走向北北西的断裂带横断日本本州中部，沿着伊豆诸岛和小笠原群岛向南偏东伸展"，"在方向上完全和云南东部的小江大断裂、湖南东南部的大义山大断裂一致，但在规模上远远超过它们"。"特别值得注意的是，沿着这一组走向北北西的断裂，无论规模大小，有时有不同种类的火成岩侵入或流出。沿着小笠原群岛的大断裂带，到处都是火山岩流的痕迹"[1]91。大义山式断裂及其"往东南延伸到骑田岭的部分，被含有矿床的花岗岩充填"，在冀、晋接壤的阜平地区"有大量走向北北西向的断裂和走向东北的断裂互相交切。前者大都由基性岩墙充填，岩墙中有时呈现大批水平擦痕。诸如此类火成岩活动的现象，都证明走向北北西的断裂的扭裂性兼张裂性"。"在东南亚，也有典型的棋盘格式构造出现于苏门答腊岛东南部列邦地区、色布拉特河东南一带，发育极为良好"，特别插附"苏门答腊列邦地区的棋盘格式构造图"（该图显示主压应力作用面为 320°）。称"这些棋盘格式断裂中往往夹有金银矿脉，有时有温泉涌出"[1]92。关于属于新华夏系的棋盘格式构造，大义山式为压扭性、泰山式属张扭性结构面的论点，李四光先生或许弄颠倒了。在许多场合，先生表现出属于"侵入花岗岩"而非"花岗岩化"的花岗岩成因观念，属于岩基成矿说成矿观念；随整个地质学界一起，先生当然也只有矿体、岩体"充填""灌注"的观念。这很自然。但是，先生没有阐述清楚多字型构造和新华夏系构造体系的关系。开始一版文字似乎说明多字型构造就是新华夏系构造体系。从"在东南亚"叙述"苏门答腊列邦地区的棋盘格式构造"起[1]92，才离开了新华夏系构造体系的范畴，全书却并没有专门论述新华夏系构造体系。应当说，棋盘格式构造属反映扭动构造应力场的一种脆性应变（或称"不连续的位移而形成的构造形迹"[1]9）构造型式，属于类概念，在其他构造应力场中，也可以产生棋盘格式构造。新华夏系构造体系特指反映东亚大陆特定扭动构造应力场的构造体系，它们是两个分类标准不相同、彼此并行不悖的类型。新华夏系构造体系表现为多字型构造、棋盘格式构造时，属于种概念。新华夏系构造体系并不限于多字型构造。例如，锡矿山锑矿床就属于新华夏系构造体系，并不表现为多字型构造。当然，如果将各种扭动构造型式算成是类概念，扭动构造型式中的棋盘格式构造就只能算种概念了。

"在世界其他地区，有关中型和大型棋盘格式构造的这一方面或那一方面，长久以来，早已为著名的地质学家所注意。它们往往发育良好，控制河流的流程、地面的形态（如高原、平原、盆地等）甚至大陆的轮廓。在某些地区，中型和巨型的棋盘格式构造特别显著。组成它们的两组断裂，有时发育不均，甚至其中一组完全不见踪迹。"（按：那还算棋盘格式构造吗？）"一般认为，巨型棋盘格式构造可以分为两种类型"："不甚重要"的一种类型是走向东西和走向南北两组，典型实例是"苏联阿塞拜疆达什克散地区花岗岩体西部及其围岩中出现的棋盘格式构造"[1]93；另一种类型是"两组断裂中的一组走向东北—西南，另一组走向西北—东南，它们之间南北方向的一对夹角，大都小于直角"。"最显著的例子，就是印度半岛和非洲大陆的构造轮廓。"[1]93随即列举了该两地区棋盘格式构造，包括"也存在不少"走向北北西和走向北北东的断裂[1]94（非洲例证占约一版）。这里存在两个问题：一是按棋盘格式构造排布方位差别划分"两种类型"不妥；二是既然是扭动构造应力场的产物，棋盘格式构造只有两种不同方位的排布，于理不合。下文提及爱琴海南部的棋盘格式构造就不在此列。广西田东县棋盘滩棋盘格式构造排布方位与新华夏系构造体系者相差颇大，属于另一种排布的棋盘格式构造。广西田东棋盘滩棋盘格式构造，不提及李四光先生，是否就属于在这里"钻空子"？该处构造应力看起来来源于北东—南西向，与苏门答腊列邦地区的棋盘格式构造类似，差别在后者构造线方向更偏北。笔者认为该处构造应力之所以来自北东—南西向，并不是那位教授发现的"岩壁的东北方向被高高地抬起"，而是在桂北有龙江和著名的（南）丹—（河）池成矿带，桂中有红水河（西江上游）、桂西南有右江，它们的北西—南东走向或流向，反映的是区域性构造挤压面的方向。该教授所称背斜，级别太低，不足以成为有力论据。为什么构造应力来自北东—南西向就能够造成棋盘滩棋盘格式构造，其中的力学道理李四光先生已经阐明。"欧洲南部及其附近地区""近代地震带主要是走向北西，同时也有一些走向北东"，"可能是发育该地区的棋盘格式构造"[1]94；爱琴海南部基克拉迪群岛和南斯波拉提群岛区"是一幅极为整齐的棋盘格式构造图像"[1]95，被当成一个可能存在的山字型构造的南北向脊柱[3]99；"法国北部阿米扬—底耶普和厦尔尼地区，棋盘格式构造由水系网络清楚地反映出来"，并插图显示北东向和北西向为主的两组断裂[1]94；"瑞典南部也是一个棋盘格式构造著名的地区"；还有加拿大的、美国的。先生描述了智利中部的网状构造包括插图，"在这种压应力作用下，按照一般规律和每一个山系的各个组成部分的轴向相关联的断裂面，可能有三组。即一组与压应力作用面平行，这一组应该是压性断裂面或二次张性断裂面，另外还有两组扭性断裂面，它们之间的夹角等分线之一，与有关山系的轴向成直角。但由于它们成生以后受到塑性形变的影响，有时可能不能保持直角"[1]95。先生分析该地区网状构造的产生过程，认为"这一地区除经过前述南北向相对扭动之外，还经过近于东西向的挤压"，认为"这一广大地区的构造型式属于网状构造，而且构成网状构造的各组断裂都带有扭性，是无可怀疑的"[1]97。先生总结："棋盘格式构造是全世界范围内发育相当普遍而且相当良好的构造型式之一。"[1]97

先生称"又如组成棋盘格式构造的两组断裂，在规模上往往属于第二、三级构造，它们之中往往有一组是与矿脉富集带是一致的，有时其他一组也有少量矿脉充填，而两组交叉处所，矿体往往特别富集"[1]133。"今后应该在这个方面广泛而深入地开展研究工作。"[1]133应当说先生对棋盘格式构造给予了相当充分的叙述，也表达了棋盘格式构造属于类概念的意思。

⑤入字型构造。

先生论述入字型构造，篇幅近 6 个版面 0.6 万字位，包括 4 幅插图，没有予以定义，直接描述"一般由两部分组成：（一）主干断裂，或为直线型，或为弧形，其性质都属于横冲；（二）分支断裂或拖曳褶皱"。由于后一部分性质的差别，"入字型构造可以分为两类。第一类由主干断裂和分支断裂组成的一个类型，其特征是分支断裂与主干断裂斜接，绝不越过主干断裂，两者之间所夹的锐角尖指向分支断裂所在的一边对主干断裂的另一边相对错动的方向。第二类由主干断裂和拖曳褶皱或与褶皱相当的其他压性构造形迹组成。其特征是，在主干断裂的一边，有若干弧形褶皱或其他形式的挤压带，如冲断面、叶理、片理等。这些挤压带的走向与主干断裂所夹的锐角尖指向与这些挤压带所在的一边对主干断裂的另一边相对错动的方向[1]97。有了笔者对控矿入字型构造的研究包括描述[8]，在这里再品味"横冲""如冲断面、叶理、片理等"概念的时候，就懂得其所包含的意义和先生添加它们的用意了。

　　随后列举小型、中型、大型入字型构造实例。小型者"实例极多""都属于第一类"，插附砾石标本之入字型构造图[1]98。中型者"可大到几公里，它的主干断裂，甚至长几十公里"。列举辽宁浑河大断裂，逆时针扭动；湖北西部和西北部，"有若干组大型的和中型的入字型构造体系存在"，"由于这些分支'断裂'的性质尚未查明"，尚难推测主干断裂的扭动方向；"在新疆乌什地区以南，有许多入字型构造出现，其中最出色的例子，出现在由苏盖特布拉克到克兹尔苏布拉克（按：插图[1]99）以及库拉木布拉克一带"[1]98，一致地表示发生过逆时针向扭动。托里地区有由达拉布特大断裂为主干断裂者，属逆时针向扭动的第二类的入字型构造；"柴达木盆地西北边缘与阿尔金山毗连的地带，发现了五条较大的分支断裂，它们穿过盆地边缘部分，但一到阿尔金山南麓就消失了。这五条断裂是分支断裂，对阿尔金山来说，它们与阿尔金山断裂所夹的锐角尖都指向西。就是说柴达木盆地西北边缘与阿尔金山之间的断裂，不仅显示盆地下降，而且是阿尔金山相对往东、盆地相对往西发生了水平错动的证明"[1]100（按：这里未指明分支断裂的性质就确定构造的运动方向）；云南东部会泽城西—寻甸—曲江和南盘江上游汇合点东，"有一条走向长达260多公里、走向南北的大断裂。这条主干断裂的东面和西面，也出现大批的分支'断裂'和褶皱。它们都是和主干断裂斜交，但不越过主干断裂。它们的走向大都是北北东，就是说，它们和主干断裂所夹的锐角尖，在东面的都朝南，在西面的都朝北"。这些分支"断裂"性质尚未确定而无从判断扭动方向，但"这些'断裂'和走向南北的大断裂组成了一个入字型构造体系，是无可怀疑的"[1]100。先生的这番话，大概是针对有人提出主干断裂两侧都可以形成入字型构造[11]。

　　"巨型入字型构造，大都夹有其他构造体系的成分，形成复合或联合的复杂构造体系"[1]100，认为"可能是由于主干断裂的一边在因扭应力发生了分支断裂以后，又进一步沿着主干断裂前后两段不均匀地进行滑动的结果。苏联境内天山恰特卡里地区塔拉所—费尔干大断裂西南边许多扭性断裂现在成为扭性兼压性断裂，有的略呈S形，并有和它们平行的褶皱伴随，可能是由于这种作用而产生的变化"。"新西兰岛北部开沟那和其他平行山脉（即新西兰的所谓阿尔卑斯式主干断裂）的分支断裂，也可能具有同样的复杂性。"[1]100"入字型构造夹有其他构造体系的成分，形成复合或联合的复杂构造体系"这样复杂的问题，如果属自然界的真实存在，也不容易说清楚。现在先生的例证，分支断裂为扭性，已经超出了先生自己描述的范畴（先生的两类入字型构造，分支断裂不是张性即为压性），有的再变成S形，"可能是"由于怎样的作用而产生的变化，不大可能有人能够理解。笔者地质生涯迄今60年，能够创建构造体系了，仍然未能理解。

　　"与菲律宾群岛东边的大断裂斜接的有两条弧形列岛——巴拉望岛和苏禄群岛"，"和它们中间的另一串相似的弧形小岛"，"看来都是菲律宾入字型构造的组成部分"，"菲律宾南部各内海区域和前述诸列岛都显示向南扭动，也就是顺时针扭动的趋向"[1]100。"美国西部圣安德利亚斯断层，是一条到现代还在活动的平错大断裂。在它的东边"，出现"一系列雁行排列的褶皱"，"它们的起源显然是与圣安德鲁斯断裂有密切的关系"，它们"与圣安德鲁斯断层所夹的锐角尖向北"（附插图），"英格莱乌德主干断裂和伴随它的一系列背斜，也显示同样的排列关系"（附插图）[1]101。这些入字型构造是可能存在的，后人应当重视先生的洞察力。但是，先生对入字型构造的研究，止步于空泛的叙述，没有一个得到了充分的论证，更谈不上论据可靠和充分。

先生总结第二章说，"……用了不少篇幅，叙述了各种构造类型。这是因为构造体系是地质力学的一个基本概念，通过鉴别构造体系的类型，才能在具体意义上认识构造体系"。"构造体系的分类和构造型式的鉴定，是地质力学方法的中心环节。""不过，……只是企图通过若干实例来阐明构造体系、构造型式这些概念的主要具体内容，在此既不可能把世界上各式各样的构造类型应有尽有地列举出来（按：但插附了"李四光：北半球表面露出的主要构造带简化图 1962"[1]102），也不必要就每一类型的一切特点做详尽的描述。"[1]101先生认为即使是中国，"除上述三大类以外，还有许多显著的、有时规模相当宏大的构造形象或形迹，我们还不了解应该归属到哪一类型，特别是某些隆起带和沉降带"。"一切隆起和低凹都很难认为是孤立的现象，它们应该是所隶属的构造体系的组成部分，虽然那些构造体系我们还不认识。""在这样的穹窿地块中，西藏高原是全世界最突出的例子。四川盆地如果把它孤立起来看待，也可以算是盆形凹地一个突出的例子。"先生认为"西藏高原由于西藏地区受了强烈的侧面挤压以致作为地壳上层的整个硅铝层，因之大大变厚的可能性，都是值得考虑的"。"四川盆地实际上不是一个孤立的低凹"，而是和伊（伊克昭盟，今鄂尔多斯市）陕盆地有密切联系[1]101的低凹地区，中间被秦岭隔断，"属于新华夏系的沉降地带"[1]103。在体系节的最后，先生再次提到大义山式和泰山式断裂，称"它们往往是大量的冷泉和温泉涌出的路线"，"有时是浅地震震源的所在"，"其中有一部分，显然是属于新华夏系的两组扭裂面"，但是，"我们还不能肯定在中国东部和南部所有的走向北北西和北东东的构造形迹都是属于新华夏系"[1]103。

4）在联复节，先生称"构造复合现象的一般概念，颇为广泛，它不仅仅适用于同一构造体系中两种极其接近的成分彼此复合、结合、联合或合并的关系，而是广泛地包括同一地域中属于不同构造体系的、依各种方式互相干扰和联合的一切现象。那些复合的构造体系可以是同时期的，或者部分同时期的，也可以是完全不同时代的。它们所涉及的地区，可以是大致相同的，但在绝大多数的场合，范围是不一致的，规模也大都是不相等的"[1]103。

先生解析说，"在某一地区，无论是它单独的或者和它邻近的其他地区联合在一起，经过了一场一定方式的构造运动所形成的构造体系，与在那个地区单独的或和其他邻近地区联合起来，经过另一场不同方式构造运动所形成的构造体系，在形式上必然不同又混合在一起，这样就会形成不同型式的构造体系复合或联合的现象"[1]103；"在同一时期，邻近地区有时发生不同方式构造运动，那些不同方式的构造运动波及的范围，往往不具明确界线，而是在它们毗连地区的一定范围内互相掺杂或互相干扰，这样也就会造成不同类型或相同类型的构造体系部分地发生联合或复合现象"[1]104。"在同一时期而且同一地区中，发生不同方式的构造运动的时候，那两种不同方向的构造运动便联合起来，发生作用，以致形成折中的构造形迹。例如，走向南北的地应力作用面和走向北北东的地应力作用面，同时在同一地区发生作用的时候，它们的联合挤压作用面，就既不走向南北，也不走向北北东，而是走向北稍偏东。"没有实例，没有证据。某地经过先后两场构造运动，出现构造复合是合理的，已被接受，如"追踪张"；同时在两个地区发生不同方式的构造运动，其接壤地区构造出现掺杂、干扰也是可能的，可惜没有实例。同时、同地怎能发生两种不同方式的构造运动？果真能发生，怎么认识是源于"两种不同方向的构造运动"？一个地区同时受到两种构造应力的作用倒是可能的。但是先生没有如此表达。"在实际工作中为了便于解析问题，构造联合现象和构造复合现象，应该分别处理。"在图示"贵州普安地区的联合构造体系示要"[1]104后，先生称"它既不符合山字型构造的正常形态，也不显示一个典型旋卷构造全部应有的旋扭形象，但同时它却具有山字型构造的某些特点和部分地揭露旋扭的痕迹"[1]105。山字型构造尚且难以确立，山字型构造与旋卷构造的联合构造更难成立。"又如新华夏系隆起和褶皱，有些部分看来是受了形成走向南北的褶皱或隆起带的东西挤压的影响，它们正常的北北东走向，变为近乎南北的走向；而另外又有些部分受到东西复杂构造带的阻挠而变为弧形构造。""不管对这些串珠状列岛的产生如何加以说明，重要的事实是，每一串弧形列岛的南端，都是和一个东西复杂构造带或相当于它达到大陆边缘的地点以北的地区，逐渐向南弯曲而形成边缘弧。"先生只列出五六个东西复杂构造带，弧形列岛却有很多"个"，奥妙在"每一串"的串字上。先生称在内陆方面，走向北北东隆起褶皱带的相应部位也出现边缘弧；较新的大型构造体系中，"往往包含着比较古老的构造型式的某些片段"；又有一些构造型式，由于受到后来构造影响而"改变了它们的正常面貌"，"这一类现象属于狭义的复合现象，而不是联合现象"[1]105。

先生称复合现象主要有四种。

一是归并。

"一个构造体系的某些成分，或者某一部分的所有一切成分；有时经过轻微的改变，卷入另一个构造体系，或者成为同一体系不同序幕的成分。这种现象，都可称为归并。在大多数场合被归并的成分或部分，或同一体系中较早出现的成分，是属于较老的体系。但有时也很难绝对地判断。所谓改变，仅仅指明与正常的形态和方位稍有不同，不一定都意味着在归并以前，它们老早已经出现。"[1]105先生图示了"四川北碚附近北泉公园站乳花洞小型追踪断裂"和"东非大裂谷[1]106"（正文未涉及此二图）。称张性断裂追踪一对扭裂面，左摆右摆，辗转反侧，"总的方向仍然与压应力作用的方向一致"，以"嘉陵江部分的流程提供了一些良好的实例"[1]106作结，没有图示"嘉陵江部分流程"。其他涉及：秦岭东西褶皱带的片段，卷入淮阳山字型构造而形成它的反射弧。一个古老构造体系残余部分归并到一个新建立的构造体系的时候，和巨型构造体系的一部分或另一构造体系在长期同时发展过程中，都可能发生归并[1]107。归并复合现象有例证，"追踪张"术语广为传播。此为李四光先生成功的论点之一。事实上归并现象相当广泛，例如泰山式顺时针向扭裂被改造为逆时针向张扭结构面，大义山式扭裂被改造为压扭性结构面，都符合要求，但未被列举；入字型构造主干断裂被分支构造改造归并，或由扭裂改变为压扭性结构面，如锡矿山矿床西部断裂带中的矿带；相应也可由扭裂改变为张扭性结构面，实例将在后续著作中披露。但秦岭东西褶皱带与淮阳山字型构造的归并现象[1]107，就鲜为传播了。"一个巨型构造体系的某一部分和另一构造体系，在长期同时发展过程中，也可能发生归并现象。""如某些向南北伸展的地槽或准地槽，在它发展的最后阶段，形成一个巨型山字型构造的脊柱"[1]107，则感觉更加遥远。因为横亘东西的复杂构造带、走向南北的构造带、山字型构造等"构造体系"并未真正建立起来。

二是交接。

"两个构造体系的构造成分出现于同一地区的时候，有时互相穿插，各自保持本来的面貌，很少改变，彼此既不加强也不削弱。两个不同时期的复合构造体系之间，可以发生这种现象。同时发展的两个构造体系的发展部分之间，也可以发生这种现象。"[1]107 根据双方主要构造成分互相穿插、互相结合的情况，交接的方式分四类：（1）重接。构造成分走向完全一致，彼此不发生任何改变走向的影响，即一种小规模的归并现象。先生列举了云南东部山字型构造脊柱与南北向褶皱重接；山东新、老两个山字型构造两翼基本一致，反射弧也基本一致，前者前弧顶较后者更南，其脊柱穿过了后者的前弧。（2）斜接。两种构造成分之间，"走向彼此稍微不同"，只有长距离追索，才能发现它们之间的分歧。先生称"中国东部广大地区"，随处可见"华夏系褶皱和新华夏系褶皱发生斜接的关系"。"新华夏系褶皱穿插到滇北山字型构造的东翼和它东翼的反射弧、广西山字型构造的脊柱并东翼和它东翼的反射弧以及粤北山字型构造的东翼和它的东翼、它的脊柱而形成斜接复合现象。"[1]108 （3）反接。"表现在复合的褶皱或仰冲断面彼此显著的交叉，一组隔断另外一组或形成横跨褶皱。""最好的实例"在广东阳山县"走向北东的平行褶皱被粤北山字型构造前弧的西翼所切断，西翼反射弧也多少受到那些平行褶皱的影响而发育不良"。粤北山字型构造不存在，则此难为例证，中国西北部古老的压性结构面与后来宽阔褶皱或隆起带以及仰冲断层往往呈反接复合关系，如"构成阿尔金山的古老岩层一般是走向北西的，而阿尔金山南麓的压扭性冲断面和作为一个复式隆起带的阿尔金山本身，却是由东而西形成一个向北突出的弧形"[1]109；"横跨褶皱在南岭地区经常出现。南岭地带在挽近地质时代的纬向隆起，实质上大都具有巨型单式或复式背斜的形式。这种背斜的轴线，往往横跨于华夏系、新华夏系、山字型构造的两翼和脊柱以及其他古老的和较新的轴线近于南北的褶皱带之上。由于不了解或不注意这种挽近地质时代成长起来的广阔背斜与构成它的岩层所具有的较老褶皱呈反接的关系，人们往往只注意后者而不见前者，因此，除了对揭露着横亘东西的古老岩层褶带或火成岩带的地段以外，人们就难免怀疑南岭作为一个东西构造带究竟是否存在"。"只有当横跨褶皱与较老褶皱的强度达到势均力敌的时候，它们之间的相互关系，才显示两组褶皱相互交叉的特征。这种特征是：一组背斜群沿着它们的伸展方向，以同一步调，有节奏地一起一伏，它们俯伏的一线与横跨其上的向斜轴相当，它们齐头昂起的一线与横跨其上的背斜轴相当。""四川南部的穹窿行列是这种两组褶皱纵横交叉的典型例子，在那里，一组走向北东—南西，另一组走向东西。"（4）截接。"表现在复合的褶皱或仰冲断面互相切断，并在一定程度上互相干扰，以致每一被切断的段落，或多或少改变了它正常的形态及排列方位。"先生称"南岭地带截接现象甚为频繁"，"走向东西的褶皱片段，往往横亘在走向近于南北、北北东或山字型构造的某一部分中。先生列举云南鹤庆"走向南北的强烈褶皱带之间，突然出现一段走向东西的褶皱"；"云南东部通海山字型构造前弧顶部的后面，也有一道相当强烈的走向东西的冲断面（褶带？）"；"广西山字型构造前弧西翼的中部，夹着走向东西的褶皱"，使得它们彼此都受到影响[1]109。相当强烈的走向东西褶皱挤压带，在广西山字型构造马蹄形盾地间，两端被前弧的两翼"截断了"；走向东西的花岗岩体侵入粤北山字型构造马蹄形盾地，"但它们都被粤北山字型构造的前弧截断了"；"在许多山字型构造的脊柱部分"，古老褶皱的片段，往往被走向南北的结构面所隔开。如"京东山字型构造的脊柱中，经常有走向北东的变质岩褶皱和片理夹在走向南北的褶带和片理之间"；"构成淮阳山字型构造脊柱的走向南北的挤压带，也同样是截断了古老变质岩褶皱而产生的平行构造带群"。古老变质岩"大都仍然保存着它们原来的褶皱方向和纹理"[1]110。

三是包容。

"在一个一定类型的构造体系中，有时包含着由其他构造体系组成的地块。这个被并吞或'捕虏'的地块中，可能出现一个或几个完整的、独特的构造体系，其形态与并吞它或它们的构造体系，迥然不同，也可能只占有后者的一部分，但有明显的界线把它们从它的整体分割出来。这种分割出来而被并吞的部分，在结构上与并吞它们的构造体系，一般是格格不入的；换句话说，一般没有经过彻底改造而达到与后者完全协调的程度。但组成后者的构造成分也有时穿插到被并吞的地块中去，以致产生各种局部交接现象。这种一个构造体系并吞其他构造体系或其片段的现象，称为包容现象。"[1]110 这段话首句和最后一句都有一致的先后关系，但是，第二句却改变了这种关系。"迥然不同""格格不入"原可一并处理，却分开叙述。本来简单的现象，被先生复杂化了。此段话宜："一个（或部分）构造体系中，包含着其他构造体系。被并吞或被'捕虏'者，可能是一个或几个完整的、独特的构造体系，其形态与并吞它们的构造体系迥然不同，在结构上彼此'格格不入'，却有明显的界线彼此区别，即未经彻底改造而达到与前者完全协调的程度。但前者的构造成分可穿插到后者中去，产生各种局部交接现象。这种一个构造体系并吞其他构造体系或其片段的现象，称为包容现象。"这样可省去 143 字位，关键是表达流畅了。

例如"阿尔金山看来是祁吕—贺兰山字型构造西翼反射弧的一部分，也可能是受到康藏歹字型构造的影响，而造成它的构造材料，却是从另一构造体系分割出来的"，"被包容的古老构造体系还伸展到柴达木盆地的基底"；泰山向北凸出的隆起带中"包容着走向北西的古老变质岩层组成的构造体系的一部分"[1]111；走向北北东的大兴安岭山脉，包容着较老的走向北东的紧密褶皱；"在山字型构造脊柱和马蹄形盾地中，包容其他构造体系或其一部分，更是常见的现象"[1]111。先生称如果被包容的是完整的构造体系，将存在两种情况：一种是与包容它的构造体系无生成联系，可能较老、也可能较新于包容它的构造体系；另一种是属于包容它的构造体系的派生构造，彼此有生成联系，但又称"严格地说，这种现象不能列入包容"。列举新华夏系沉降带中出现的第二、三级构造，或属于其派生构造，或不属于其派生构造。包容复合是存在的，例如东亚大陆的新华夏系构造体系中包容复合了众多其他构造体系。

四是重叠。

"这种复合现象，大都发生在大规模的上升或下降地区"，是一个由成熟构造体系贯穿的地块，受到另一个构造体系的影响，以致一部分"发生隆起或翘起，而另一部分沉陷或陷落"，高升的部分显得加强实际上却并未加强，沉降的部分显得削弱实际上并未削弱。必须将"重叠……的影响除去，才能见到它的本来面貌"。先生列举了临安山字型构造东翼经过沉降，西翼经过隆起，"表面看来显得发育不大平衡"，实际上东翼不过是"被新沉积物所掩盖"而已；萧山县长山"是一个被掩埋了的长大的褶皱山脉的顶部"；祁连山可能经过隆起，"构成祁吕弧形构造的西翼褶带，就显得更加突出"[1]111。

构造体系的复合论理是合理的，先生的这些论述值得后人重视并予以研究。可惜的是，该理论普遍不提供论据，给人总的感觉是"依理而论"。复合现象中"追踪张"深入人心，广为传播，说明真实的东西是能够被普遍接受的。先生论述复合的绝大部分，或并不成熟，如称南岭地带纬向隆起，"横跨于华夏系、新华夏系、山字型构造的两翼和脊柱以及其他古老的和较新的轴线近于南北的褶皱带之上"之类；或尚未被理解，难以评论。

构造体系的联合，则更显得遥远。先生实际上提出了两种"联合"：一种是形成"联合作用面"，成为一种力。这是合理的。问题是所有的应力都是联合的，至少都发生在地球重力场和天体间引力场中。如果限指水平构造应力，则应有如何认定"作用面"是或不是"联合"的问题。另一种是产生两种应变，如"贵州普安地区"[1]104同时出现具有山字型构造、旋卷构造痕迹的两种构造，两种力各行其是，能"反映两种不同方式的运动"，这更令人疑惑。产生后者需要怎样的前提呢？先生并没有明说是两种力联合的作用分别产生两种应变，但普安地区图比例尺小于 100 万。产生中大型构造体系只能视为发生在连续均匀边界条件下，如果不理解为两种力，很难说清楚其中的道理。

　　5）探讨岩石力学性质和各种类型的构造体系中的应力活动方式。"地壳各部分所发生的一切形变，包括破裂，是它们遭受了地应力作用的反应。这种反应的强弱，是由地应力的大小和地壳岩石的力学性质来决定的。所谓力学性质，概括地说就是指岩石的弹性和非弹性的表象而言。非弹性的表象，牵涉到塑性、弹塑性、滞弹性以及松弛现象、蠕变现象等问题。"[1]112岩石是力学意义上"具有统一性的物体"。矿物的力学性质不等同于该矿物集合体的力学性质，如石英和石英岩、云母和云母片岩的力学性质不相同。称结晶石英弹性极完美，而石英岩极为硬脆。先生提出岩石力学性质可从三方面研究："（1）用试件在实验室进行实验；（2）野外实际观测；（3）理论的分析。"实验表明，岩石"总体来说，在弹性范围内，它既不完全符合胡克定律，在超过弹性范围以后，又不呈现一个显著的塑化阶段"。"在高压的条件下，岩石试件对应力差作用的反应，有塑性增加的模样；在高压的条件下，岩石试件容易发生变质的现象。""实验的结果还告诉我们：不同压力和温度对岩石的力学性质有重大的影响，而且应力作用的时间长短，对岩石的力学性质也有重大影响。"如用振动的方式和逐渐加压的方式对同种岩石，获得的杨氏模量，前者数值大多了。又如对岩石试件逐渐增加负荷到一定程度后，"虽然负荷增加很少，只要时间延长，它就会继续发生形变到一定程度，再稍增加负荷，它就会随时间的延长继续不断地发生形变，远远超过快速施加压力时所发生的形变的程度，还不至破裂。这样就暗示着，在长期应力作用的条件下，岩石的塑性可能有显著的加强"。论述了"岩石蠕变问题和在地应力作用的条件下它可能呈现的松弛现象"[1]112。"松弛现象一般是和温度有关的，它和压力有怎样的关系还不得而知。"[1]113试验的结果，"在多数场合，破裂面和压应力作用的方向斜交"。"在立方块试件的场合，斜交的破裂面往往分为两组"，"它们之间所夹的锐角等分线，往往是和压应力作用的方向平行的"。"当'流体静压力'加大的时候，前述两组破裂面之间所夹的锐角，有跟着变大的趋势。有人把这种现象理解为'流体静压力'加大的时候岩石的塑性加大了。"先生因此认为"岩石是具有弹性同时具有塑性的"，野外观测也"显示岩石既具有弹性又具有塑性"[1]113。

　　岩石具有弹性的例证，先生列举了英、法、德煤矿坑道发生过强烈爆裂的例证。爆裂的原因，"一部分可能是"坑道以上岩层所产生的流体静压力，"在许多场合，水平应力的作用极为显著"。阜波盆地的褐煤煤矿坑道爆裂，结论"不是起源于坑道以上岩层的压力，而是起源于夹有褐煤的岩层，由于积累了褶皱和冲断面积累的强大应力的作用"。莱茵维斯特法伦煤矿，坑道爆裂多发生在含煤岩层平伏部位，含煤岩层倾角大的处所，反而很少发生事故。更说明事故的原因"主要不在于坑道以上岩层的流体静压力作用，而是由于积累了强大水平应力作用的结果。只有岩层具有高度弹性，才有可能累积应力到如此程度以致使岩层发生爆裂"[1]114。又如大陆若干并不显著的隆起区，显示相当大的重力负异常。这就是"那些地区的重力均衡作用，离完全补偿的程度很远。这就证明那些地区对它们周围的地区保持着一定的弹性"。再如地震横波"有时达到三千公里上下的深度。……只有弹性的物质才能传播横波"。

先生称岩石具有塑性的例证，一是地震发生时除了发射弹性波外，还发出"塑性波"。"这种波动的频率较低，传播的速度较慢，振幅较大，破坏性较大"，说明岩石"除了弹性表象以外，还有塑性表象"。二是总的看来，地壳均衡代偿达到很高的程度，"广大地块显示着高度塑性的作用"。三是各种褶皱构造，"都证明岩石是具有高度塑性的"[1]114（插附"砾岩层中硬脆的砾石所发生的塑性形变"版图）。称在"高温高压的作用显然都不存在"的场合，如"背斜山岳的山坡上，岩层有时发生翻转曲褶，甚至显示经过'半黏性流注'而呈叠褶的形状"[1]115（插附"在重力作用影响下，背斜顶部的石灰岩层各种变动形象图"。此图无地名，不能确定是否实例）。四是"第四纪冰川沉积物中，往往出现各式各样的弯曲砾石，形状颇为离奇，其中较为常见的有马鞍石、烫斗石、灯盏石等"，属于非高温高压条件下岩石的塑性形变。强调"这一类现象对探讨岩石弹塑性能来说，是具有重要意义的"。五是"冰川石砾中往往出现由小石子顶进去的槽、坑和窟窿"，说明这些石砾具有塑性。这些石砾是苏黎世附近的白云岩砾石，我国蓝田附近山谷冰川的冰碛中白云质石灰岩砾石，都是可溶性岩石，从槽、坑形态判断其不属于溶蚀成因并不有力。"无可争辩地证明，岩石在长期受力，即使受微弱力量的条件下，也是具有高度塑性的。"[3]86图说明 "所有这些现象，都显示天然界岩石的弹塑性表象与松弛现象和蠕变现象有极其重要又极其复杂的关系。这一方面的研究，现在仅仅是处于萌芽的阶段。""岩石是同时具有弹性又具有塑性的物质。……是在所谓弹性范围以内所显现弹性和塑性。塑性是一种非弹性的表现。""同一种物质同时具有弹性的性能又具有塑性的性能，按形式逻辑来说，显然是自相矛盾的。这种矛盾现象，正是岩石力学性质的一个基本问题。"[1]117 "从实验方面来说，研究高温高压对岩石强度的影响，可能是解决这种矛盾现象的途径。""另外，研究应力作用时间的长短对岩石弹性和非弹性表象的影响，也可能是解决这种矛盾现象的途径。"[1]117先生特别强调时间因素对应变的影响。"既然温度和压力有可能影响岩石的力学性质，特别是在压力作用的时间，有可能影响它的蠕变现象、松弛现象等，那么，我们就应该对地热问题加以研究，才能了解岩石中在地壳中所呈现的力学性质和它可能表现的上述各种现象。这就使它们有广泛地测量地温梯度、各种岩石的传热率、各种岩石的发热性，如钾、铀、钍等放射性物质在一个指定岩区中平均分布的密度等的必要。这样我们可以看见，现今尚属萌芽阶段的地热学，为什么对地质力学的发展有重要的关系。"[1]118

实验方法测定的与天然条件下的岩石力学性质是否"完全一致"，这里是存在问题的，"小块岩石试件所表现的力学性质，与由同类岩石构成的地块所表现的力学性质是否完全一致，这里也存在着问题。作为推进地质力学工作的一个步骤，我们探讨岩石力学性质的目的，不仅仅是要了解各种岩石对各种应力作用的反应，而更重要的是要根据它反映的应力作用的规律来测定产生各种构造型式的应力活动方式。到这里，我们已经进入构造力学的范围"[1]118。"各种不同性质的岩层或岩体，……在同样的边界条件下它们的各部分对同样的应力作用的反应不同，也就是说，运动的形式不同，产生的构造形迹也不同。""必须把动力作用的方式和方向与被作用的岩层和岩块的力学性质结合起来加以思考，才能正确理解构造现象的力学意义。"[1]118 "一般说来，新的岩层塑性比较显著"，"容易发生褶皱"。"愈古老的岩层，……塑性愈为减退"，不容易褶皱而是产生断裂。先生因此提出，"我们没有理由假定，小块岩石的力学性质就可以代表由同种岩石所组成的大片地层或巨大地块的力学性质。在这里，我们需要考虑有关量纲的问题"。"岩石是否也和一般金属材料相似，具有工作硬化性？"[1]119

同样构造应力的作用，在不同岩性的毗连地区中造成的构造形象一般是不相同的。在软弱岩层区出现的褶皱带，延伸到古老地层区则替之以仰冲或其他挤压现象，"它不一定标志着构造应力作用的方式和方向有所改变"。先生在此提出"协调条件"一词，称"地质力学在力学方面的工作，主要在于研究各种构造体系中应力活动的方式，并且在既定的协调条件下，推断构造体系展布地区的边界条件，从而确定那一地区的运动方式"。"协调条件是由岩块或地块的形变特征来决定的；而岩块或地块的形变特征，……又是主要取决于岩石的性质和它所受应力作用时的温度、压力以及应力作用的时间等因素的。"[1]119

"关于在东西复杂构造带应力场中应力活动方式和应力作用起源问题的研究"，"斯托伐斯做出了出色的贡献，特别是关于在纬度35°和40°附近，从地球的角速度发生变化，因之它的扁度发生变化观点，确切地阐明了这两个纬向构造带成生的原因"。在中国"这两个纬向构造带—即秦岭带和阴山带—除了局部受其他构造体系的干扰以致产生一些局部的扭动构造现象以外，它们在空间上的持续性和在时间上的反复活动性都是异乎寻常的。但是还有其他的纬向构造带，要求同样确切的说明"。

"关于产生各种扭动构造应力场中应力活动方式的研究，直到现在，几乎还没有开始，今后在这一方面大量开展工作是有必要的。"[1]119 "这一方面工作的开始，首先必须重实地调查研究，确定各种构造型式的存在和它们的构造特征，然后进行有关应力场的理论分析，同时和模型实验结合起来，这样，就有可能全面解决各种构造型式的起源问题。"先生在此节最后称，"应力的作用，不一定处处都由显著的构造形变反映出来"，"而对构成有关地块的岩石，却留下了某些物理的特性，或正在产生某些物理的特性"。"测定这些物理的特性，对解决许多工程地质中的重大问题，往往具有极其重要的意义。""用各种物理的方法和精密的仪器来探测岩石中保存下来的或正在出现的这些物理特性，是地质力学今后发展的一个新方向。这个方向指出了辽阔的远景。"[1]120

先生对岩石的力学性质进行了相当多的研究，但这主要是物理学的课题。地质学有别于物理、化学者的原因有二：一个是时间，一个是规模。如地质学中靠时间因素石英可溶解[10]76，就不同于化学。李四光先生称时间因素可造成岩石性质变化，必须有充分证据。先生自己也承认弹性与塑性彼此对立，"塑性作用是一种非弹性的表象……这里是存在着矛盾的"[1]137。实际事实则是先生作为主要根据的变形砾石的产状尚未得以确认，先生只说到多产出于冰川的程度，并属罕见现象。这个证据是不充分的。常温常压条件下长期受压却并不形变，反倒是岩石司空见惯的现象。按照先生的理论，众所周知的阳元石下部应当受压膨大，风动石下的压迫点，应当有凹槽。如果按照《地质辞典》的说法，在实验室都可以证实[9]273，则摩天大厦应当有高度降低的记录。规模因素倒是值得注意的，尤其是量变引起质变。例如冰川性均衡代偿。冰川融化，海水增加、洋壳增压逐步下沉；大陆壳相对减压递次上抬，出现河流阶地，此时洋壳未见得出现对应现象。有一个名词可能适用于地质学，这就是"永久性荷载形变"，即长时期给予地壳施加力不予解除造成的形变。只要平均海水面没有大的波动，这种永久性荷载形变就长期保持下去，看起来相当于塑性形变。当然，大冰期来临，平均海水面下降，洋壳减压上抬、陆壳增压沉降，地壳同样产生永久性荷载形变。亦因亦果，亦始亦终，循环往复，无穷匮也。海水的永不平静，给人的启示应当是地壳地应力的永不均衡。不均衡的地应力只有在积蓄到足够强大，才产生"一鸣惊人"的地震、火山爆发之类灾变。迄今不能察觉地应力的"不均衡度"，是人类无法准确预报地震的根本原因。李四光先生对此早有应对之策（提出"在岩层中不显示构造迹象的应力作用和现时尚在活动的应力分配情况的探测问题"）[1]141，余下的问题属于技术层面的实施，而要解决这个技术问题极为困难。

6）模型节中，从模型实验的效用、目的、前提、意义、控制因素、实验材料力学性质（包括物质弹塑性与应力作用时间）、边界条件、比例尺问题、实验材料的选择（强调泥巴—泥浆的优点），到已经取得的经验等，李四光先生用约八个版面0.9万字阐述模型实验，内容丰富，可谓用心良苦。

先生称"相似现象的相似性，不一定程度相同；相似程度相同的现象，在它们不同方面的相似程度也不一定相同。这就说明了任何一种模型实验，在本质上，它的效用都不能不受到一定的限制。但是实践证明这种限制并不否定它在实际工作中所起的作用"[1]120。

"模型实验又称为模拟实验。"[1]120"地质模型实验的目的，是要用人为的方法和适当的材料来模拟岩层和岩体的某种构造现象在自然界产生的过程。""首先，要求岩层和岩体的某些构造现象之间存在着相似性，也就是类型相同的构造体系的存在。其次，还要确定一定的模型实验方法而做出的某些类型的人为构造体系之间也存在一定程度的相似性。只有在确定了这两项前提之下，模型实验才有意义。""关于构造体系的存在，……往往揭露着局部和有关地区一部分或全部运动的踪迹。[1]120""调度许多可变的有关因素来进行模拟实验，反复加以调节，直到与自然的构造型式具有高度相似性的人为构造型式在所用的试验材料中出现的时候，才有可能判断那些因素或者什么样的因素对产生某种构造型式具有决定性的意义。"[1]120先生称，控制模型实验具有决定性意义的因素是实验物质的力学性质、应力作用的方式与强度、边界条件[1]121。我们可以测定实验用材料一般的力学性质，但"没有找到适当的方法来测定岩层或岩体在地应力长期作用条件下所表现的力学性质，如弹性、塑性、弹塑性等"。"很多种类的物质，无论是天然的或人为的，都具有弹性，同时具有塑性。物质的这两种属性，往往与应力作用的时间这一因素有极其重要的关系"。"我们现在还不大了解弹塑性的实质是什么，但我们很熟悉它们在现象论方面的表现，那就是，一定形态的物质在受着一定应力作用时的流动性和应力撤销后某种程度的复原性。""用弹性力学的语言来说，一般认为这种特征只有在物体中发生的应力超过了它的弹性强度的阶段，或超过了'屈服点'以后，才表现出来。或者从另一个方面说，只有物体的泊松比接近于1/2这个临界值的时候，才具有这种特性。""具有这种特性的物质很多。""物质的指定部分发生形变时，作用于它内部的应力方式和强度，是与它的边界条件分不开的。""在模型实验中，我们经常用人为的方法来制定和改变试验材料某一指定部分的边界条件。但在天然界中，当某一地块受到某种方式的应力作用的时候，它们的边界条件，我们却无从直接观测。但是我们知道，构造型式不论是天然的或人为的，都反映应力作用的方式；而应力作用的方式，如上所述，又与被作用物质的力学性质（以及由此决定的协调条件）和它的边界条件有密切联系。因此，我们现在只能从模型实验所做出来的构造型式与天然界的构造型式的相似性出发，来推测岩层和岩体在长期的应力作用下的力学性质和地应力作用时卷入某些构造型式的地块的边界条件。实践证明，这些推测在一定程度上与天然构造型式组成部分中所揭露的构造形象和相对运动的踪迹相符合。"[1]121"严格地说，在这里我们应该考虑到模型实验的比例尺问题"，进而"又必然牵涉到发动地壳运动的动力大小问题和动力的起源问题，同时又牵涉到岩石在地应力长时间活动期间的强度问题，也就是它的弹性、塑性和弹塑性问题。由于我们还没有从这些方面获得所有有关的数据，所以比例尺问题的考虑，除了在接受重力是发动地壳运动的唯一动力的假定的场合外，是没有什么实际意义的，而重力作为发动地壳运动的唯一动力的假定，是扭动构造型式提供的证据所不允许的。如若再进一步做理论的探索，那就不免要牵涉到量纲的理论，可是任何有关这一方面的基本理论，不属于地质力学的范畴"[1]122-7行。"除了山字型，看来不能小过一定限度以外，其他构造型式规模的大小，都是变化很大。"[1]122小到标本，"大到几百公里甚至更大一些"，"实验模型的大小与天然构造型式大小的比例显然意义不大"。"并不意味着在今后地质模型实验工作中比例尺的问题是无须考虑的。相反地，在某些类型的试验中，比例尺的调节可能是做好模型实验所必须经由的途径。"[1]122"某些人为的构造型式总体形态和大小地区中所发生的天然造型式的总体形态具有高度的相似性。根据这一点，我们才认为，模型实验不是一种空洞的游戏，而是具有实际意义的。"[1]123先生称地质模型实验的材料种类很多，如玻璃、沥青、蜂蜡、石蜡、毛毡、干湿泥巴、塑料等。先生推崇泥巴，特别总结其优点：一是塑性很大，有微弱的弹性。二是泥巴成分变化很大，其力学性质可变性也很大。三是掺水分量可以按所需要调剂试验材料各部分的软硬程度和其他力学性质。对次者以两个多版面从矿物成分、吸水作用（水分增加至泥浆）、塑性及产生塑性的原因等多方面做阐述。

选择泥巴和泥浆从事模拟实验取得经验、成果，"已经为教科书中的材料"[1]126，"例如棋盘格式节理和断层的排列方位与主压应力或主张应力作用面的关系，归并断层的成生，羽状节理以及雁行排列的断层；褶皱与扭应力活动方向的关系等。山字型构造、各种旋卷构造以及与侣对尔线相当的交叉节理等，都可以用适当的弹塑性物质通过模型实验仿造出来"[1]126。模型实验的动力来源可以采用多种方式。

"上述七个步骤所研究的对象，都是不依赖人的意识而存在的客观现象和它们彼此之间以及其他自然现象的关系"[1]127。此言差矣，对象属客观，研究属主观，才是主题：鉴定、辨别、确定、划分、分析、探讨六个步骤无一例外。模型实验其实也属"想方设法"模拟。地壳存在的东西向构造属客观，划分为"横亘东西的复杂构造带"等，不能因此称之为客观，认识构造体系的复合、联合更不能说是客观现象之间的关系，因为这涉及"建立构造体系"及"论证其相关关系""双重主观"，不可偷换概念。应当说按照地质力学理论和方式对客观现象的认识和研究才是"七个步骤"的核心，才是地质力学。地质力学并非在描述"客观现象"。

"如果根据一定数量的实例，确定了某一构造类型的存在，鉴定了那种构造类型的主要共同特征，在这种情况下，就可以确定那种构造类型的存在。但是我们在认识构造类型的过程中，有时还可能遇到一些困难。当我们掌握了一个构造体系某些部分的若干特点时，有时我们就可以按照那种类型的构造体系的规律性，结合当地特有的构造形式，来预测属于同一体系的其他尚未见到的部分的存在。但也有时由于我们所掌握的既知事实不够，以致对那个构造体系类型的认识发生错误。在这种场合，当然上述预料的组成部分，实际上并不存在。但是，由于认识错误而发现不符合预测的现象，往往导致一个新的构造类型的发现，那个新的类型的成立，并不否定原来对所考虑的地区提出的构造类型，在其他地区也不成立。另外更不能因为一个构造体系的大部分主要成分，符合某一构造型式，而另一部分由于和其他构造体系复合的关系，未获得正常的发育，就立刻做出结论，认为它与那种构造型式无关。"[1]127确定构造类型的存在，不能靠"根据一定数量的实例"和鉴定其"主要共同特征"。还是必须根据论据、论理、论点三要素确立。这里存在思想方法问题。不是靠"一定数量"实例，以量取胜。如以一块有雁行排列的脉体的手标本，一番扭动构造应力可以造成雁列的构造形迹的论理，就可以建立起一种构造型式。如再加一个"搓裤腿"的模型实验则"板上钉钉"了。在联复节，那些所谓的"联合""复合"，就是在这种思想方法下产生的。

"前述各种类型，仅仅是在自然界中存在的各种构造类型的一小部分。可以肯定，还有更多的类型，需要做大量的工作，才能获得认识。即使就已经认识到的这些类型来说，也还存在着认识程度不同的问题。这里包括一种构造类型，究竟是由哪些结构要素怎样配合、怎样排列、怎样分布才是典型的正规的型式？一种典型的正规的构造型式，和在总体形态上与它类似的构造体系相比较，差异要不超过什么程度，才可以把它们纳入同一类型？一个构造体系很难说是一蹴而成的，它的各个组成部分，发展的程度又是如何？这些都是我们既知的若干构造型式，应该继续钻研的问题。同时还必须把已经确定了的构造类型，广泛地应用到分析地块各部分和各个时代所有的各项构造现象中去。在这样复杂而且范围广大的分析工作中，我们对于作为一幅形变图像看待的构造型式，一方面寻找更多的实例，来进一步确定既知的构造型式的规律性，同时为发现新的构造型式的特征而努力；另一方面，我们必须从组成各种构造型式的结构要素来从事力学的分析，证明各种构造型式是起源于什么样的构造运动方式，包括有关地壳运动的方向。"[1]128

2. 第三章"当前地质力学中存在的问题"主要内容及对应点评

在第三章"当前地质力学中存在的问题"中，先生指出了构造运动时期的鉴定、古构造型式的鉴定、各级构造型式对大矿化带和矿田的控制作用、构造型式所涉及的地壳深度、各种结构面或构造面显示力学含义的特点、各别褶皱形式的决定因素、岩石的弹、塑性能的统一性与松弛现象、在岩层中不显示构造迹象的应力作用和现时尚在活动的应力分配情况的探测问题八个方面"比较大"的问题。

（1）在"构造运动时期的鉴定"问题里，先生称"构造运动时期的鉴定，一向是地史学中最麻烦、有时候是很难解决的问题"。"一般是利用地层学的方法。只有在地层记录完整的地区……存在着显著的不整合的时候，才可能……把构造运动的时期确定下来。但是，地层记录完整的地区，在地壳上任何部分是少见的。"[1]129因此，"只好用比较的方法，来间接推断"……这"显然无法保证推断的结果是完全正确的"[1]130。有"足够鉴定绝对地质年代的火成岩体"[1]131，又可能"不含可以鉴定绝对年代的矿物"，一再强调构造运动时期鉴定是整个地质学的难题。

"绝大多数地质学家都认为"，存在"所谓运动定时性的规律"，因此往往套用"欧洲特别是西欧""发现的造山运动时期"。"中国也不例外"，"每一个构造区，都认为是某一场构造运动区域的范围"，但是没有"确实的根据"划定构造区的界限和鉴定其形成时期；这样划定的指定时期的构造区中"究竟形成了什么样的构造型式，往往就不管了"[1]131。按追索构造形迹的地质力学办法"也不见得处处都能解决问题"，因为构造体系可以是不连续的，即使连续，另一地可"转变而成为他种构造形象"。"跟踪追索的方法，显然不能使用。"[1]130先生将解决这些难题的困难说得很充分。

另一方面的困难是一个构造区的构造是不是一次造山运动形成的，这很难区别。"更困难的是，在古老变质岩区，寻找证据来确定它所经历过的构造运动究竟有多少次，每次发生在什么时代"，一般倾向于是"经过一次古老的构造运动而形成的"，又"并非如此简单"[1]130，因为古老变质岩区可有后期构造。加里东运动命名区出现的"格林平错断层以及它两旁的构造形迹所表征的地壳运动，并找不出绝对的证据，来证明它们全部都是加里东运动的产物"[1]130。"如果我们不经过严格地考察地层与地层间不整合的关系，就断定某一条山脉或某一个地区的褶皱和破裂是欧洲的某一造山运动时期所造成的话，这显然是不够严肃的，是可能犯错误的。要改正这种缺点，只有强调对岩层的不整合现象和对有关它们的年代做更多更深入的研究，包括绝对年龄的鉴定。"[1]131 <u>对不整合现象做更深入的研究，能解决某些构造形迹是否属于该次地壳运动这个问题吗？</u>

先生称追索构造形迹和运用地质力学可解决某些困难。"淮阳地盾的中部，……构造形式极为复杂的古老变质岩区中，出现了许多走向南北的挤压带，它们由走向南北的冲断面和强烈的褶皱以及片理组成。这些挤压带如果不是其中有一些连续往北伸展，直到它们穿过含有化石的石炭—二叠纪岩层和中生代的火山碎屑岩层，我们就很难证明，形成那些走向南北的挤压带的构造运动发生在侏罗纪以后。相反，形成那些走向南北的挤压带的强烈构造运动，很有可能被忽视了，或者被认为是大别山区古老的复杂构造的一个组成部分。"[1]130 分析古老地区的复杂构造，"对于这种困难问题的解决，地质力学可以提出它自己的办法。""一套构造体系是一定方式的一场构造运动或几次同一方式的构造运动所形成的。而那些<u>多次运动之中，大都总有一次（往往是最后的一次）是造成那一套体系的主要运动。这样我们就可以说，一套构造体系的各个组成部分，大都是一次构造运动的产物。</u>应用这一原则，我们就有可能把古老地区中某些构造形迹分开，并且寻找它们和邻近地区的某些已知年代的构造形迹，根据一定构造型式的形态规律联系起来，推断复杂的古老地区中一部分构造形迹的年代。例如乌鞘岭……"[1]131 先生并没有说"地质力学的存在问题"。<u>两个多版面的文字读完了，也看不出地质力学有什么问题，反而看到地质力学方法的优点。实际上，其主要问题是只能分析或可能鉴定最后一次形变。</u>"最后"，先生用"挽近"表达。"挽近一词，和苏联学者所倡导的新构造运动，在时间含义上大致相等"[7]89，表示已经很晚了。

（2）在古构造型式的鉴定节中，先生以"第二章提出的构造型式，大都是燕山运动以来的产物"，由于比较容易鉴定而作为"头一步研究的对象"，"是否在更古的地质时代也有各种类型的构造型式发生"，认为"很显然，它们的存在是不容置疑的"[1]132 切入。"地质力学要求不光要知道构造运动发生的时期，还要知道那一场构造运动所产生的构造型式。""同一地区在不同构造运动的时期，可以卷入同一类型的构造型式，也可以卷入不同类型的构造型式。同一类型的构造型式当然反映同一方式的构造运动，这种时期不同而方式一致的构造运动，一般称为继承构造运动或复活构造运动。但在同一地区，或岩石力学性质相似的地区，不同类型构造型式或大同小异的构造型式，不一定都是不同方式的构造运动的产物，而可能是同一方式的构造运动在不同阶段的表现。这样，我们只有依靠构造型式在它发展过程的各个阶段中应力场的分析，才能了解各地质时代所发生的每一场构造运动的方式。这几点是探索古构造型式所必须注意的。""新构造与老构造的关系，……有两种不同的情况：一种情况是，古构造型式的片段和新构造型式的组成部分，很明显以不整合的关系复合；另一种情况是，它们以整合的关系、亦即重接的关系复合。"[1]132 "在全部地质时代中，世界各处曾经有多次强烈的构造运动发生。因此，严格地说，不同时代所产生的构造型式，不应该笼统地称为古构造型式，还应该强调它们之间新旧的区别，才能在不同构造层的意义上阐明不同时代所产生的古老构造型式的特点。""我们现在还很难预测，在每一个古老构造层中出现的古老构造型式有些什么特点，也还不能断定从燕山运动以来，亦即自中生代后半期以来，地球表面上所发生的各种构造型式在古老构造层中都会出现。相反，有些迹象暗示，愈古老的大、中型构造型式，形式似乎愈简单一些，但是由于愈古老的构造型式遭到愈多的后来的干扰、破坏和掩覆，鉴定它们的型式也就愈加困难了。"[1]133 "由于构成古老构造型式的巨型拗褶——包括隆起带和沉降带——一定会对古地理形势起着重要的控制作用，所以古老构造型式对较新的沉积层的分布和沉积层岩相的变化，也一定会起着控制的作用。从这一观点出发，我们有可能根据某一时代沉积层的分布和岩相的变化来探索某些巨型古构造型式的形象。"[1]133。自己承认"一个构造体系，主要是一场（包括若干幕）构造运动的产物。一般地说，越老的构造体系就会遭到越多的干扰、破坏、甚至越深和越大面积的覆盖。这样，就可清楚地看出，越老的构造体系的型式，越不易鉴定"[1]45。承认"一套构造体系是一定方式的一场构造运动或几次同一方式的构造运动所形成的。而那些多次运动之中，大都总有一次（往往是最后的一次）是造成那一套体系的主要运动"[1]131，却设想了许多"探索古构造型式"的"注意事项""新老构造""关系"、古构造的"新旧区别"，并且要从岩相古地理入手探索古构造型式，这些都是不可能的。

（3）在各级构造型式对大矿化带和矿田的控制作用节中，先生称"大量的事实证明，构成若干构造型式的第一级构造往往对明显矿种的矿田分布起着控制的作用。而那些第一级构造中第二、三级构造又是决定矿田中矿产富集带的分布规律的重要因素。例如属于多字型构造的新华夏系隆起带和沉降带，都是第一级的构造，它们各自对不同种类矿产的分布，起着决定性的控制作用"[1]133。"又如组成棋盘格式构造的两组断裂，在规模上往往属于第二、三级构造，它们之中往往有一组是与矿脉富集带一致的，有时其他一组也有少量矿脉充填，而两组交叉处所，矿体往往特别富集"[1]133，"今后应该在这个方面广泛而深入地开展研究工作"[1]133。先生的观念，前者虽未提供例证，应当说是合理的；后者却似显模糊。因为先生认为山字型构造体系各部分"都起一定的控矿作用"[1]58，对棋盘格式构造却区别对待了。前者之"理"，非三言两语可阐明，但也不玄奥，只须看懂控矿入字型构造的控矿作用[8]即可知其大概。

（4）在构造型式所涉及的地壳深度[1]133节，先生并没有探讨构造型式涉及的深度，主要是按槽台学说，将地向斜（地台）与地背斜（地槽）当成某一类"特殊的构造体系"或"构造型式"，分析它们影响地壳的深度与现今海沟相当。

8个问题中，篇幅最大的是岩石性质，其次是构造运动时期的鉴定，再次则是此"构造型式的影响深度"。事实上先生讨论的是槽台构造，而非构造型式影响地壳的深度。

先生称"可以肯定，那些组成构造型式的构造形迹，是不会无限度地往地下伸展的。但直到现在，我们还没有得到足够的资料，对每一个构造型式[1]133，在地壳中划出一定的水平面，作为它影响所涉及的深度"[1]134。"从对地表的观察推测起来，有些小型的构造型式，它们所影响的深度较小；另外又有一些比较大型的构造型式，它们所影响的深度比较大。物探方面提供了不少资料，证明了褶皱现象包括大型褶皱在内，到地下一定深度就消灭了，就是说，脱顶现象至少在沉积壳中是普遍存在的。由于水平运动而构成的构造型式的底面，是有一定的深度的。""原来地台的概念，限于地层的褶皱极为平缓的地区。近几年来，地质学家们发现在所谓地台区，往往存在着相当强烈的褶皱，这种类型的褶皱，在所谓中国地台，尤其是中国南部特别显著。正是这种地区，我们发现各种类型的构造型式很普遍地发育。这样，我们就可以说，所谓台内褶皱和构成构造型式的褶皱，属于同一范畴（按：这里潜藏着地注学说与地质力学的联系，先生讲的是添加在地台上的结构——因为构造型式是最后保留下来的，地注学说着重点在地台盖层之上的沉积建造——组成）。但是地槽区的情况就有所不同，从地槽长期下沉，其中充填物的形式和反转过来的隆起褶皱的转变过程来看，我们有理由把地槽当作大陆壳固有的具有特殊性质的部分看待，这是一种传统的看法，是已经被一般地质学家所接受的。但是，从另一方面，我们也有理由提出进一步的看法。像乌拉尔、科迪勒拉、安第斯那样，具有比较长期发展历史，又具有极其突出形式的地槽，确是典型的地槽。但是在大陆块长期存在的过程中，以及现在接近大陆的边缘或内陆地区，也还存在着比较巨大的槽地，那些槽地从它们的规模和存在的形式来看，多少具有准地槽的特征。至少可以认为，它们和地槽有些接近。""许多沉降地带，如亚洲大陆东部边缘的海沟、边缘以内，从鄂霍次克海到南海一连串的内海以及从松辽平原到北部湾一连串的凹地，都可以按一般流行的概念，把它们当作现代地槽或准地槽看待。东亚大陆边缘的海沟，在最深的处所，深达十多公里，总长达几千公里，在规模上和大陆上古代最大的所谓正地槽比起来，并没有太大的差别。夹在这些沉降带之间的又有几个隆起褶皱带，包括由一系列串珠状弧形列岛所代表的一带、由锡霍特到武夷—戴云山脉一带和由大兴安岭到湘黔边境诸山脉一带。前已提出论证，它们和它们之间的沉降带，显然是有成生联系的。""这些现今存在的和继续成长的巨型陆上槽地和海沟既然是和它们相辅而行的隆起褶皱带有不可分离的关系，那么，像正地槽那样存在于大陆上面的巨型地向斜，也应该有和它相辅而行的地背斜存在，作为它的侣伴[1]134。(按：'现代地槽'的说法说明，地质学多么需要演进的观念。李四光先生批判多轮回，自己也陷入多轮回。窃以为地槽这种东西，如同磁铁石英岩一样，永不再现了。海沟的沉积物不可能属浅海相，一句话即可否定'现代地槽'说。槽台学说给人的一个错觉是地槽或地台主要是地域概念。其实，它们主要是时间概念。或者因为制作大地构造图，业界过分看重其地域性，忽视了时间概念这个重要特征）地向斜有了它自己所保存下来的沉积物作为它存在的证据，可是地背斜在受到长期侵蚀以后，便变成了准平原，或者随着地向斜的转变，而成为强烈褶皱山脉的一部分，或者下沉而为新生的沉积物所掩盖。""尽管这些地向斜和地背斜同是地壳的一套构造形式的组成部分，但是地背斜的存在，却很容易被漠视。"[1]135（按：岛弧就是海沟的"侣伴"。如果岛弧不算海沟的"侣伴"，那么，先生概念里的"侣伴"，是否应当如同喜马拉雅山脉那样高出海平面近万米呢？）

　　从以上论述及"亚洲大陆东部边缘的若干地带，是否可以与一般地槽成生初期的过程相比较，是值得考虑的问题"[1]4来看，是否意味着先生从其他角度对地洼学说的肯定？既然海沟属于"现代地槽"的雏形，"地台活化"因此就顺理成章。先生批判："也有人提出什么构造运动的多轮回性和成矿作用的多轮回性。这种观点，实质上就是形而上学的循环论。事物的发展是波浪式前进的，是由低级到高级的，总的趋势是不可逆的，在自然界里，完全回复故道的事是没有的。"[7]143此意甚好，但先生自己却提出"现代地槽"，表明在学术层面，先生其实是赞成多轮回和地洼学说的。

　　(5) 在各种结构面或构造面显示力学含义的特点节中，先生侧重分析的是大义山式和泰山式扭裂，并非"各种结构面"。看起来先生对扭裂的性质鉴定仍然存疑。先生开始讲的是"鉴定"，包括倡导岩组分析，并不属于此节的内容。

　　先生"在叙述压性、张性、扭性结构面的一段中，已经指出了这三种结构面的主要特征。作为鉴定具有不同力学意义的结构面的标志，它们还是有待补充的"[1]135。压性结构面和张性、扭性结构面特点"比较显著"，都容易辨认。"有些"张性与扭性结构面的鉴定"就不免有些困难"，"对于同时具有扭性和张性的结构面，它的双重力学意义更不容忽视，但我们野外的工作，直到现在还没有处处达到这一方面准确的要求"。认为岩组分析是"有效的方法"，"与岩组分析结合起来检验各种结构面上和与结构面接近部分岩矿颗粒的形变特征"，"肯定是很有前途的"。

李四光先生研究得最有心得的"新华夏系"是一对扭裂，"一个方向的断裂面是走向北北西，另一个方向的断裂面走向北东东"，"由于它们经常彼此互相伴随，同时往往又伴随着属于新华夏系的、走向北北东的压性构造形迹（包括巨型拗褶、挤压带、单式或复式褶皱、高角度仰冲断面等）和横断这些压性构造形迹的、走向北西西的张性断裂。它们属于新华夏系两组扭裂面的可能性是相当大的"[1]135。不过，"除了在扭裂面上发现了大批近于水平的擦痕以外，还发现这两组断裂面附近的岩层局部呈现相当剧烈的褶皱甚至倒转。那些局部褶皱的轴向大致和扭裂面平行。"[1]136 "平错和挤压现象在同一地带和同一方向发生，是不可漠视的事实，它们是否同时发生，是需要进一步的研究才能解决的问题"。"根据用泥巴做模型实验的结果，我们对于与走向北东东的断裂面结合在一起的局部褶皱和仰冲断面，可做如下的解析：即原来走向近于东西的扭裂面，经过南北向相对扭动的继续作用，发生塑性形变以致原来走向近于东西的扭裂面转变到走向北东东的方位（<u>按：过分强调南北向扭应力作用，断裂改变方位是不容易的</u>），同时受扭动部分的底面也被拖动以致使它的表面在垂直面上发生扭动，这样，原来的扭裂面就变成了压性的冲断面（<u>按：不是压性冲断面，而是张扭</u>），邻近的部分也卷入了挤压而形成的褶皱。但是，这一解析不能用来说明走向北北西的扭裂面、平行的褶皱和仰冲断面。因为根据泥巴模型实验的结果，这一方向的扭裂面很少因为南北向相对扭动的继续作用而转变它的方位，也不显示沿着北西西的方向发生任何挤压的踪迹。相反，原来的扭断面有转变为张裂面的趋向。只有假定另外有近于北东东的压力作用，才能解析那些走向北西西的局部褶皱和仰冲断面的出现。我们现在还不知道这个方向的压应力作用是怎样起源的。"（<u>太平洋板块与欧亚板块东西向的挤压是主要的，南北向扭应力是极次要的。认识到这一点，就能够理解大义山式扭裂为什么能够转向压扭性、泰山式却转变为张扭性。模型实验施加作用力也不可太强调南北向扭应力</u>）"与上述情况不同，一部分走向北北西的断裂面附近，并无挤压的痕迹。相反，有时有火成岩带侵入，对于这个方位的断裂面，湖南大义山就提供了一个很好的例子。总合以上不同的情况，我们对走向北北西和走向北东东这两个方向的断裂面的力学分析，还需要做进一步的研究，才能确定它们所隶属的构造体系和成生的原因。"[1]136 <u>从这里可以看出，先生对泰山式、大义山式这一对扭裂的力学性质和成生，并不放心</u>。

（6）在各别褶皱形式的决定因素节中，先生主要提出不对称褶皱、箱状褶皱、梳状褶皱等的产生原因值得研究。称"我们经常把各种不同的褶皱当作一个整体来看待，这种处理褶皱皮群的方法，在平面应力场中从事褶皱群总体形态的分析是正确的，也是我们在全盘分析工作中起主导作用的。不过，这样做还没有解决许多局部的问题。这些局部问题中最容易引起注意的是，对于褶皱形式和伴随褶皱或代替褶皱的仰冲断面形式，除了应力作用的方式以外，究竟还有哪些因素起着决定性的作用。我们经常看见，在同一构造应力场中，有些背斜的两翼，一边较陡，一边较缓；而另外又有些背斜，较陡与较缓的方面与前述情况相反。有些背斜呈'箱状'，而另外有些呈'梳状'或其他形状。另外在同一构造体系中，同时发生成群的仰冲断面，往往向一方面倾斜，但也有个别的仰冲断面的倾向不同"[1]136。"这些现象，虽然在构造体系的形态特征中无关大体，而在某些有关第二、三级构造的实际勘测工作中，却往往具有相当重要的意义"。先生提出了"构造应力的分配"和"岩层的力学性质"问题，相同的岩层有"对地应力作用发生褶皱的敏感性""往往大不相同"的问题。"许多因素决定这种敏感性"，如岩层遭受侧面挤压的厚度和宽度，夹层岩性的特殊性（如岩盐层易发生盐丘和其他穿隆式褶皱），浸润各种溶液、油类和岩浆水等液质时"对褶皱的发生是否更加敏感？这也是直到现在还没有加以研究的问题"。[1]137

（7）在岩石的弹塑性能的统一性与松弛现象节，先生用 5 个版面探讨，是本章篇幅最大的一节。先生称受到应力作用时，岩石"既显示弹性作用，同时又显示塑性作用。塑性作用是一种非弹性的表象，因此从形式逻辑来看，这里是存在着矛盾的"[1]137。解决这个矛盾，"不仅是地质力学的基础理论问题之一，而且对解决许多实际问题是具有重要意义的"。途径之一是"充分探索松弛现象对岩石同时表现的弹性和塑性性能的作用。任何这一方面的深入探索，如果停留在现象论上，是不能解决问题的"。这方面"地质力学的工作，今后必须和分子乃至原子间力场的研究密切地联系起来。下面只能简略地介绍从现象论的观点出发，通过松弛作用去了解岩石的弹塑性能的表象，和组成岩石的矿物颗粒之间的中间物质以及颗粒和中间物质以内的分子和原子，当受到应力作用时所呈现的它们之间相互关系的变化"[1]137。在这里，先生用了近 4 个版面，用数学方法讨论"离子之间，即具有吸引性又具有排斥性"[1]139问题。"另一方面，根据实验的结果，岩石在受到一定应力作用时，尤其是在应变不变的条件下……应力的强度是跟着时间的延长是逐渐变小的。这种现象一般称为松弛现象。关于松弛现象，已经有了大量的事实证明。但是松弛究竟是怎样发生的，现在还存在着问题"。先生用"可以理解"的方式，先论述了物理学的"弹性回复现象"，继而得出"但是位移发生以后，若经过的时间较长，那种由于外力强制而发生位能逐渐变成了热而消散，那么，即使外力强制作用解除，那些分子的一部分各自在新的位置上找到了平衡，它们也不再回到它们原来的位置。这样，松弛作用就成为弹性物质在受到应力作用时产生弹性物质方式塑性形变的根源"的结论。还"可以设想""有种种不同的原因""使弹性物质在受到应力作用时发生松弛现象"[1]139。列举"热的作用"，并且用数学将"岩石在弹塑性形变时应力的变率分为两项来处理"[1]140，"这就说明物质受到一定应力作用时所发生的形变是它原有的应变加由于松弛作用所发生的形变的和"。在应力不变的条件下，松弛现象"是与应力作用时间 t 成比例的。"[1]141 "岩石在一定应力作用的影响下所发生的这样持续不断的形变，究竟能达到什么程度，是地质力学当前所迫切需要解决的问题。""如果作用的应力超过一定的强度，这种塑性形变不会永远继续下去，应变达到一定的程度，岩石就必然破裂。但是若应力的强度不大，作用的时间很长，继续发生的应变时间也会加长，看来是无可怀疑的。不过应变的程度是否因之加大，以及即使加大能够加大到什么程度，这都是尚待解决的问题。""在这种影响的范围和程度还没有准确地测定以前，有关所谓岩石的基本强度的数据还不能无条件接受。"[1]141 先生明知"塑性作用是一种非弹性的表象……这里是存在矛盾的"[1]137，还是要强调特殊性。数理化及生物学、天文学都是地质学的基础。将地质学从数理化基础学科中独立出来，打造"独立王国"，是地质学界的一种常见病。弹性物质同时具有塑性，不要说物理学家，中学生也不认可的。

（8）在岩层中不显示构造迹象的应力作用和现时尚在活动的应力分配情况的探测问题中，先生认为，岩石受到了一定的应力尚未应变，"它的物理性质可能在不同方向发生变化"，"对于这种应力活动，应该可以通过精密的装置"，"探测出来和记录下来"。"这种测验的工作，显然需要和新构造运动方式的研究结合起来进行，这是地质力学具有重大实际意义的一个新方面，是值得予以重视的"[1]141。在岩层发生应变前探测到应力活动的情况，显然有利于地震预报。先生将此作为地质力学的"新方面"，的确"是值得予以重视的"。先生指出了方向，技术层面的响应即成为关键了。

（三）地壳运动起源问题

李四光先生用 17 个版面的篇幅论述了地壳运动起源，认为从地质构造现象的角度来探讨地壳运动的起源要强调工作程序。"必须把处理问题的方法，分为若干必不可少的步骤"，"按一定的程序，开展工作"。"这样，我们无疑将会从地壳运动问题中得到正确的答案。""需要从三个方面，同时也就是按三个步骤分别加以处理：一、运动发生的时期；二、运动的方式和方向；三、运动的起源和动力的来源。"[1]142

其一方面，所据和所论均为槽台学说。造山运动和造陆运动时期的鉴定，"除非在不整合面或假整合面上下可以确定地层年代的时距甚短，运动时期的确切确定，总不免有很多困难"[1]143。"总之，不管哪一种运动，它的时期的鉴定，都要依靠地层中不整合或假整合来表达。"[1]143 这些完全不涉及地质力学。

认为"至少古生代以来，地壳上所发生的几场大运动，都是具有全球性的、周期性的，亦即所谓运动的定时性的规律"[1]142。因为存在地层记录不全的情况，"定时性规律……只能在广泛意义上可以接受"[1]143，"随便使用在其他地区已经证实，而在本地区尚未证实的运动的名称"，是行不通的。先生解释了造山运动和造陆运动。"在一场大规模强烈运动时期和又一场大规模强烈运动时期之间，或者和某一场大规模强烈运动发生的同时，在强烈运动以外的地区，往往发生比较广阔的、舒缓的隆起和下沉。"造山运动和造陆运动时期的鉴定，"除非在不整合面或假整合面上下可以确定地层年代的时距甚短，运动时期的确切确定，总不免有很多困难"。"总之，不管哪一种运动，它的时期的鉴定都要依靠地层中不整合或假整合来表达。"这些都属于槽台学说。

其二方面，重提从两个方面加以考虑："（一）从地壳各部分的组成探讨它们所经过的运动的方式和方向。""（二）从地壳各部分的结构探讨它们所经过的运动的方式和方向。"[1]143

按槽台学说，"从沉积物的存在来推断地壳运动的方向，显然，我们只能看见垂直运动"，并且"是正确的"[1]145。但是"我们没有理由反对它们所显示的垂直运动可能起源于水平运动"[1]146。称西藏高原硅铝层的加厚，"是由于它的侧面——主要是南北两面——在挽近地质时代，受到了强烈的挤压"[1]147。

先生先分析了海陆升降各种情况：任何海陆相对运动的分析，对于海底对陆地发生了相对的下降运动"必须考虑下述各种不同的情况：（一）陆地和海底不动，海面上升；（二）海面不动，海底对陆地下降和陆地和海底一同下降；（三）海面与海底对陆地同时上升或下降，但海面上升的程度大于海底上升的程度或海面下降的程度小于海底下降的程度；（四）海面对陆地上升，海底对陆地下降"。这四种情况"反映海底对陆地发生了相对的下降运动"[1]144。海底对陆地发生了相对的上升运动则列述相反的四条。要确定"那些时代的海浸现象，是起源于大陆的下沉"，"或者是起源于海面的上升，……困难是很多的"[1]144。先生孤立看待了海面升降将引发的问题，在这里忽略了"事物是有机联系的"哲学原则，如海面上升、洋壳增压，海底不可能不动，必将沉陷，并引发陆壳上抬。后称"由于在太平洋中所发现的为数很多的盖岳特（就是一种平顶的火山），也暗示太平洋的海平面，在过去有些时候，可能比现今低 2 000 多米"。先生还认为海洋扩大、海水增加了，有另外一种海侵。盖约特是板块碰撞，随洋壳下插、下沉的解释有论据、更可信。"现今"增加 2 000 米深海水层不是一件小事，它将相应产生许多变化；无缘无故新生海水也属无视物理学的物质不灭定律。槽台学说反映的是地壳的垂直运动，但先生指出发生沉降与发生隆起是对立统一的，要考虑"隆起地区的底下所需要填塞的物质来自哪一方面，沉降地区所排去的物质走到哪一方面"[1]146，即隆起区和沉积区存在有机联系，褶皱并非由其基底下沉形成。褶皱构造在地壳深部消失"是地壳表层对它的基底发动了水平运动的无可争辩的证据"[1]146。其他"例如拉铺、飞来峰和外来巨大岩块"，"大规模水平运动，也是显而易见的"。先生又认为"广大地区的垂直运动"，"可能是发动水平运动的原因之一（详后）"[1]146。之后的 12 页，未见"详后"，紧接着涉及相关内容的是"青藏高原受到南北两侧挤压形成的"，这似乎并非对应诠释，笔者认为这"可能是发动水平运动的结果"。先生也可"详后"至后续著作。

从地壳结构看，先生先称"造山等同造山、造陆各项构造运动，都是属于由地壳结构所显示的运动方式"[1]147。它们的确在地壳结构上也有所表现，但它们是研究地壳组成的成果。论点当为"都是属于由地壳组成所显示的运动方式"。另外有"克拉通运动"，"在缓慢升降，特别是下降地区，例如盆地边缘或其中在构造上具有特殊意义的地带，发生局部强烈的褶皱和断裂"。"上述局部性的相当强烈的运动和有关地区一般性的舒缓升降运动的关系，只是一个普遍原则的特殊表现。所谓普遍原则，就是局部运动是由更广泛的区域运动来决定的，不管运动的性质是属于造山、造陆、克拉通或其他方式的运动"。先生此段写的是"地壳运动的方式"？它们可都与地质力学不相干，何以要放在此处？难道是将这些方式的构造运动先说成"都是属于由地壳结构所显示的运动方式"的逻辑结果？认为地壳"所表现的运动方式""是和运动方向的问题有紧密的联系的"："传统构造地质学认为，当仰冲、逆掩断层或倒伏褶皱发生的时候，仰冲、逆掩或倒伏的方面是主动地往前推动的方面；跟着又假定，压力是由那一方面来的，这种假定已经根深蒂固了。但究其实际，它并没有可靠的基础。不错，我们知道与仰冲、逆掩或倒伏褶皱的走向呈直角的方向，在冲断面或褶皱带的两边，是曾经发生过相对挤压和由于相对挤压发生过相对位移的。但仅仅就这种构造现象本身来看，如果我们有理由认为压力来自仰冲或逆掩，抑或倒伏的方面，我们也同样有理由认为压力来自俯冲和被逆掩，抑或倒伏褶皱所掩覆的方面"[1]147。此属"小构造"之"运动方式"，与上述"大构造"运动方式是两码事。这里转换了概念。延续读来，此处只希望知道造山、造陆运动等所反映的地壳运动方向是什么。事实是"它们大都是一边倒，但在同一褶皱带也经常遇到少数仰冲或倒伏褶皱向反对的方向仰冲或倒伏"[1]148。此证据确给传统观念带来麻烦，但仍然存在"大都""少数"的差别，在一般情况下，传统观念仍然是正确的。例如，八家子"伸舌构造"力来源于舌的根部。杰斐列"仅仅强调倾角大致 45°的断裂面的重要性。这种看法和前述拘泥于仰冲（包括瓦叠式构造）褶皱倒伏（包括等斜构造）方向的看法，很显然都是片面的。由于杰斐列只看中了他所假定的倾斜 45°的扭断裂，那就很自然地导致地壳各部分的运动，主要是互相毗连的地区，在垂直方向发生了扭动的结论。其他类似的根据片面构造的事实或假定，而做出不正确的结论，例子还很多"。先生认为"一切仰冲和杰斐列强调的断裂面，都是扭动现象"。如果如杰斐列所主张的那样，"那就必然在和那种断裂面大致呈直角的方位，产生性质相反的结构面"。"杰斐列没有指出这一对性质相反的结构面的存在。"[1]148"仰冲扭断面之所以发生，是有两种可能的：其一是由于为仰冲断面所切的地层，对于在它下面的地层，在近于水平面上发生了错动，亦即扭动；这种扭动的结果，必然在向前移动的地层中对于主要的扭断面，呈倾斜 45°上下的角度，发生两组破裂面，一组破裂面必然顺着往前滑动的方向发育，其性质是压性兼扭性的（瓦叠式构造）；另一组应该与前一组交叉，其性质是张性兼扭性的，这一组一般发育不良，或甚至匿迹。另一种可能受到仰冲断面所切断的地层两边的挤压，在这种情况下，在受到挤压的地层中，将会发生两组扭性断裂面，互相交叉，其中一组可能较为发育，形成仰冲面。无论在上述两种可能，哪一种适合实际情况，都是有关岩层在水平方面受到了侧面平衡的或不平衡的挤压的结果。至于在发生倒伏或冲断的地带，哪一边居上，哪一边居下，是由局部既成的构造形式、岩层沉积的历史或岩体侵入的形态和它们的性质、当地的地形以及其他条件来决定的。那些条件，根本不涉及运动的方向和压力作用的方面。"[1]149

"一般地说，由局部构造形迹所显示的运动方式和方向是多式多样的。有由主压应力的作用形成的，也有由主张应力的作用形成的，又有由最大的扭应力和岩层内部阻力联合的作用形成的，更有由压应力和扭应力或张应力和扭应力的联合作用形成的。当我们发现那些各式各样的局部构造形迹，按照一定的规律排列和组合起来，形成'一盘棋'的局面的时候，我们就不难认识有关地区作为一个整体的运动方式和方向。从此，我们就可以了解关于区域构造运动的一个基本原则，即区域性的整体运动是主要的，一切局部运动是由它来决定的。这就说明了，恰恰是局部运动的方式和方向的多样性，总合起来，才能显示它们所属地区整体运动方式和方向的统一性。""这些局部构造形迹"，"它们都应该确切地反映局部应力作用的方式和方向。因此，我们可以说，从局部构造形式，亦即局部形变图像特征，来探求局部应力作用的方式和方向，是考察局部构造运动的正确道路"[1]149。

"不过这步工作并不是很简单的。在论到级别时已经提到，我们必须牢牢记着，在大的'一盘棋'局面下，还存在着小的'一盘棋'的局面。就是说在高一级的构造体系中，还存在着低一级构造体系。例如一个背斜，作为一个较大的构造体系的组成部分，可以看作是一项单纯的结构要素，但是实际上这个结构要素并不单纯，它往往有和它伴随的一套断裂面，构成它们自己的局部构造体系，这个局部构造体系，总合起来显示局部应力的作用方向，即与背斜轴呈直角的方向，尽管在它的组成部分中，还存在着扭性和张性断裂面。如果认为这些张性断裂面、扭性断裂面，直接反映比较高一级的构造体系的局部应力作用，那就对构造体系的认识，会引起极大的纷乱。总之，一个张裂或扭裂面以及一个褶皱所反映的应力作用的方式和方向，并不一定和引起这种应力作用的区域性构造运动的方式和方向完全相符。"[1]150 <u>此意至少在序次节和体系节中有关各种扭动构造型式的内容已经说过了。</u>

先生还重复张裂面、扭裂面、褶皱和雁行排列的褶皱产生的应力分析，包括构造序次。"因此，在考虑应变图像的时候，我们不能处处直截了当地把最初主张的应力作用面摆在现今实际观测到的张裂面伸展的方向；同样，更不能直截了当地把最初最大扭应力的作用面摆在现今所观测到的扭裂面伸展的方向。""如果我们按照各种构造型式组成的规律做组合的分析，并且经常注意到，每一级构造体系只能对次一级构造体系起直接控制的作用，同时还注意到从运动学方面转到动力学方面所必须考虑的问题，上述复杂情况就不难理解，也不难解决"。地质力学论证的地壳运动的方式以水平运动为主相当充分，属板块学说的陆壳反映，与板块学说相得益彰。但是除新华夏系外，迄今能够确认的其他构造体系规模都比较小，能达到上千平方千米者寡。这些规模较小的构造体系能够反映构造运动的方向，但是还不能够即刻上升为反映地壳运动的方向，还需要归纳较多局部构造体系构造运动的方向，做出判断。"每一级构造体系只能对次一级构造体系起直接控制的作用"，是合理的思辨，但先生并没有举出例证，也不贴题。因为重要的是构造体系反映的地壳运动的方式和方向，由小及大，而不是相反。地质学是这样一种科学，容许正确的思辨、演绎，但必须实例佐证。笔者曾因压性控矿入字型构造主干断裂必须容忍性退让，演绎出"主干断裂两侧同时产生入字型构造是不可能的"的结论。但深入研究发现，地壳上果然存在主干断裂向一侧容忍性退让、向另一侧迁就性跟进，两侧同时出现入字型构造的实例，就是明证。地质学不承认单纯的"依理而论"，其实是"很科学"的，因为论据为主，论理其次，论点才最可靠。尤其因为恪守反映论才能够真正认识事物。

其三方面，"关于地壳运动起源问题，仅仅从地质构造学的观点来说（地球物理学的观点，姑且不提），也是头绪纷繁的。在此我们只能根据本书中所提到的地质力学的方法，并参考若干主要构造地质学派的观点，对这一复杂问题做进一步的探讨"。"确定地壳运动方式，特别是运动方向，是追索地壳运动起源的先行步骤。"[1]150 地壳运动起源问题只能据历史、以演进的眼光看待。这就不是"参考"而是"必须依靠"槽台学说才可能探讨的。最后一次构造运动的方式、方向，与地壳运动起源关系甚微。

从地壳的组成方面来看，垂直运动是显而易见的，但是"为什么在某一地区或地带发生了某种形式的隆起？又为什么在某一地区和地带发生了某种形式的沉降？假如各种类型的褶皱和断裂，都是起源于隆起陷落，为什么褶皱或拗褶以及断裂，一般都各自照着一定的方向伸展，按照一定的规律排列和互相穿插？收缩的地球像干瘪的苹果的比喻，固然地质学家们久已承认不能解决这些问题，现在看起来，任何单纯的收缩论，也都不见得有解决这些问题的希望"[1]151。今天的地球不像干瘪的苹果，包括今天陆壳的物质成分不均匀、有所谓"地球化学省"，都不能作为地球曾经不是成分均匀的火球、未曾经历收缩阶段的证据。只要持地球热成论起源说，地壳必定经历收缩阶段。依理而论，太古界都只能代表地球冷却收缩后，在大气圈、水圈形成过程中的沉积物。

从地壳的结构方面，"首先我们必须承认下述极为突出的事实"，即"我们所能够确定的巨型构造体系，都具有一定的方向性"。不是走向东西，就是走向南北（按：线性构造当然有一个延伸方向；巨型构造体系是否存在，尚待论证确立），"还有许多由于水平面上发生了扭动而形成的构造型式，例如多字型构造、山字型构造、旋卷构造等，都是东西和南北向水平运动发展不平衡的产物。因此，它们都可以被看成是东西、南北向构造的变种"[1]151。向南或向西突出的山字型构造"中部与两旁地段发生了南北向或东西向的相对扭动，乃是无可争辩的事实"。中国西北部河西系"显示东面相对向南，西面相对向北的扭动"，中国东部"新华夏系多字型构造，却显示西面相对向南，东面相对向北的扭动。这些构造体系所表示的扭动方向，完全与祁吕—贺兰山字型构造所表示的扭动方向一致，这种不平衡的运动，正好说明阴山东西复杂构造带为什么在它的中段略微向南弯曲，而在它的东西两头显现偏北的趋势"[1]152。青藏滇缅印尼歹字型构造，"也同样表示青藏高原以东的地区对前者发生了向南扭动的结果"[1]152。"我们总不能不承认出现于同一地区中各种构造体系所表现的运动方向的统一性、大规模地壳运动的定向性和地壳运动定时性以及周期性，是有关地壳运动的基本规律。任何关于地壳运动的理论，必须给这些基本规律以明确的说明。"[1]154 先生称地壳运动规律的"四性"，定时性、周期性来自槽台学说。靠地质力学无法认知；运动方向的统一性、定向性尚须充分论证，即使大体上符合欧亚板块遭受东、南两面的碰撞，也只反映中生代以来欧亚板块的情况。因此，此"四性"并不涵盖整个地质时期，也不能代表全部地壳运动。

经过反复阐述，先生亮出了论点："各种扭动构造型式既然可以被看作是东西、南北向构造形式的变种，那么，它们所表示的方向性就显然与地球的旋转轴有一定的联系，它们的成生显然和地球的自转轴有一定的联系。"注意，在这里先生将刚刚形成的论点"它们都可以看成是东西、南北向构造的变种" 变换成了论据。地球自转几十亿年，"它的外形和它的表层内部结构，应该早已达到了平衡状态"，"我们应当考虑的不是地球自转，而是地球自转速度变更的问题"[1]154。先生再以地球自转速度变化罗列天体方面的地球内部的各种可能原因。以角动量守恒定律考虑地球收缩、地壳大规模沉降、地球内部重力分异和轻重不等的熔岩对流等，"不管哪一种假定接近于实际，只要这些作用中任何一种，或在某一阶段，能够让地球的质量总计起来向它的中心收敛达到一定的程度，地球的角速度也就会加快到一定的程度，以致地球的总体形状不得不发生变更。在地球的表层或地壳的上层，抗拒这种变化的强度较小于地球内部的时候，特别是等温面上升的时候，一定强度的水平力量就会在地壳上层更容易发生推动它的效果，以适应地球新形状的要求。这种作用引起的力量，很清楚是由于地球角速度加快而加大的离心力和重力的作用结合起来而产生的水平分力。这个水平分力恰恰符合地壳中某些部分水平运动的要求，特别是形成山字型构造的要求"[1]156。在"可以想象"下推理之后，先生认为可以说明"由于地球角速度的变更，不仅走向东西的构造体系和山字型构造体系等可以产生，而且走向南北的构造体系，也可以跟着产生"。同时也推理"当地球角速度变小的时候"（包括二叠纪大量玄武岩流、第三纪以来印度半岛大范围底亢暗色岩盖等地区"侵入地壳上部的各种较重的火成岩床和岩体"引起地球角速度变小），地球的扁度就会变小，"这样也就可能和上述的情况相似，发生走向东西和走向南北的断裂和褶皱"[1]156。先生再以"古代的日食的记录和近代若干天文学的观测"，论述地球角速度变化是"肯定的"。"历史的记录证明，地球自转的速度是时慢时快的"，还"有一种'不规则的变快变慢'"[1]157（按：地球自转时快时慢和有不规则变快变慢两个关键论点需要足够的和可靠的论据，不可如此一语带过），及深入"探讨地球旋转速度可变性的问题"，影响"地—月间平均距离的可能"问题，"行星和卫星互相关联的运行规律"[1]157的问题。最后，先生对地球自转速度变化造成的各种构造体系进行了归纳，提出地球自转速度加快、变慢都可造成各种构造体系。造成这些构造体系之后，又使得地球自转速度变化向相反的方向转化，表达了他早年（1926）提出的"大陆车阀"[2·4①]437-487的见解："地球自转速度加快，就包含着使它变慢的作用，这是对立的统一。"[1]158先生还有一个论点缺乏根据：因为"在中国，常常见到太古代岩石的片理面走向与最年轻的变动岩层的走向为同一方向"，就论断"在整个地质时期动力是同源的"[2·4①]605。这显然不符合"物质是运动的、变化是绝对的、任何过程都是不可逆的"哲学原理。魏格纳的"大陆漂移说"被指摘的重要理由就是地球自转力根本不能造成大陆漂移。

三、评《地质力学概论》

在"中国地大物博"的传统观念下搞建设，迅速查明矿产资源自然是当年的首选。在1956年地质部召开的一个"先进生产者代表会议"上，毛泽东、刘少奇、周恩来、朱德等领导人接见了全体代表[12]563。党组书记何长工副部长事业心极强，一心要打造胜任要求的地质队伍，可想而见地勘行业会是怎样的一种兴旺。

陈国达先生提出"地洼学说"，正值贯彻"百花齐放，百家争鸣""向科学进军"大政方针，属"全民办地质、全党办地质"前期。何长工先生做报告说他曾当面请教何为"地洼"，这也是今天不敢想象的。笔者入道，就因此感受到大地构造学的神圣。当年的大地构造学，单指槽台学说。应用槽台学说划分中国大地构造单元的黄汲清先生享有极高威望。地洼学说在槽台学说基础上进一步发展，青出于蓝胜于蓝，最高圣殿里新添一尊佛。在那样的时期，由此产生的轰动效应，在地质学院不亚于刘翔 110 米跨栏获得奥运冠军。

按照事物是有机联系的哲理，当了十年部长的李四光先生要写书，不能不说与地注学说引起的轰动相关。因为次年整风"反右"，紧接着 3 年"大跃进"，1961 年开始"劳逸结合"，已经属"紧随其后"了，这是一段"过来人"难忘的历史。十年中，先生虽然没有放弃学术研究，但毕竟有行政事务羁绊，仅有十篇文章。鉴于先生显赫地位和槽台学说的巨大影响，该书很自然以槽台学说为"对手"，既予批判，又图平分秋色。虽未言及由"地台活化"缘起的地注学说，却称"亚洲大陆东部边缘的若干地带，是否可以与一般地槽成生初期的过程相比较，是值得考虑的问题"[1]4，与地注学说不能说没有关系。应当说，当年李四光先生总体上既赞成槽台学说，也欣赏地注学说；既有高水准的鉴赏力，又要隆重推出地质力学，这就是《地质力学概论》出版的基本学术背景。自 1926 年起重视地壳运动，1929 年提出构造型式，1945 年出版《地质力学之基础与方法》，先生的地质力学得到一步步的总结与升华。

概括地说，《概论》伟大之处有四：一是批判继承的学风；二是无视潮流，正确论证地壳运动以水平方向为主；三是将辩证法的一个主要特征——事物是有机联系的——带进构造地质学，多方面运用哲学思想，创建地质力学，无可争辩地证明了构造体系的存在；四是既独具慧眼创建了构造地质学理论，又使其可成为工具，另辟蹊径解开相关学科的死结。笔者已经论证了构造体系的控矿作用，这是地质力学生命力的充分体现。"地质力学是解开热液矿床成因之谜的金钥匙，不懂地质力学，就不能胜任地质调查和矿产勘查。"[8]绪论5 被视为"不可知"的热液矿床成因就是矿床地质学要害上的死结，这不仅有几百年来世界没有可以指导找矿的理论、中国半个多世纪不部署矿床成因研究的事实证据，特别是笔者得到过"千万不要涉及矿床成因"指示、试图申请矿床成因研究经费得到"不可能通过审批"的经历证据[8]绪论7。地质力学在其他领域，或水文地质学、工程地质学，或地震地质学、地热地质学，还可望有所建树，如果这些领域认可地质力学的话。

（一）批判继承的学风

对前人的成果，特别是被认为是地质学最高圣殿的槽台学说，李四光先生予以批判继承。这种态度的可贵有二：其一是必须有高素质。在深知前人的基础之上才能否定前人，非学富五车或真有心得者不可及。笔者并不能全面评论《概论》，是因为对其某些部分无法达到"深知"的高度。其二是谋发展。马克思说"任何领域的发展不可能不否定自己从前的存在形式"[13]。这一条最重要。"也正因为这种根本问题的揭发，才促使我们在我们的工作方法中发现主要矛盾的所在，并从主要矛盾中寻找正确的前进道路"[1]2，先生谋发展之愿望跃然。

鲁迅先生曾说，写作入门之类是骗人钱财的东西，只有懂得文学鉴赏才能写好文章。对于很难听到不同声音的地质学界，《概论》第一章的那些分析和批判实在有如清泉甘露，滋润有加。作为自然科学的基础学科，我们还能从什么其他地方听到这种高度和如此魄力且明白无误的批判呢？学习李四光，首先就要学习先生在鉴赏中的质疑和否定，在质疑和否定中阐明道理，在阐明道理中创新。先生正是在否定之否定中提高了认识水平，创建了地质力学，当然也包括他在古生物学、冰川地质学创新和在生产实践中的建树。

中国最好的矿床地质学著作，当称江西钨矿专家们的作品，如《江西钨矿地质特征及成矿规律》（江西地质科学研究所，1985）、《赣南钨矿地质》（朱焱龄等，1981）等。它们好就好在遵循地质力学，对矿床构造研究最为深入，素材抓得住，认识也基本正确。可惜的是，几近入门却尚未贯通，仍差"一层窗户纸"。这些行万里路者退下来之后，后继乏人，没有延续下去。正是钨矿专家们的贡献，李四光先生称"十年来，地质力学有很大的发展"，强调修订地质力学要"以野外队工作同志的经验为主"[2·8①]580。本书出自实践层面，有力证明了先生的预见。学习地质力学，首先要学习李四光先生批判继承的学风。

（二）先知先觉强调地壳运动以水平方向为主

认识到地壳运动以水平方向为主，是先生先知先觉的有力证明。尽管先生远非最先的提出者，但在槽台学说占统治地位时期，在地槽型沉积建造厚上万米的事实面前，认识到地壳运动以水平方向为主，仍然是需要勇气并必定有其确凿的证据的。这个证据就是对构造形迹的研究成果，即地质力学。后来的研究，如"水平应力常比大地静压力 rH 大 50～200 110 公斤/厘米²"[17]1；"近水平的压应力比大地静压力 rH 大 110 公斤/厘米²"[17]2等，则已经到达定量的程度。当然，以全球板块构造说的宏观证据最有说服力。

由于源自海洋地质调查的事实，今天已经没有人怀疑地壳的这种运动方式。在中国，构造应力作用东面来自太平洋板块，以洋壳碰撞陆壳形成海沟—岛弧的形式挤压；西南面来自印度板块的陆壳碰撞陆壳形成陆壳堆砌成世界屋脊的形式挤压，它们都是水平作用。但在当年，槽台学说的绝对统治地位，地槽中上万米的复理石建造，无可怀疑地证明，地壳在浅海环境下连续沉降上万米。在这种理论风行时提出地壳运动以水平方向为主是必须具胆识的。笔者1962年参与凡口矿床勘探，研究其主要断裂 F3、F4 成因，就按垂直方向应力派生水平应力的原则，试图考虑矿区外围东西两面南北向的中生代盆地下凹派生的侧向应力，结果是无论怎样夸张，也无法获得足够大的应力，疑虑不已放弃了。而先生的"大陆向南、太平洋向北"新华夏系构造体系扭应力场，在笔者看来，正是太平洋板块与欧亚板块东西向挤压，而在以北北东向岛弧—海沟板块缝合线为界面上产生法线力联合作用的结果，轻而易举就取代了先生的三种假定[1]91。先生的新华夏系圆满解释了凡口铅锌矿区主要断裂的成因，这就是从不同角度研究地壳运动。只要据实理论，不搞形而上学，不同角度研究之间是完全可以相通进而互补的。地质学尽管属研究地球的科学，但主要是研究地壳，特别是陆壳。海洋地质调查是20世纪中叶的事，而地质学最晚从1669年斯台诺奠基起算，已经三个多世纪了，陆壳是地质学最主要的研究对象。强调地壳运动以水平方向为主，对矿床地质学领域的研究可产生极为显著的效果，准确说，是无可替代的作用。《BCMT 杨氏矿床成因论》（上卷）[8]的16个矿例和本书笔者创建的两个构造体系的控矿作用已经进行了充分说明。

（三）将"事物是有机联系的"哲学原理引进构造地质学

建立"构造体系"是地质力学的精华，确立"构造型式"是其精华的重要体现，将事物是有机联系的哲理带进构造地质学则是先生最伟大的贡献。先生用此哲理批判槽台学说，指出并分析地槽不是孤立的槽子[1]11，应当是与旁侧的隆起带相对应，如果再指出槽台学说的"第一大经典错误"[8]234，槽子里上万米的沉积物不从隆起区来，又能从何而来，兼及建造和改造两方面，这项论证就充分和完美了。先生一再强调构造形迹不是孤立的，"地质力学是唯心的形而上学？这种看法很可能不是由于对地质力学无知，就是愿意让构造地质学永远停留在描述孤立现象的原始阶段。这两种可能都是不利于构造地质学的发展的"[1]127。"地壳各部分中，每一项构造形迹，必定有和它不可分离的侣伴"[1]24，"一切构造形迹都是成群发生的"[1]24。当它形成时，综合起来构成一个构造体系。这个论点，既是合理的，从东亚大陆新华夏系构造体系及《BCMT 杨氏矿床成因论》（上卷）的16个矿例事实看，也是有根据，并且是绝妙的，是地质力学的核心。抓主要矛盾，将如应变椭球划归弹性力学、将结构面力学性质鉴定划归地质工作者的基本功等，地质力学非常简单，其实只有一句话："一切构造形迹都是成群发生的……每一项构造形迹，必定有和它不可分离的侣伴"[1]24（按："每一项"是不可能的，只能冠以"挽近地质时期的"）。将构造形迹的"不可分离的侣伴"找出来，说清楚，以构造体系名之，如本书第一、二章，就是地质力学。

先生说地质力学"现在仅仅可以说略具粗糙的轮廓，它的发展远景究竟怎样？这主要看它在地质工作那些方面能够做出什么样的成绩，同时也要看有关学科给予它什么样的支援"[1]13的时候，并非不知"有关学科"为何物，因为已经称"我们的经验证明，构造体系的初步认识，有助于矿产勘探和工程水文地质等方面的工作。这些工作的进展，又转过来有助于我们对于地质构造体系的进一步的认识"[1]26，却泛指"有关学科"，留下更大的空间。现在《BCMT 杨氏矿床成因论》（上卷）[8]提供的"矿体就是构造体""一个矿床就有一个构造体系"的有力证据，将地质力学与矿床地质学紧密联系在一起。并且，除去新华夏系隆起带、沉降带斜列组成的多字型构造，《概论》建立的构造体系结构面力学性质都未经鉴定，存在"极重要的基本问题"[1]16。素材问题是《概论》的致命伤。而矿床构造是研究程度最高的构造，所缺者是怎样看待构造之间的成生联系。此二者携起手来，相辅相成，堪称绝配。其实，热液矿床出现在构造发育地段，乃众所周知的事实，不论是普查找矿评价勘探，抑或是成矿预测、矿产区划，都将构造强烈程度作为矿化强烈程度之外的首选。问题是传统构造地质学只描述孤立现象，不涉及构造形迹之间的有机联系。而不认识构造形迹之间的有机联系，正是传统构造地质学不足以成为坚实基础，以承载矿床地质学成因研究的根本原因。这也就是自 1546 年矿床学鼻祖乔治·鲍尔发表《矿石的性质》469 年来，矿床地质学的核心——矿床成因始终无法破解，并且被"时髦"权威视为"不可知"的基础地质学的原因。从这个意义上说，地质力学当然属于基础地质学。

作为哲学博士，先生在《概论》中，不限于运用"事物是有机联系的"哲理。批判继承属于否定之否定规律；地槽不是孤立的槽子，而应当与隆起相对应，还属于对立统一规律，特别注记"在国外的地质文献中，一般只用地向斜一，仅仅偶尔见到地槽一词；但是在我国地质文献中，地槽一词是通用的名称，而地向斜一词却只偶然见到"[1]11；强调结构面力学性质鉴定等属于反映论，尤其是研究地质构造的因果论等等。先生在地质学多领域有创新，尤其是地质力学的创建，很大程度上与先生重视哲学相关。

（四）指导矿床地质学发展

《概论》对矿床地质学的无可替代的伟大作用，笔者在《BCMT 杨氏矿床成因论》（上卷）已经通过 3 个褶皱翼部切变、14 个人字型构造控矿实例（包括言明不辑入上卷的湖南禾青铅锌矿床人字型构造[18]26-35），及本书第一、二章两个构造控矿矿床实例，据实予以论证。应当说，这是对《概论》最好的和最有力量的评论。当今矿床地质学中，没有任何被揭示的控矿作用，其相关性能够达到"控矿构造体系"的无与伦比高度。总共 16 个矿床实例，不仅展示构造控矿作用的严格，也不仅展示顺层发育的构造能够聚集单一型黄铁矿床，为侧分泌成矿说（姑且与新侧分泌说分列）提供有力证据，甚至要改变"充填"一词一统天下的局面，在矿床地质学中创建一个新名词——"压聚"。绝大多数矿床，是还原环境矿产矿床，这种矿床的矿体是"压聚"成矿，而非"充填"成矿。有此种论证，甚至无须再罗列其他优点，因为实践是检验真理的唯一标准。

矿床成因问题是矿床地质学的根本问题，能够阐明矿床的控矿因素已经为最终查明矿床成因打下了坚实的基础，迈出了最关键的一步。从这个意义上说，地质力学对矿床地质学的指导作用，已经带有根本性。特别是对矿床成因问题取不可知论的态度学界而言，这种指导作用就具有翻天覆地的革命性了。

像白家嘴子、攀枝花等高温热液矿床，矿体只沿压性结构面发育，压扭性结构面都无资格成为容矿构造。白家嘴子矿床，超基性岩体和矿体只沿入字型构造的分支断裂 Fb（代号含义为白家嘴子断裂）发育，挤压最强烈地段——合段，即岩体、矿体最发育的地段。"应变构造系"的概念还圆满解释了为什么矿化最强烈的是 Ⅱ 矿段，即 F16 强烈发育显示分支断裂 Fb 在此挤压应力最强烈[8]188；而"应变构造系"其实源自李四光先生，即"缩短、伸长和扭歪三种现象是同时发生的"[1]17，或如"岩层受到单向压力，在与层面平行的方向继续作用，达到一定强度，但尚未发生背斜形变时，经常有三种不同性质的结构面出现：①与压力作用面平行的——亦即与即将出现的背斜轴向走向平行的——各种压性结构面；②与压力作用面斜交的扭性结构面；③与压力作用面直交的张性结构面，这三种结构面都属于初次构造"[1]23说得明白。笔者不过是予以强调特别命名而已。攀枝花矿床一系列走向近南北的合扭同样都不能成为容矿构造；像锡矿山这样的低温热液矿床，低温过程漫长，矿液需要遮挡层封盖，矿体大多顺层而非顺裂隙发育，但控矿规律照样极为清晰，即矿体一定产出于挤压环境，稍有开张则失去成矿条件：表现出"矿田产出于锡矿山复背斜中，属压性构造；矿床产出于次级背斜中，属压性构造；矿体在背斜核部厚大，向翼部变薄，矿化随挤压强弱变化，一旦翼部稍微上抬（出现挠曲小向斜），凹部下方处于开张状态，矿体乃至硅化就都消失"的极为规律的特征。与高温矿床稍有差别的，是矿体偶可见于压扭性环境（如其北西向的 F63[8]137），但绝对不产出于张扭性结构面：在红石砬子铂矿床、力马河铜镍矿床，分支断裂在合段可以是岩体，矿体产出于距合点尚存在一定距离，仍然同样表现出岩体、矿体只产出于压性构造的规律，这不过是合点挤压应力太强，相应产生的温度场也过高，它只适合岩体、并不适合矿体凝聚。可以说，压性构造控制还原环境矿产矿床，没有例外。只有依靠地质力学，依靠构造体系才能够发现这种规律。按照对立统一规律演绎，这样清晰的规律性，使得张性构造控制氧化物矿产矿床的规律，已经产生"小荷才露尖尖角"的效果。而如果懂得什么是李四光先生独创的"边界条件"及边界条件的重要作用，还可以认识到公馆汞锑矿床的所谓"平行四边形成矿有利地段假说"[8]159，与白家嘴子矿床 Ⅱ 矿段矿化最为强烈，这样似不相干的现象，其实有异曲同工之妙。公馆矿床则是因为受边界条件影响开扭发育[8]160，开扭发育导致该段构造应力集中释放，导致看起来与开扭相关的"平行四边形成矿有利地段"，其实是矿化选择在构造应集中释放地段的压性裂隙成矿，包括选择在围绕公馆背斜核部（相对刚性体）的部位。

矿体严格受控于一定力学性质的构造，压性构造控制还原环境矿产矿床，矿体即构造体，一个矿床即一个构造体系，有了这些明白无误的、证据充分的论点，要有地质力学素养，普查找矿、评价勘探就不再属盲目实践，完全可以通过地质力学研究，在区域地质调查的基础上，进入所谓"理论找矿"的，或有预见的矿产勘查评价的境界。

（五）《地质力学概论》存在的问题

在赞美地质力学的同时，看不到或不承认《概论》的问题，也是不正确的。本书的目的是促进传播，为防以讹传讹，也必须将其中的错谬告诉读者。

1. 李四光先生的文字表述问题

地质力学之所以难以传播，首先是《概论》晦涩难懂，不仅啰唆，而且存在病句或文意欠妥之处，不能正确表达作者想说的话。

以下举例说明。这些例证是笔者很晚、琢磨至书后部才省悟并随机选择的。必须要有例证，因为提出这种论点没有充分证据是绝对不可以的。

"只有在确定了这两项前提之下，模型实验才有意义。"[1]120 两项前提是什么呢？"首先，要求岩层和岩体的某些构造现象之间存在着相似性，也就是类型相同的构造体系的存在。其次，还要确定一定的模型实验方法而做出的某些类型的人为构造体系之间也存在一定程度的相似性。"[1]120 这就很成问题了。模型实验为佐证构造体系而开展，构造体系当然已经存在，不可再算前提。这里似乎缺乏逻辑性。笔者趣称为"重新开始法"，因为此已成为先生的一种写作习惯（如书后部重新描述泰山式、大义山式构造[1]135 等）；"其次"句不正确，有点毛病；"人为构造体系"概念很难接受，由此还迫使新增"自然的构造体系"一词。窃以为用"前提是模拟得到的形态与构造型式具有相似性，才有意义"就表达清楚了。推敲提炼，则应当改为"要求"："要求模拟形态与构造型式具有相似性。"这样既省去了"前提是……才有意义"，而且表达更明确。鲁迅先生的文章好，文笔精炼为重要原因。

"调度许多可变的有关因素来进行模拟实验，_反复加以调节_，直到与_自然的构造型式_具有高度相似性的_人为构造型式_在所用的试验材料中出现的时候，才有可能判断那些因素_或者什么样的因素_对产生某种构造型式具有决定性的意义。"[1]120末 此句乃模型实验节的核心，却很成问题。直接修改，则下划线及斜体字词可删去。但是，这样修改并没有表达好先生的原意，因为先生称"控制模型实验具有决定性意义的因素"，有"实验物质的力学性质""应力作用的方式与强度""边界条件"[1]121 三项，现在漏了两项。"调度许多可变的有关因素"并不能顶替该三项明确要求，反而使人糊涂——"许多"到底是多少。先生希望表达的，其实应当是："选择适当的试验材料，在一定边界条件下施加不同的作用力，模拟出构造型式的形象，以判断产生该构造型式具有决定性意义的因素。"先生多用了172%字位，三大要素漏了两个。我敢如此说，是推敲数十遍、反复斟酌之后确认的。重要的是我读数千次、年近古稀才觉悟，绝大多数读者在琢磨先生的这种文字中，或自叹卑微，或倍感惶惑，读不下去放弃了，使地质力学难以传播、懂地质力学者寡。

"在这里特别要考虑到，反映_一个_区域应力的活动的各项形变与反映局部应力活动的各项形变之间的区别和联系。前者是起源于区域性的构造运动的，是主导的；后者是由区域性构造运动所引起的局部构造运动来决定的，是派生的。前者主要由第一级、初次构造形迹组成，但也包括一部分低级、初次构造形迹；后者一般都属于低级、再一次或再数次的构造形迹。同时还必须考虑到，一定范围的局部构造运动，又可能引起更小范围的局部构造运动。照这样推解下去，还需要重复几次，才能阐明一般地区全部应力活动的关系以及由于它们的活动而引起的不同序次和不同等级的形变的区别和联系。"[1]37 单从文字上说，首先必须强调"在同一构造体系中"。此段宜："在同一个构造体系中，反映区域应力活动的形变，与这些形变的派生形变之间，存在区别和联系。前者是起源于区域性的构造运动的，是主导的；后者是由前者所引起的局部构造运动来决定的，是派生的。前者主要是一级（也可包括一部分低级）初次构造形迹；后者一般都属于低级、再一次或再数次的构造形迹。只有分清它们之间的这些关系，才能阐明一般地区全部应力活动的关系以及由于它们的活动而引起的不同序次和不同等级的形变的区别和联系。"前面已有"再数次"说，后面不必"还需要重复几次"，因为"更小范围"包含在"局部"（构造运动）中。从实际矿例分析看，笔者的体会是到第三序次一般已够，无须说得"深不见底"。

"在由各种岩层、岩体（包括矿床、矿脉及其他形状的矿体）组成的地壳的各部分中，每一项构造形迹，必定有和它不可分离的侣伴。"[1]24。直接修改，用"地壳的每项构造形迹，必定有和它不可分离的侣伴"即可，因为一是此语的核心是"构造形迹必有侣伴"，非无法省略的其他概念，添加进去作用不大。二是地壳的定语"由各种岩层、岩体（包括矿床、矿脉及其他形状的矿体）组成"，并没有概括全地壳所包括的地质体，失之偏颇，并且这些又并非必须强调的地质体。既然添加定语，就有必要将添加的内容包括完全。三是这种说法显然缺了先生一贯强调的边界条件，违背了先生的原意。四是"地壳的各部分"包含在"地壳"中。"每一项构造形迹"必定不可能布满整个地壳，"各部分"三个字略显多余，前已提到。特别是前面的定语，"定"的是地壳，继之以"地壳的""各部分"，则其所"定"全部"报废"。如果一定要按先生的语句模式，那应当是"在由各种不同地质体组成并以不同方式排布的地壳中，每项构造形迹必定有和它不可分离的侣伴"。

"在后一场合（按：指当构造运动波及基底时），上层构造所产生的结果，当然是与基层的古老构造运动所产生的结果相复合的。而后起的构造运动的影响，往往显得突出一些。"[1]24此句的确切意思是什么，谁敢担保自己理解准确了呢。笔者的理解是，"指当构造运动波及基底时，上层构造应变往往受到基底构造的影响"，因为基底已经成为边界条件。还因为先生称"平顶陡翼褶皱（亦即所谓箱状褶皱），又如尖顶褶皱（亦即所谓梳状褶皱）等形状的褶皱，并且认为它们仅仅反映地台基底的形状。但还有许多不同形态的褶皱……就很难仅仅从它们反映的基底起伏现象的假定而获得令人满意的解释"[1]4。这一段话似乎先生反对的是"但还有许多不同形态的褶皱……"后面的部分，并不反对箱状褶皱、梳状褶皱反映"基底的起伏形状"。当然，先生不反对不等于箱状褶皱等"台内褶皱"的成因就清楚了。基底和"上层"地层岩石的成岩作用不同，即软硬强弱不同，之间隔有不整合面，"上层构造"会和基底构造"相复合"吗？反映基底起伏形状和反映基底构造是两回事。如果先生认为隔着不整合面，不同构造应变强度的上层构造还能够反映基底构造的形态，那并不合理。

"例如，同样压应力的作用，在某些塑性显著的岩层中，比较容易引起褶皱；而在岩层脆硬的地区，褶皱发生的可能较小；反之，在那样的地区，压性或张性的块状断裂的发生，是正常的现象。"[1]37此语极平常，先生的表达也可以懂，但绝不是第一时间懂，难免在"反之"这里停顿思索。按先生的意思可改为："例如，同样压应力的作用下，塑性显著的岩层比较容易引起褶皱；岩层脆硬的地区，褶皱发生的可能较少，一般容易引起压性或张性的块状断裂。"而"例如，对同样压应力的作用，塑性显著的岩层区容易引起褶皱，脆硬岩层区容易发生压性或张性的块状断裂"才显得精炼和易懂，也比较合理。因为没有必要将作用对象区别为"岩层"和"地区"两类。"岩层区"的概念胜过岩层，因为褶皱和块状断裂都必须有一定的范围。极平常的语句，为什么会出现几个值得推敲的问题？并且多处出现这类问题，笔者认为不完全归结于"作文"，而与价值观相关联。《大冰期成因论》[19]293曾被讥为科普，令人气恼，得到遵循世界统一论哲学的爱因斯坦先生"真理是简单和谐的"的教导，现在笔者早已坦然。谁在创新科学时能采用通俗文字，让人觉得浅显易懂，谁才算真正把学问做通了。

"作为地壳组成部分的一个岩块或一个地块，其中每一点的应力作用方式和它的'边界条件'是有密切关系的。当边界条件发生了变化的时候，它内部各点的应力作用方式，也必然跟着变更。一个地块的整体，在继续同样遭受某一动力作用的期间，一般地说，免不掉有些部分因为发生了变动，以致那部分的边界条件起了变化，这样，那一部分的内部的应力作用方式，也就起了变化，跟着发生的形变，也就与它发生变动以前不同了。"[1]22 此段乃序次节的核心，但有问题。首先是先生创立"边界条件"却不予定义，也不解释，这是此段最主要的问题，也是《概论》重大问题之一。笔者仍将其归结为表达问题，并不完全恰当。但此段文字仍可作为先生无法准确表达自己想说的话的证据。二是此段还导致对"边界条件"的含义产生误解，以为"有些部分""发生""变动"就是"边界条件"的全部了，而"变动"又很含糊，大多被理解为位移。三是边界条件不仅影响应力作用方式，也可以影响应力作用方向，这一点未指明。四是文句啰唆费解。此段直接修改可"地壳每一点的<u>应力作用方式</u>与它的'边界条件'有密切关系，随边界条件变化而变化。在构造应力持续作用过程中，边界条件已经发生改变部分的应力作用方式，也就发生了变化"。如果予以完善，是可以与序次衔接并一气呵成的："地壳每一点的<u>应力作用方式和方向</u>与它的'边界条件'有密切关系，随边界条件变化而变化。在构造应力持续作用过程中，边界条件已经发生改变部分的应力作用方式或方向，也就发生了变化，相应出现的构造应变，统称再次构造，而造成边界条件变化的构造应变，称为初次构造。再次构造中的二次构造再改变边界条件后产生的构造应变，则称为三次构造，依此类推。"这当然不能算标准表达式，但意思算是表达正确了，如文学功力高，理解也透彻，还可以精炼。应力作用方式改变体现在如泰山式构造由扭性变为张扭性，大义山式由扭性变为压扭性；应力作用方向改变体现在张扭性的泰山式由顺时针向变化为逆时针向。

　　边界条件是什么？这种关键词的内涵如果不交代得清清楚楚，学士、硕士或是博士、博士后，哪怕愿意学习的构造地质学家，也无法真正学懂地质力学。属于圈内认为地质力学素养相当高的《地质辞典》撰写人，注释也不尽如人意："通常把研究对象以外的其他物体称为外界，把属于研究对象本身且与外界直接接触的那些界面称为边界。<u>所谓边界条件，是指边界的形状、边界所受的外力，以及外界给予的位移限制。</u>"[9]276 从为李四光编译《中国地质学纲要》（1950）看，张文佑当称李四光大弟子，追随李四光并称"断块学说是以地质力学为基础综合地台地槽与板块学说的优点发展起来的"[5]3——在"通晓"地质力学基础上还创建新理论，应当参悟透彻至极，其实他也并不太明白何为边界条件。这只须看"由于边界条件以及作用力<u>和介质</u>的不均匀性"[20]68 此一句话即可认定。李四光先生作古，何为边界条件就成为悬案。《地质辞典》解释的"边界"属实体的、固定的、定量的，与正确的解释相差太远，正确的解释应当是"构造应力场中，一切影响构造应变的因素，都属边界条件"。因为属于边界条件的有："非边非界"地壳岩石自身的物理机械性质。典型的如脆性、柔性或韧性，块状体或层状体、单一层状体或互层层状体等，可以列出一大串，即相当于先生[1]37 的"对同样压应力的作用，<u>塑性显著的岩层区容易引起褶皱，脆硬岩层区容易发生压性或张性的块状断裂</u>"的意思。实例如白家嘴子矿床的古老片麻岩中，高级别的断裂带使地壳重融出超基性岩和高温的铜镍矿床[8]185，湘中地区大片的碳酸盐岩区只能出现比较舒缓的褶皱和低温的锑矿床[8]134，湖南七宝山矿床灰岩中出现的小岩体反映的一定是深部板溪系受压重融，像灰岩那样的柔性岩石受压，一般不能产生重融所必需的高温；地层岩石的不同排布，如德兴银山矿床泥砂质浅变质岩全形褶皱之上不整合覆盖着平缓的火山岩，或有结晶岩石的火山颈亘于其间，或如地层中夹有高塑性岩石（石盐、石膏）产生所谓"底辟构造"；地壳岩石是否含有液体；边界的，如断裂、地层界面、条带状柔性岩层层理等之类。如攀枝花矿床的震旦系层面，八家子矿床的雾迷山组的白云岩燧石条带等；大范围地壳岩石的成岩作用成熟度，如南非高级别构造的产出环境。布什维尔德杂岩体，5 个浑圆的盆状杂岩体东西长 464 千米、宽 153 千米；南非大岩墙长 550 千米，宽 8 ~ 10 千米[20]1。单凭能产出如此规模的岩浆体的边界条件，就可以断定中国找南非型金刚石的远景条件很不乐观，换言之，是不具备南非那样能够聚集起巨大构造应力场的地壳条件。中国产金刚石的辽宁、山东和贵州镇远地区，都有古老基底和成岩作用完全的地层岩石，但仍然难与南非地壳媲美。碳属丰量元素，不存在来源的困惑。金刚石矿床的形成，应当主要取决于强大构造应力场。看起来只有像南非那样古老硬厚的地壳，才最能聚集起适宜金刚石形成的强大的构造应力；大气圈是非常普遍的边界条件，之所以构造现象和矿化作用都是越近地表越强烈，向深部减弱消失，就是在构造应变过程中，大气圈几乎"没有强度"，构造应力集中在浅部释放；边界条件还可以"派生"，如构造应力机械能转换为热能，先形成的构造成为之后构造应变的边界条件等。上述的大部分，李四光先生都有涉及，只是分散在不同章节，如液体作为边界条件见之于模型实验节[1]125·137 等，先生没有明说而已。不能将边界条件绝对化，是因为先生还强调相对性。富含哲理的"<u>严格地说，岩层和岩体不是均一的，也不是连续的。但它们的不均一性和不连续性经常达到庞杂无比的程度，以致当我们把它们总起来作为一个整体来看，反而呈现一定的统一性和均一性。除了在某些特殊构造带和岩性极不相同的接触带以外，一般也显示着一定程度的连续性</u>"[1]38，尤可作为论理的证据。分明的非均质体，如中国南、北方地壳，不论是地质体的性质或排布，都大相径庭。但先生认为这属于均质体，东亚大陆新华夏系构造体系就是证据。前面的讲道理和后面的摆事实，其实是一回事，都说明边界条件具有相对性。通俗说，是乱透了，乱就成为其均一性。这里有对立统一的规律。在太平洋板块与欧亚板块两个庞然大物碰撞时，只有洋壳、陆壳两大区别，陆壳上各种地质体之间的差别，都成为细枝末节，统统不算数。至于边界条件属于"不定量"的证据，上述已经涉及，还可根据先生在序次节的"'还需要重复几次'"[1]37说导出。在模拟节先生之所以将"实验物质的力学性质"单独列出，是因为做试验必须用材料，有一个选材问题。很明显，"由于边界条件以及作用力和<u>介质</u>的不均匀性"将边界条件和介质并列，凭一句话就可断定著者并不懂。

　　地质力学方法用"步骤"来诠释，不大像中文。如果用方法诠释程序，自然恰当，但地质力学方法的七个步骤，鉴定节—序次节—范围节—体系节勉强可算建立构造体系的"程序"。自联复节起，已经算不上是后续直接步骤了。笔者论证的 14 个入字型构造体系，除锡矿山矿床西部大断裂西侧有横跨向斜属于复合外，并不涉及联合复合问题。应变节和模型节则更不属于后续步骤了。同样，探讨地壳运动起源，先生要求"按一定的程序，开展工作"，"三个步骤"分别为："一、运动发生的时期；二、运动的方式和方向；三、运动的起源和动力的来源。"[1]142 是先生喜欢用"步骤"一词，还是先生对步骤词义的理解与众不同？

　　再如从目录看，只有"地质力学方法"，没有"地质力学"。标示"地质力学"者，则已经是"当前地质力学中存在的问题"了。似乎地质力学只有方法和问题，舍此无他。这些也应当属表达方面的问题。

　　"在一场大规模强烈运动时期和又一场大规模强烈运动时期之间，或者和某一场大规模强烈运动发生的同时，在强烈运动以外的地区，往往发生比较广阔的、舒缓的隆起和下沉。"[1]143此语存在两个问题：一是时间域涵盖全部，无须如此饶舌；二是在两场强烈运动之间的时间域，哪来的"强烈运动以外的地区"呢？实际上先生想要说的话，是造陆运动"一般发生在两场强烈的造山运动之间，但也可能和一场强烈的造山运动同时发生"[1]143提升则应当是"造陆运动与造山运动之间不存在相关关系"。

至于写作的层次安排不当，难以尽述。例如序次等级问题，应变椭球问题等，直到最后一章，还在说"在大的'一盘棋'的局面下，还存在着小的'一盘棋'的局面"[1]148，加上"就是说在高一级的构造体系中，还存在着比较低一级的构造体系"，还要"例如一个背斜……"[1]150；"一个张裂面的产生，可能是与那个张裂面呈直角的张应力作用的结果，也可能是与那个张裂面平行的方向压应力作用的结果"。构造体系已经建立，为何还在个别构造形迹上反复分析早已专节分析过的内容。笔者趣评为"重新开始写作法"。此法之最，可达不合逻辑的地步，如前述为构造型式开展的模型实验的前提，竟然是构造型式。没有层次的文字，是极难缩略文意的。

在小节中的层次问题，如在核心章节"确定构造体系的存在和它们的范围"[1]24，先生安排了 10 段文字：首先阐述了构造体系，"简单扼要地说，构造体系是……"①；随即论述"构造运动"②和构造体系的范围（脱顶或达基底）③。之后，又是对构造体系的阐述：构造体系可包括许多小的构造体系④；其构成形式、排列方位和展布形状可不相同⑤；认识构造体系不是一蹴而就的⑥；构造体系具有理论和实际意义⑦；构造体系不完全是新提出来的概念⑧；构造体系对生产实践起指导作用⑨⑩。假定这 10 段都属于此节、分段也正确，在层次安排上，则应当：一写⑧，传统构造地质学"已经孕育着它的胚胎"；二写构造体系的含义和说明①④⑤；三写构造体系的范围②③；四写构造体系既有理论意义，又有实际意义⑦⑨⑩；最后写构造体系可以认识⑥，读来就会顺畅得多。何况，⑥⑦⑨⑩根本就不属某节，而是全书需要集中起来专门论述的问题。范围节与之后的体系节内容该怎样分割，也属难题，因为构造体系的"确定"和"划分"或"鉴定"本来是一回事。现在已经很难揣摩先生如"划分巨型构造带，鉴定构造型式"是否原来是看成两件事的，巨型构造带划与不划、怎样划，是可以商榷的问题，构造型式则是毋庸商榷的鉴定问题。

2. 李四光先生的心态问题

地质力学属于"大构造"还是"小构造"？为什么笔者认为李四光先生著《概论》受地洼学说引起的轰动效应影响，属于一种学术冲动？要回答这两个问题，可列举以下两个事实。

一是 1945 年先生教授《地质力学之基础与方法》，当主要来自 1933—1944 年在广西的地质填图实践，并认为小构造可以解决大问题："……往者关于某一地域巨型或中型构造之推测尚属含糊者，经小型构造上之研究而得清晰认识者，不乏实例。"[2·4①]680那时先生热衷和推崇的是小构造。过了 16 年，尽管从山字型构造到南岭东西向构造，再到新华夏系构造的研究，先生视域在扩大（"东亚大陆"新华夏系范围东西宽超 3 000 千米，北东向长超5 000 千米），但并没有改变地质力学的"小构造"性质，仅仅在有条件的范围内可能影响并控制大区域。先生称大地构造学有所谓两大学派，从"地壳的组成看问题"与从"地壳的结构看问题"[1]3，潜台词是彼此伯仲，"套近乎"。但此论听来有道理，实际上不成立。因为槽台—地洼学说建立在沉积建造的基础上，这个"组成"是不断积累的，恐龙不吃壳灰岩里的菊石。不沉积、遭剥蚀，则遗留剥蚀面；地质力学建立在改造的基础上。而改造却以破坏原貌为前提，一般只能留下最后一次构造应变的遗迹。看谁能够在江南古陆地质构造研究程度高的铜厂矿田分辨出属于元古代的构造体系（哪怕是元古代的构造）来，锡矿山复背斜之前该地区是什么构造。因此，地质力学总体上属于"小构造"的局面不可能改变。当"挽近地质时期大地构造学"学科建立，在某些地区，如"东亚大陆"之类，可以当成

"大构造"看待，也可以从新华夏系分布区，研究、推测太平洋板块影响欧亚板块的范围和方式，因此，宜称"欧亚大陆东缘带"。同样，地洼学说、"多旋回说"可以从建造角度，研究、推测太平洋板块影响欧亚板块的范围和方式（但多旋回说未强调地壳运动性质发生了变化）；当然，它们都可以从各自的角度，有意识地研究、推测印度洋板块影响欧亚板块的范围和方式。

二是并不是说，李四光先生完全是因为槽台—地洼学说的巨大影响，才产生要将地质力学打造成"大构造"念头的。先生视域开阔，多着眼宏观。但是，地质力学创建正值槽台学说盛行并运用于中国产生重大影响之际，不能够说这种形势对李四光先生没有产生巨大影响。正当先生对从打造东西向构造带，到建立山字型构造、新华夏系踌躇满志之时，地洼学说的轰动效应促使先生决心完成已经萌动的愿望。自己提出"挽近地质时期"概念，也扭捏承认只能揭示最后的构造形变（称"构造运动时期的鉴定，一向是地史学中最麻烦、有时候是很难解决的问题"，但是，"地质力学可以提出它自己的办法"[1]130，将地质力学的局限性变成优点，根本没有坦然承认问题)，依靠最后的构造应变研究地壳运动，却仍然希望与槽台—地洼学说平起平坐，这就失之偏颇了。

希望将地质力学打造成大地构造学的心态，反映了先生的弱点，导致《概论》的重大失误。生造出"横亘东西的复杂构造带""走向南北的构造带""山字型构造"等"构造体系"，地壳运动的一个主因是地球自转[2·4]877等。证据匮乏、论证牵强、论点错误（详见构造体系建立缺乏扎实的基础节）。以区区18万字，海阔天空纵论全球五大洲构造形迹，以面的博大弥补点的精深。须知点面关系是对立统一的，没有点就没有面。构造型式没有过硬的典型，"建立"千万个都白费力。应当说，根据"挽近地质时期"的"地壳结构"，指望论证地壳运动的起源，完全不可能。以几千万（或过亿）年的证据，推导46亿年的缘起，无论在何领域，均不可能。如前所述，对于这些生造出的"构造体系"的建立，笔者趣称之为"空口白话论证法"，是《概论》之败笔。可以有不同方向的构造形迹，堪称构造体系的绝妙特征，却因纬向、经向构造体系只有单一方向构造形迹而不得不割舍。地质力学有自己无可替代的优势和作用，完全可以与槽台—地洼学说平起平坐。本来就各有所长。"八仙过海，各显神通"多么好，何须"傍大腕"！从矿产勘查看，槽台—地洼学说确立找矿前提，地质力学指导普查找矿、评价勘探，各有所长，战略虽然重要，但战术问题更多、更具体，也更显重要。对于承担找矿任务的地勘单位而言，他们无须考虑找矿前提（地勘单位"属地化"后，一个省区较少跨大地构造单元），实践层面真正需要的是能够指导普查找矿、评价勘探的理论。管理部门、科研机构或大专院校，在矿床地质学领域，是必须有战略和战术眼界的。当然，如果认识到地质力学有与槽台—地洼学说分庭抗礼的力量，先生自然不会走这一步棋，这就与先生对地质力学"现在仅仅可以说略具粗糙的轮廓"在定位上的彷徨相关。事物是有机联系的。未受地洼学说轰动效应影响时，《地质力学之基础与方法》开篇就有极为精彩的思想方法："做科学工作最足使人感觉兴趣的，与其说是问题的解决，恐怕不如说是问题的形成"[2·4①]675，显现的是一种进取精神。盯着槽台—地洼学说，这种精神就没了。

由此连带产生的问题，是将地质力学打扮得深不见底。如结构面力学性质鉴定，"前面所列举的这三种类型的断裂面的各项特征，只不过是初步的分析，在这一方面，应该还要进行更深刻和更详尽的大量工作"[1]16，作为鉴定原则，李四光先生提出了三种，但没有指明最终处理办法；如"开展地质力学研究的基础"是"地质构造型式在全国以至全世界范围的鉴定，……"[7①]86；"前述各种类型，仅仅是在自然界中存在的各种构造类型的一小部分"[1]128（按：此处只可定性，没有根据定量。由于比较容易鉴定而作为"头一步研究的对象"[1]132的说法，才是适当的）；"地质构造型式在全国以至全世界范围的鉴定，是地质学家长期的、艰巨而细致的工作，也是开展地质力学研究的基础"[7①]86；"在分析了构造体系、确定了各种构造型式在世界各地各地质时代的分布和排列情况，以及它们所显示的构造运动方向和方式的基础下，……把那些研究成果加以检查和吸收，从而组成一门统一的有系统的学科"[7①]84。确定"全世界"的构造体系已经极困难，相当多地区尚未系统开展这种地质调查，各地质时代的构造体系则更是不可能"确定"的。先生将地质力学打造得深不见底，使追随者望而却步。

李四光先生也有学风偏向。先生（1926）"地球表面形象变迁的主因"[2·4]454·484根据大陆上大规模运动存在方向性，推论运动起源于地球自转速度的变化，提出了李四光先生自以为是"一个很深刻的教训"的"大陆车阀"自动控制地球自转速度的作用，称"主要的缺点在于：用的资料不够广泛、不够细致、不够落实，而是片面地抓住一些事实，或者若干现象，参考一些第二手资料，就急急忙忙提出大的理论来。实际上，这些所谓理论，科学的含金量并不高。它们所依靠的证据，往往可以这样解释，也可以那样解释，不够严格，也不够严密，这是一个很深刻的教训"[2·4①]885。但是，直到晚年，李四光先生又重回"大陆车阀"理论："这种现象，和大陆上的纬向和经向水平扭错运动对地球深部发生摩擦的影响结合起来，好像自动刹车的车阀的作用一样，让地球的自转的速度又变慢了，这是符合自然辩证法的。"[3]114说明6年后先生反悔了。"大陆车阀"并不错，是构造地质学里角动量守恒定律的体现，错在构造形变源于地球自转，先生的这一段反省，很值得玩味，窃以为此"深刻的教训"不限于"大陆车阀"。如因为认为地壳运动起源于地球自转速率变化，随即"历史的记录证明，地球自转的速度是时慢时快的"，并且还"有一种'不规则的变快变慢'"[1]157，因此要深入"探讨地球旋转速度可变性的问题"，及影响"地—月间平均距离的可能"问题，"行星和卫星互相关联的运行规律"问题；又如以"盖岳特"推断海水增加，发一通议论，从水的来源分析，"地球的整体的收缩"，乃至称与一般的"海浸现象，当然是大不相同的"[1]145，就此增加了特殊类型的海侵。这些都属资料有限甚之不实，提出大的理论来。

3. 崇尚玄奥价值观

《概论》显现李四光先生同样崇尚玄奥价值观。当然其中某些例证或不限于价值观，混杂有表达能力等其他问题。

（1）关于"地质力学"名称问题。

"地质力学"或"地质学的力学"[1]13名不副实。顾名思义，"力学"应当是其主要内容。事实上，《概论》通篇是构造地质学，重点在构造之间的"成生联系"，核心是构造体系，属于力学的内容极少。为什么先生要如此命名？原因可能有两个：一个是凸显"边缘学科"，是"自成系统的地质科学的边缘学科"[1]13。"地质力学是一门具有多边联系的边缘科学，现在还不能清楚地看出它的领域一定会朝着哪些方向发展"[7①]85。"边缘""前缘"都是被崇尚的。另一个是"意义也很广泛"[1]13，可向多方向发展。既边缘、又涵盖广泛，均"非同寻常"。这或者就是先生希望的效果。应当说，"成因构造地质学"方名实相符。当然，地质力学一词，自1941年提出，至1962年出版《概论》，已经产生世界影响。尤其重要的是系李四光先生命名的，必须尊重首创，在此仅作为例证而已。

（2）在创建名词方面的倾向。

先生认为"新名词是吸引人的"[7]112，但创造新名词又不予定义或解释。创造新学科必须创建新名词，无可指摘。但是，先生分明是"好新名词"，同一个概念创建不同名词，不是偶发，而是惯用。如：形变连续条件→形变协调条件→协调条件；外界→边界→边境条件→边界条件；结构要素→构造要素→构造条理；结构面→构造面；标志性结构面→几何性结构面→定位面；动力薄膜→构造薄膜；块垒地→块地；褶皱地带→褶带；安全岛→相对稳定地块；构造体系→构造系统→大地构造体系→地质构造体系；前弧→正面弧；左旋→右旋→反时针扭动与顺时针扭动；旋涡状构造→涡轮状构造；井字型构造→网状构造→X型构造→棋盘格式构造；构造等级→构造级别；构造序次→构造世序；各向同性→异向同性；各向异性→异向异性；模拟实验→模型实验；相似条件→相似定律；无伸缩椭圆歪面→不变歪椭圆歪面、无扭面；等伸缩剖面→均匀变歪剖面；无伸缩剖面→不变歪剖面；调和函数→协和函数；球面调和函数→球函数；带球函数→带协和函数；扇球函数→纵协和函数等。有些新名词引用率不高，说明创建的必要性不大：如分划性结构面→连接面；构造线条→原生线条；台地；元素性构造体系；近古；中古；上古；太古等，无须尽数。还有一些特造名词，如"褶轴"[1]30、"褶带"[1]32·31、"局部褶皱或'破裂'"[1]67（一般用"局部褶皱或断裂"，何以要用破裂，用意大概表示属泛指，大小之裂也，即砥柱比较完整，小断裂也没有。但前缀有局部二字，既仅局部，则有断裂也小。笔者认为无须琢磨，先生爱创新名词）；还有随意造词，如"康藏歹字型构造"[1]110"构造材料"[1]111"海浸"[1]144；普通很少用的"总合"，先生爱用"总合起来"[1]26"总合以上不同的情况"[1]136之类。

创建新名词、新概念又不予定义或解释。构造体系、构造型式、边界条件这样的核心概念的创建，是需要定义至少是解释的。但是没有，并且所有的新名词、新概念几乎都不定义、不予解释。能够用"概括地说"[2]112"简单扼要地说"[1]24去描述，已经非常难得了。鉴于先生的"横亘东西的复杂构造带""走向南北的构造带"与五种构造型式所代表的构造体系实际上存在显著差别，姑且不要求给构造体系以定义，给构造型式以定义应当能够做到。例如，入字型构造体系为"由于主干平移断裂的平移受到阻滞，在受阻滞地段一侧出现派生分支构造，两者以锐角相交，共同组成形似'入'字的构造体系。派生构造属张性断裂者，与主干断裂组成第一类入字型构造体系，其锐角尖指向所在盘运动的方向；派生构造属压性构造者，与主干断裂组成第二类入字型构造，其锐角尖指向对盘运动的方向。所谓派生分支构造，其最重要的特征是靠近主干断裂强烈发育却绝不穿切主干断裂，并且远离主干断裂减弱消失"。作为构造地质学的一个概念，上述描述已经可以满足要求，成为可供选择的"定义"（真正的定义，必须揭示形成机理，先生只描述，不涉及因果关系、不予定义，耐人寻味）。多字型构造则"在相对的连续均匀介质条件下，由扭动构造应力场引发的构架类似于'多'字构造体系。其高级别构造形迹以雁行排列为特征，不排除其应变构造系各种成分掺杂"。但是，李四光先生创建的概念，却由他人予以定义，"名不正言不顺"，终归是缺憾。《地质辞典》中属地质力学名词的条目最多，能够用李四光先生自己的话释义的极少。当然，此亦地质学界之积弊，先生创新多、更显突出而已。

（3）追求、崇尚复杂，轻视简单和谐。

爱因斯坦说，"逻辑上简单的东西，当然不一定是物理上真实的东西，但是，物理上真实的东西一定是逻辑上简单的东西"[22]13。终生指导爱氏的是世界统一论哲学，真理是简单的、和谐的。物质世界只有一个，没有两套系统。"简单明了"并且"天真的"魏格纳先生，就因此成为地质学史上无法抹去的人物。地质学界常常强调地质学的特殊性，尤其需要世界统一论哲学，真诚品味并领会爱氏的这个论点，与追求和崇尚复杂、玄奥价值观决裂，不另搞"独立王国"。笔者之所以能够批判继承，当然首先是看出了权威的破绽（内因），爱氏的此语（外因），给笔者极大的力量和勇气，同样追求、崇尚玄奥价值观是《概论》的一个大缺陷。先生 1945 年提出 5 种构造型式，后来却对相对复杂的山字型构造情有独钟。歹字型构造难觅（描述最细的青藏滇缅印尼歹字型构造已经不成立，难为先生在北美洲又找到一个，称欧亚大陆"还可能有"4 个），按先生的方式，则山字型构造易找。按照先生对构造形迹不经过鉴定程序的那一套建立构造体系的办法，一大批山字型构造被"建立"起来，前弧、脊柱、马蹄形盾地等一套新名词也随之创建。相反，入字型构造虽然也建立有主干断裂、分支构造等新名词，但"太简单"，根本不再予研究，直到先生去世，内容毫无增加。而真正能够对应先生所谓"拧毛巾"成矿思路的，正是入字型构造。"简单的"入字型构造其实包含深刻的道理并可产生有普遍性作用和启迪。在先生的行文中，追求、崇尚复杂，轻视简单和谐的现象很常见。一个非常简单的意思，由先生表达则不胜其烦。用一个概念能够表达的意思，先生要用 3 个名词，这在前述对应点评中已经指出。即使是"简单的"入字型构造，由先生介绍起来就复杂得多了[1]97，要用"拖曳褶皱""弧形褶皱""挤压带""冲断面""叶理""片理"等诸多概念。实际上地质论著的一个通病是以读者看不懂为上、为雅。笔者入道初读《地质论评》，所载均系名家手笔，但感觉遥远，诚惶诚恐。20 年后，感到省级刊物质朴且素材多、更有价值。又十余年，这才具体觉悟到地质学界崇尚玄奥价值观之积弊。名家、大家之作竟然被人读懂了，其名、其大则有限，令人似懂非懂，才是"最高境界"。

（4）关于论证法的问题。

在《概论》核心部分，即除新华夏系之外的所有构造体系的建立，不要说结构面力学性质鉴定，连可称为论据者都没有。如先生用 6 千多字位，就在国外"建立了"九个半山字型构造[1]63。以 455 字位文字"建立"河西系多字型构造体系，没有论据，也没有例证[1]54。山字型构造体系本身没有建立在确实论据的基础上，尚且不能确立，先生却列举北美东南部晚石炭世"已经完成"的"古老的"山字型构造并插一整版图[1]63；贵州普安地区的联合构造体系[1]104（"既不符合山字型构造的正常形态，也不显示一个典型旋卷构造全部应有的旋扭形象"）。科学不承认偶像，这是神权和皇权都压制科学的根本原因。当年或者因为是部长的著作，在中国传统文化和"文革"浩劫影响下，在行政手段干预下，学、用地质力学曾一度出现高潮。一旦先生仙逝，即迅速走向反面，总体上的原因是板块学说深入人心。

笔者在对应点评中指出的语病、病句，"刻意欲擒故纵写作法"（应变椭球应用[1]22、应变图像[1]41、模型实验受限制[1]120、模型实验比例尺[1]122等）、"等我来鉴定法"（环状岩墙、隐火山构造是否莲花状构造[1]71）、"主要内容悄然潜入法"等并非纯粹的写作问题，玄奥价值观在某种程度上起作用。究竟怎样最后厘定结构面力学性质，应变椭球可在怎样的条件下使用，边界条件到底是什么，这些极为重要的内容都令人似懂非懂。

4. 李四光先生在构造体系问题上的几个具体问题

（1）构造应力持续作用下泰山式、大义山式构造形迹的力学性质问题。

先生认为，在构造应力持续作用下，新华夏系构造体系中北东东向的泰山式扭裂将改变为压扭性结构面，北北西向的大义山式扭裂将改变为张扭性结构面[1]90。这是一个错误，先生恰恰弄反了。这只需要研究一两个控矿入字型构造矿床实例就可确认，因为泰山式相当于纵扭、大义山式相当于横扭，很容易从真正的、确实存在的扭动构造型式中得出答案。如白家嘴子矿床分支断裂应变构造系只有压扭性断裂（F16、F23，纵扭）和张性断裂（F8、F17）[8]194。公馆矿床近东西向分支断裂应变构造系之北东向断裂为张性（横扭），在青铜沟南侧的北西向压性断裂为纵扭[8]160。总结压性入字型构造分支断裂应变构造系，其规律是：在持续构造应力作用下，沿主压结构面由合点向开端斜切分支断裂的扭裂，向外侧者为张性的开扭（横扭），向内侧者为压性的合扭（纵扭），没有例外。另者是先生没有明确泰山式转变力学性质之后为二次构造，扭动方向反向。由于历史原因，先生同时另有几个错误观念，即在花岗岩化和侵入花岗岩两种假说前，先生取岩浆侵入说而非地壳重融说；在矿床成因问题上取岩基成矿说。这两个观念都是构造开张了，岩浆侵入或者矿体充填。控矿入字型构造清楚表明，如白家嘴子矿床，超基性岩沿入字型构造的压性分支断裂发育，是"压融"，不是"开张侵入"；混融在超基性岩中的铜镍矿质，在挤压应力渐弱、温度渐减时晶出，矿体并非"充填"，而是"压聚"，或曰矿质只能在原来高温高压部位，最后凝聚成矿。因此先生称大义山式断裂"灌注了含热液矿床的花岗岩类"[1]90不足道。至于先生称泰山式断裂本身或附近"显示挤压的现象"[1]90，未提供论据，尚可再调查研究。

关于岩浆岩问题，当然，在绝大多数场合能够直接观察到的都是岩浆侵入的现象，因为这是在地表或浅部。作为岩浆体的总体，它们都是地壳重融的；它们原来并不存在，是在构造应力场中后生的。笔者见到即予保存的"国际火成岩分类图表"[23]，在笔者看来是珍贵的资料。珍贵在"国际"二字上，业界对世界地质知道得太少了，以至与"研究地球地质的科学"极不相称。图表显示的分类，令人眼花缭乱，堪称"不胜其烦"，却还仅仅是大类，使用时还得"再根据我国火成岩的特点做些补充"[23]，各省区当然同样也得"照此原则办理"。几十年矿产地质生涯下来，笔者从好生羡慕学友得老师独授"扎瓦里茨基化学计算及分类法"，到发觉矿产并不出自岩浆岩，更无须在其化学成分上下功夫，再到构思《BCMT杨氏矿床成因论》（上卷）时，认识到之所以有如此种类繁复的"火成岩"，其一是此必属陆壳现象，洋壳岩性单一，洋壳重融只能仍然是玄武岩。其二是陆壳之所以如此，并非陆壳储藏了各式各样的岩浆，而是不同地域陆壳的不同沉积物组合，重融出不同化学成分的"火成岩"。当然，在20世纪六七十年代，岩基成矿说、火成岩侵入说属正统主流，笔者墨守这些观念。

（2）构造体系各部分都控矿及矿产受不同构造体系的控制。

李四光先生称如"组成棋盘格式构造的两组断裂，……往往有一组是与矿脉富集带一致的，有时其他一组也有少量矿脉充填，而两组交叉处所，矿体往往特别富集"[1]133。培训班口口相传的则是"构造体系各部分都控矿"观念，当出自先生称山字型构造各部分"对矿产分布都起一定的控制作用"[1]58；先生还有一种矿产受不同构造体系控矿的理念，见之于其所谓赣南钨矿"北东东和北北西这两组矿脉，至少有一部分应属于新华夏系的范畴。但是，……譬如近东西向的矿脉是否一部分与赣南的东西向构造带有成生上的联系，就值得加以注意[1]53"。如果构造体系的控矿作用如此，就没有了价值。在褶皱翼部切变控制黄铁矿床3个、控矿入字型构造13个及本书的两个矿例说明，还原环境矿产矿体只受压性构造控制，一旦处于开张环境，矿化及其相关蚀变即刻消失。即使是控矿条件要求似乎宽松些的低温热液矿床，如锡矿山锑矿，容许容矿构造为压扭性断裂（如F63）[8]137，但绝对不容许产出于开张环境。高温的白家嘴子矿床则只容许矿体产出于压性的分支断裂中，压扭性断裂都"不够资格"成为控矿构造。这样的局面，才真正体现出"它同物理事件（实验）""有清晰的和单一而无歧义的联系"，也才真正显示出控矿构造体系的生命力。

（3）个别与一般辩证关系的把握问题。

笔者认为，李四光先生建立的构造体系，只有东亚大陆的新华夏系无可挑剔。其他均存在结构面力学性质未经鉴定的"极重要的基本问题"[1]16。旋卷构造中的 5 种构造型式，歹字型构造已经不成立，莲花状构造、涡轮状构造、正弦状构造或 S 状构造和反 S 状构造 3 种，其形成机制似乎尤显玄奥，地质队员野外实践的感觉是"不踏实"。它们属于普遍现象还是属猎奇，它们的构造形迹之间是否真有成生联系，反映的是怎样的构造应力场，都还可以在"事物是有机联系的"哲学原理下继续调查研究。歹字型构造的不成立，并非其构造形迹之间不存在成生联系，而是此构造体系不过是有成生联系的众多构造形迹中的一部分而已。反思教训，就需要防止将两个构造体系，或者一个半构造体系合并当成一个构造体系。

这些还不属先生建立构造体系的系统性问题。在总结构造类型时，先生称"既不可能把世界上各式各样的构造类型应有尽有地列举出来，也不必要就每一类型的一切特点做详尽的描述"[1]101。这就是思想方法出现了问题，由此导致先生建立的构造体系在描述上，可以说是越研究有心得者描述越难理解。此句前段未错，问题在后段。在未知何为"特点"时，描述"一切特点"不属"不必要"，是不可能。例如多字型构造，此以新华夏系构造体系的建立最为成功，但先生的描述[1]46,54，笔者前述对应点评为"可以使人糊涂"，并且试拟了定义。多字型构造反映本质属性的特点，最主要的是雁行排列。当年培训班孙殿卿先生在讲坛上扭搓裤腿，雁行排列的多字型构造模型就显现出来，它必须"布""均质介质"，反映的是"扭搓"的扭动构造应力场。雁行排列之外的其他构造成分，均依属其"应变构造系"。这里究竟属先生表达能力问题，还是概念并不清晰，抑或是有意为之，难以判断。本来只必须描述主要特点，构造体系就可描述清楚。"描述""一切特点"的思想方法显然不当。先生描述了全部 5 种结构面；涉及"在特殊情况下""在很多地区""第一级多字型构造""有些多字型构造体系""但……并不限于""最显著的形式""连带发生的""经常""扭性断裂面，交角近于 45°，对压性结构面的走向来说，一般略大于 45°"多种情况，是希望描述"一切特点"的。构造型式既然已经成"型"成"式"，描述、解释或者定义都应当是简单的，因为只需要描述、解释或者定义标准型式；而如果试图将各种特殊情况都纳入，注定愈描述愈复杂，也愈令人糊涂，这应当是先生不能给读者清晰概念的重要原因。

如果像多字型构造这样相当成熟且典型的构造型式，都不能给读者以准确概念。典型都未令人信服，那些不常见的构造体系，如莲花状构造，尤其是辐射状构造就更难免令人半信半疑。信，是因为出自李四光先生；疑，才是读者的真实感受。这样的效果，怎么能广为传播呢？

（4）构造体系的建立缺乏扎实的基础。

所谓缺乏扎实的基础，主要指构造体系的结构面力学性质未经鉴定。这是《地质力学概论》的普遍性问题。李四光先生的洞察力令人敬佩，他的见解也值得品味、琢磨和加以研究。但是科学不是神学、皇权，论点必须有论据、经过论理建立，这里着重评论先生生造横亘东西的复杂构造带、走向南北的构造带问题。

这两个构造带之所以不能成立，以横亘东西的复杂构造带为例，一是"重要的共同特征""都是大致走向东西"[1]27，这种重要的共同特征论证实在是太乏力了。二是"不限于一定的纬度"是对"往往出现在一定纬度上"的否定。三是"往往经过了长期的、复杂的历史演变，多次的运动"与已经明确指出构造体系是"主要是一次""前后分为几次"区域上构造运动的结果[1]24，及先生赞地质力学"一套构造体系的各个组成部分，大都是一次构造运动的产物。应用这一原则，我们就有可能把古老地区中某些构造形迹分开，并且寻找它们和邻近地区的某些已知年代的构造形迹，根据一定构造型式的形态规律联系起来，推断复杂的古老地区中一部分构造形迹的年代。例如乌鞘岭……"[1]131相矛盾。四是专门创建"挽近地质时期"一词，又承认往往只能鉴定最后的构造形迹[1]131，却可研究"长期的""历史演变"，于理不合。五是"有时仅涉及古老地层"却必定经历挽近地质时期[1]27。古老地层经历"挽近地质时期"地壳运动后可否独善其身，保持原来面貌？六是"在大洋底也有它们存在的踪迹[1]27"则完全错了，太平洋底的东西向断裂，属扭性结构面，不过是在洋中脊附近地段扭动方向可相对"转换"而已，根本不属压性构造。七是据称为"大致平均在北纬33°～36°之间"[1]27所谓的秦岭带，总体趋势分明为北西西（至少280°）。新华夏系（18°～25°）与中华夏系褶皱[1]47（30°～34°±），不过相差约10°，就划分为两个构造体系，何以在此可忽略不计？此系双重标准。并且由秦岭（北纬约34°）向东至大别山（北纬近30°），在如此鲜明的北西西向趋势下，却要向北东大拐弯与日本九州岛北部、四国岛北部、本岛关东[3]93相连接，实在牵强（当然，按先生解释阴山带中段"略微向南弯曲"[1]150的道理，可以解释为与淮阳山字型构造复合造成）。特别是先生明知岛弧成因"有几种不同的假设和假说，被提出来作为这种奇异现象的解释"[1]32，结果只按先生的假说，就变成"前述由于东西复杂构造带影响了新华夏系而形成亚洲大陆东边的一系列的弧形列岛，就不是假设，也不是假说，而是事实了"[1]33，完全不合逻辑。何况东亚大陆东部岛弧众多，非先生的五六个"横亘东西的复杂构造带"可均相应对的。八是南岭带何在？先生虽用《南岭何在》论证，读者却因此惶惑，如笔者则有理由表示反对：那些东西向挤压带的片段，完全可以解释为北东向构造逆时针向扭动的派生构造。笔者早将杭州—赣州—梧州—钦州作为"强地洼带"与"中地洼带"的分界线[15]，其东西两侧的诸多差别中，花岗岩带的走向尤其清晰地反映了它们在构造上的不同特征（从构造角度看，将某些岩体如东段走向东西、西段走向似呈北西，作为大东山岩体[24]446，并不恰当。将广东乳源东侧的大东山岩体东段与贵东岩体合并，才是正确的选择。顺及），不妨将其视为若干由构造岩浆带共同构成的入字型构造。

　　如果要列第九条，不妨对照李四光先生口气的前后变化。名称在变化：1929年，先生称"强烈变动带"[2·4①]564"纬向变动带"[2·4①]565"东西带"[2·4①]566"纬向褶皱带和断裂带"[2·4①]566、[2·8]735、[2·4]555；1962年，称"横亘东西的复杂构造带"[1]27；1971年，称"巨型纬向构造体系"[3]91。形容、评价也在变化。如南岭带：原属"五个带中""最不明显"的"一带"[2·4①]572，写文章论述其存在[2·6②]635－647，到"远不如前两带（按：指阴山带、秦岭带）那样明显"[1]27，再到"发育极为良好"[3]91，而对构造型式，并没有相应变化。这就像刘东生先生强调黄土的成因，几乎是每添一个素材，就重复一次"来源于中国西北部沙漠、戈壁的风积黄土"[25]5论点。原因恰恰是，他承认其风成论没有直接的证据（"这种假说仅仅建立在若干旁证和反证的材料之上"[25]15；且认为"黄土—古土壤系列所反映的地质事件突然发生的地质意义，目前还未被人们普遍注意"[25]47）。这当然不叫"色厉内荏"，但与色厉和内荏之间的有机联系，却是同样的。

　　科学是先贤创建、后人不断发展渐臻成熟的。人生百年短暂，以一己之力，创建一门学科，绝非易事。巴甫洛夫说，"科学需要人的全部生命"。李四光先生一面当部长，一面做学问，很难两头兼顾。赖应鋗先生之所以可敬，还因为他谢绝做科研所所长，专心学问。早在1951年，先生就因"工作和体力关系"放弃拟出版的中文节译版《中国地质学》[2·1]839

（注意，十年后却奋起著书）。地质力学存在一些问题，甚至是严重问题，就都可以理解。但地质力学的确科学，并且是地质学中非常重要的学科。地质力学"事物是有机联系的"理念，不独传统构造地质学缺乏，地质学所有学科都缺乏。例如沉积岩石学就尚无"上有铁铝建造，下必为假整合""上有铁矿层，下必为不整合"[8]64之类有机联系的定律。从这个意义上说，地质力学必须作为旗帜来树立，作为地质学界学哲学的典范来提倡。不可拿出"中国土生土长"这种狭隘的民族主义观念来推广地质力学，但完全应当以中国人在地质学界成为率先学哲学的典范，来大力批判继承并发扬光大地质力学。中国经历计划经济时期大规模地质调查和矿产勘查的实践，更多聆听李四光先生的教诲，发扬光大地质力学是无可推卸的使命，地质力学界的学者肩负有更大的责任，这是必须强调的。

　　谨以此作为李四光先生逝世 55 年的纪念。

注　释

［1］李四光. 地质力学概论. 北京：地质力学研究所，1962.

［2］李四光. 李四光全集（1～8 卷）. 武汉：湖北人民出版社，1996.

［3］李四光. 天文 地质 古生物资料摘要（初稿）. 北京：科学出版社，1972.

［4］［美国］许靖华. 地学革命风云录. 何起祥译. 北京：地质出版社，1985.

［5］陈廷光. 第二届全国构造地质学术会议召开. 广东地质科技快报，1979-04.

［6］鲁迅. 革命时代的文学. 鲁迅全集（第三卷），313～314.

［7］桂林冶金地质研究所. 地质力学参考资料（一）. 桂林：桂林冶金地质研究所，1962.

［8］杨树庄. BCMT 杨氏矿床成因论：基底—盖层—岩浆岩及控矿构造体系（上卷）. 广州：暨南大学出版社，2011.

［9］地质矿产部地质辞典办公室. 地质辞典（一）. 下册. 北京：地质出版社，1983.

［10］杨树庄. 苍茫大地，谁主沉浮. 广州：广东经济出版社，2003.

［11］长春地质学院地质力学研究室. 地质力学. 北京：地质出版社，1979.

［12］《当代中国的地质事业》编辑委员会. 当代中国的地质事业. 北京：中国社会科学出版社，1999.

［13］马克思，恩格斯. 马克思恩格斯选集（第1卷）. 中共中央马克思恩格斯列宁斯大林著作编译局编译. 北京：人民出版社，1966.

［14］涂光炽. 涂光炽学术文集. 北京：科学出版社，2010.

［15］杨树庄. 论地槽加地台与地洼同格. 地质科技管理，1989（4）：71～76.

［16］马克思. 马克思致路·库格曼. 中共中央马克思恩格斯列宁斯大林著作编译局编译. 马克思恩格斯选集（第4卷）. 北京：人民出版社，1966.

［17］［苏］裴伟同. 地壳应力状态国家地震地质大队情报资料室译. 北京：地震出版社，1978.

［18］杨树庄. 论禾青铅锌矿床的"入字型"构造及其与成矿的关系. 湖南地质，1986（4）：26～35.

［19］杨树庄. 大冰期成因探讨. 世界地质，2004（3）：252～254.

［20］张文佑. 张文佑全集. 北京：科学出版社，1992.

［21］［美］H. D. B. 威尔逊. 岩浆矿床（论文集）. 武汉地质学院矿床教研室译. 北京：地质出版社，1977.

［22］范德清，魏宏森. 现代科学技术史. 北京：清华大学出版社，1988，11～26.

［23］王碧香. 国际火成岩分类图表. 北京：地质出版社，1990.

［24］广东省地质矿产局. 广东省区域地质志. 北京：地质出版社，1988.

［25］刘东生等. 黄土与环境. 北京：科学出版社，1985.

跋

　　《BCMT 杨氏矿床成因论》（上卷）称赞的、反对的声音都有，很符合任何重大事件都存在两面性的哲学原理。你看凤凰卫视的《一虎一席谈》，观众手上的牌子，赞成和反对的都有。如果观众意见一致，那这个节目就没有了生命力。

　　反对的声音很难听到。科普作协一领导说，"火山灰是黑的，黄土怎么会是火山灰呢。你没有评上正高工，说话就不响，怎么能将那么多地质学都否了呢，你太狂妄了"。这话难得，畅快说出了世故人情。一"老凡口"震惊（怎么出来这么多新东西！这是你一辈子的积累）之余说，自称最伟大地质学家，说明你忍耐与宽容修养缺乏，心胸不开阔，还要有长期心理准备，到底是相知几十年的伙伴，一语中的。学友许静、钱娇凤高工赞此书："只要一心为国家找矿、探矿，真正想干一番事业的人，都会如获至宝。"这话说得十分在行。"如获至宝"必须是对"一心为国家找矿、探矿，真正想干一番事业的人"而言。没有这个前提，这本书一文不名。行家看问题，入木三分。

　　早在 20 世纪 70 年代末某次贯彻局计划会议，上面说基地紧张，问题很大。我问修配车间主任："'聋子'，基地紧张，真的不得了吗？"他慢条斯里地说："日子照样过。"这是地质队伙伴之间的真心话，当然也极真实地反映了地质队对"基地紧张"的态度。

　　中国地勘行业的各项具体工作都有考核指标，考核探矿和地质工作效率。曾经还设"定额队"，着重制定钻探工程的定额，在什么地质条件下台月效率、事故率等应当是多少，着重点在数量。唯独不从总体上考核找矿效果，无从分辨行业主管部门、地质局、地质队的能力大小、水平高低，地质工作的质量考核一般也被忽略，这就是中国地勘行业的一个症结。

　　20 世纪各年代探明某矿单位储量花了多少钱，需要普查多少个矿点才能找到一个矿产地，这类最基本的数据应当有统计、研究，以预测未来和从总体上考核地勘行业各级机构。地勘行业"属地化"前，是按"水平法"分配投资（地勘费在去年基数上增减），所谓有能力的计财处长、计财科长，就是能够额外多争来一些钱。当然地勘行业主管部位则应当是能够从中央财政多争到一些钱。这些钱的多少与找矿效果毫不相干，基地紧张与否，完全不影响地质局、地质队"水平法"获得地勘费。没有任何一个地质队，因为基地紧张，减少了收入和福利待遇，也没有任何地质队因为找到了矿、找到了大矿增加了收入和福利待遇。相反，改革开放后，则更是能够"找到钱"，比能够"找到矿"更受青睐，并且找矿越多越穷。广东找到大型河台金矿的 719 地质队，比及时占领建筑业市场的地勘单位日子难过得多。作为地质队书记、队长，有地勘费垫底，再从建筑业市场找来一笔钱，进城盖房子，让队伍安居乐业，上得表彰、下得人心，才最风光。这就是 20 世纪八九十年代地勘行业的基本状态。在这种局面下，就必定存在需要不需要"一心为国家找矿、探矿"，才算"干一番事业"的问题。作为个人，靠拢组织，工作态度积极，讨得领导欢心，倒是可能离开技术业务工作岗位，捞个一官半职，算真"干一番事业"的。按照中国人的传统观念，似乎也只有"一官半职"才能与"光宗耀祖"联系在一起。

2011年4月11日，笔者第一时间送广东省地质科普教育馆科技档案室两本《BCMT 杨氏矿床成因论》（上卷），至少到6月7日笔者去修改书中差错时，书还原封未动，连看热闹翻一翻的人都没有。这与20世纪五六十年代的学习风气相差太大了。该书至6月22日一个多月（据传出版约一个月后才发货销售）卖出500多本，买家主要是图书馆。实践层面拒绝参加矿床学术会议，当然也不读矿床地质学论文、专著，这种局面令人不寒而栗，基地紧张的局面只会是越来越严重。

矿产资源是客观存在的，地表矿、浅部矿勘查完后，找矿难度增加原属必然，国家格外扶持也有必要，但是当前真正有针对性的"对策"，是整治地勘行业的积弊。笔者认为：整治地勘行业积弊、提高找矿效果最重要的有两条：一条是结束地质队盲目实践的状态，拿出能够指导找矿的理论来。理论界认为矿床成因不可知，工程技术界自己动手，实践出真知。这是关键、是根本。另一条是建立促使地勘行业找矿积极性的考核指标和管理体制，这是措施。国家重视、扶持的关键也应当在督促地勘行业理论与实践相结合，采取有效措施促使地勘行业真正产生找矿的积极性。

考核地勘行业措施其实很简单。只需要列出两个宏观考核指标："矿产勘查投资（万元）/某矿种万吨（万立方米）储量"和"发现大、中、小型矿床数/千万元矿产勘查投资"，与历史数据对比，用以考核地勘单位和主管部门，促进找矿积极性。有这两个指标考核，辅之以奖惩管理体制。地勘行业某些人"才可能真正介入矿产勘查"。规范规定"设计报告是全队的事，设计任务完成得如何，是衡量地质队工作好坏主要标准"，才能真正落实。没有具体措施，这个规定形同虚设。"文革"以来，找矿早已经成为仅仅是地质人员的事，地质人员也只是凭良心找矿，我国矿产资源怎么能实现可持续供应呢？当然，这些属技术层面原因，根本问题在形而上学学风、矿床成因不可知论。

只要地勘行业真正有了找矿积极性并渴求指导找矿的理论，该书就无须为销售操心。相反，有再好的理论，也无人问津。

出版3年后，有《休闲读品·天下》杂志"趟"地质学的"浑水"，已刊载多位"地质佬"包括院士的论文，辅以相关资料链接、访谈及评论，另论古今中外、七彩纷呈，品味高雅、图文并茂、装印精美，乃奉"追求知识与真理并为之奋斗，是人的最高品质之一"者之至宝。初为如此"阳春白雪"惊骇，继为李寻副主编来访振奋——这是自美国人担心地质学衰微，称"正逐渐认识到需要地质专家的时代，这是一个令人担忧的大问题"[1]738。稍得安慰之后，亲逢如此热衷地质学，并重视矿产勘查、忧石油危机之杂家——还是有放眼世界大气的明白人啊，也无需在乎缺乏找矿积极性的地勘行业小角落。局外的这位"科学家"说得多么好："地质学确实处于前科学的状态，它整个思维方式跟自然科学的传统是不一样的，取证的方式、形成推理的逻辑方式，都是有问题的。"笔者有专文批判地质学界学风，怎么就没想出如此犀利、深切要害之措辞。此君来访并推介拙文，属上卷出版后最重要的社会反响。为此，笔者的重大改变是克服畏难情绪，决心将原拟放弃的"地学研究的一点反思"完成。当此信息时代，局外有高层次的媒体人介入，乃科学之幸、地质学之幸。身负使命者当扫荡懈怠，"乘长风破万里浪"，努力奋发，将本来就居世界前列中国的地质学，从根本上、也是从思想方法上加以改进，使之真正进入科学行列。

许静、钱娇凤高工还说不该点莫柱孙、赖应篯先生的名，认为他们的文章是充分说理的。对莫不过是陈述他认为层控成矿理论应赋予成因信息的事实。批赖先生其实是笔者深思熟虑后的一个痛苦选择。赖先生乃笔者今生有幸师侍之挚友，老来多梦，常念此人。没有赖先生，可能就没有今天要写的东西。20 世纪 80 年代初来广州能托孩子寄住的人家，只能是赖家；犬子高考择业、择校实际上是赖先生定的；批逝者也不符合笔者为人的道德标准，而会用"有本事你找领导去嘛"申斥以强凌弱者，岂可如此薄待不能言语的逝者！

"德高望重"并不错，问题在滥用"德"的解释权。中国"德高"之贪官知多少？人类的自豪奥运会树立了"技高望重"旗帜，自豪就在有绝对标准。如果不存在众望所归"德"的统一标准，我以为还是倡导技高望重的好。技高里有德。孔子"修身"部分的精华则不胜枚举，也造就了中华民族优秀品质的一面。但笔者反对其父子相隐、绝不见义勇为之类的说教，认定实事求是永远是第一位的，欣赏江湖之大义灭亲。爱因斯坦"追求知识和真理并为之奋斗，是人的最高品质之一"，就这样成了笔者的座右铭。为了使地质学成为科学之"大义"，必须有牺牲；笔者与赖的分歧又早有论争，笔者赞他发现凡口"古断层"功德无量，说他抹去西牛断裂则大错特错，嘲他"古先生"……仅仅是双方彼此都不打算说服对方，"和而不同"而已，绝无"当面一套，背后一套"。闹革命是必须做出牺牲的，在地质学界闹革命却什么都想保全，这个革命就别闹了。思想认识发展到了一定阶段，已"箭在弦上，不得不发耳"。感情和理智的冲突使得笔者既痛苦又坚定。

上卷出版前，笔者一直将写作摆在第一位，出版后难免为未完成的写作计划而懊恼并取消计划。下卷如不能出版当然很遗憾，但先须"留得青山在"。取消计划后笔者仍然常作梦：车开走了，前途险阻、跋涉艰难，路途似乎并不全熟悉——看起来压力并未随之消失。先出版此中卷的好处还包括缓和自己的焦虑，稍偿还关心《BCMT 杨氏矿床成因论》（上卷）续篇读者的债。

注　释

［1］涂光炽. 涂光炽学术文集. 北京：科学出版社，2010.

［2］陈毓川，常印佛，郑绵平. 我国矿产资源形势与实现可持续供应的对策. 矿床地质（增刊），第七届全国矿床会议论文集，2002.